U0621788

国家社科基金青年项目

“当代美国科幻小说中的病毒叙事研究”（23CWW014）阶段性成果

上海市社科基金青年项目

“物质生态批评的人类命运共同体内涵研究”（2022EWY006）

阶段性成果和国家留学基金委公派博士后项目（CSC NO. 202306890047）资助

21世纪美国生态批评范式及流变

叶玮玮 著

上海三联书店

目　　录

序　生态批评理论建构任重道远

20 世纪末，生态批评开始呈现出种族性、跨文化性和跨肉身性特征。美国当代批评家告别纯粹自然，直面社会危机，向现实贴近，他们的修正历程展现了生态批评社会转向的动因和机缘，使环境正义生态批评这一时代课题，在人类世蔚然成风。

在生态批评理论发展史上，生态批评第二波的代表人物乔尼·亚当森、司各特·斯洛维克变革生态批评形式，将族裔文学纳入生态批评研究范畴，参与推动生态批评的社会文化转向。环境正义思想是环境正义生态批评范式的基础，也是生态批评和环境人文实践的纽带。然而，鉴于其思想的块茎性特征，目前的相关研究只停留在肯定环境正义思想在生态批评研究领域的价值，并未深入挖掘其成就环境正义生态批评范式、贯通生态批评和环境人文实践的深层原因。

乔尼·亚当森和司各特·斯洛维克运用叙事学术写作方法，将自身生活体验融入理论研究。他们强调生态整体性和尺度并置思维，关注族裔文学的环境正义主题，丰富了生态批评的种族维度。他们以本土世界政治观和多元自然主义为核心，关注本土口述传统、小说、视觉艺术及其他文化形式的正义主题，秉承问题导向型的环境正义思想，为环境正义生态批评奠定了基础。其中，乔尼·亚当森以本土传统叙事为“观察工具”，探索自然和社会的“中间地带”，引导生态批评走向一种正义生态学。悟以往，知来者。探究环境正义生态批评的程式，可见微知著，揭示当下生态批评关注主体互证、互识、互补关系的特性，可为跨文化生态批评提供经验借鉴。

基于此，本书以美国生态批评范式及其流变为研究对象，阐述环境正义生态批评的观察工具、中间地带等关键词内涵，以及由此而来的社会及物质转向。通过分析环境正义思想对生态批评社会转向的推动作用，尝试厘清该思想的理论基础及文化根源。此外，通过阐述多元文化生态批评从本土、正义、多元层面变革生态批评的内在逻辑，预测未来跨文化生态批评的边界及特征。

引言部分讨论开展本研究的动因和缘由，阐述环境正义生态思想的研究价值和国内外研究情况，明确研究内容和基本思路。通过诠释环境正义修正论者尤其是乔尼·亚当森生态思想的地位和价值，肯定他们在推进生态批评社会、物质转向方面的贡献。

第一章论证环境正义生态批评的发展历程及其特征。环境正义修正论者注意到族裔文学关注边缘群体遭受不公正待遇，因此，他们主张将种族、阶级视角引入生态批评研究，认为文学和环境研究必将走向多元文化生态批评。一方面，生态批评家关注自然人化现象，将生态批评重心从荒野导向社会。这种从环境正义伦理视角修正早期生态批评关于人与自然关系的认知，标志着生态批评由本真性向负责任的态度转变。另一方面，以乔尼·亚当森为代表的生态批评家尝试解构物质与文化的对立关系，承认物质的文化属性，倡导本土世界政治观和多元自然主义观，推动了生态批评的物质转向。

第二章介绍环境正义生态批评的关键词，阐释中间地带、观察工具、牺牲区域概念的内涵。早期生态批评可总结为人与自然言和的阶段，第二波或修正主义生态批评是人与人的言和阶段。环境正义思想正是修正主义生态批评的核心理念，中间地带、观察工具、牺牲区域分别对应此类言和的态度、途径和内容。中间地带概念论述荒野与家园、自然与社会的交叉融合关系，其实质是为拆解“主体”中心主义，进入争议地带，达到一种人与人、人与物的伦理共情。观察工具概念反映出环境正义思想的实践性，以具有地方忠诚性、生态独特性的传统叙事为透镜，探索现实环境正义问题的根源。牺牲区域并非亚当森首创的新词，源自尼克松政府对“为国家牺牲”的四角区的称呼，后被用来代称印与白、物与人、南与北疆界非正义现象集中出现的地方。

第三章阐述环境正义生态批评的地位，阐明缘何它是生态批评社会转向的里程碑，是环境正义文化研究的导航仪，是将想象的本土共同体变为现实的有力途径。在环境危机肆虐的时代，我们亟须重新确立一种具有现代价值结构的新型生态伦理。亚当森和里德等环境正义修正论者尝试确立环境正义生态批评研究范式，正是对时代诉求的回应。环境正义生态批评将环境活动理论化、生态自我利他化、人文实践在地化，推动了生态批评的社会文化转向。环境正义思想强调文化多样性，吸纳民族志研究方法，重申人与物质世界的主体间性关系。它强调语言的重要性，描摹了一幅本土共同体愿景。

第四章阐述从环境正义生态批评走向多元文化生态批评的内在逻辑。环境正义修正论者尝试找出本土与官方话语的矛盾，揭露造成牺牲区域的深层原因。他们关注恶作剧者描写，尝试解构主流社会所谓的纲常伦理。环境正义生态批评以变革生态批评的姿态出现，消弭人类与非人类他者、文化与自然等主客二分界限。基于此，亚当森结合本土世界政治观和多元自然主义观，由学术到叙事、由理论到实践、消霸权谈正义、由本土向世界，一种多元文化解读模式应运而生。

第五章以多元文化生态批评与生生美学思想为个案进行对比，说明跨文化生态观的契合。其次，通过承继亚当森生态思想的本土世界政治观、多元自然主义观以及本土共同体设想，说明跨文化生态批评建构的科学性。最后，尝试从正义特征、阈限伦理及美学意识维度，阐释跨文化生态批评的边界和特征。

一言之，环境正义研究促使我们推进全球合作，偿还生态欠债，缓解生态危机。以亚当森为代表的环境正义修正论者正在推动国际生态批评界的质变，从纯粹荒野走向现实社会、从一元中心走向开放多元。本书在评介美国环境正义生态批评范式的基础上，对比当代中国本土生态话语，预测当下生态批评的跨文化发展态势，尝试为中西生态批评平等对话打开一扇窗。

引　言

一、研究缘起

生态文学是为濒危世界言说的文本，是关于人与自然关系的思辨。生态批评是在生态主义哲学思想指导下的文学批评（王诺，2013：3）。最初，鲁科特将生态批评定义为一种结合文学与生态学研究方法，为文学研究、教学、写作提供生态学概念的一门生态诗学（Rueckert，1996：115）。格罗特菲尔蒂将生态批评定义为关于文学与自然环境关系的研究，具有一只脚立于文学、另一只脚立于大地的批评立场（Glotfelty，1996：xvii，xix）。霍华兹将生态批评定义为“家事裁决”，相应地，他将生态批评家誉为评判描写文化对自然影响的作品优劣的专家（Howarth，1996：69）。在众多对生态批评术语的界定中，有着一个默认的标准：这是一项介入性很强的批评，它不仅关注文学与学术，还关注生态危机现实，诸如社群关系、文化认同、平等自由等议题。但作为一种文学实践，生态批评的研究目的何在？一言以蔽之，它的特殊性在于，虽根植于文学批评，但却具有以解决生态危机为根本落脚点的学术思路。劳伦斯·布伊尔将环境批评定义为在实践精神指导下开展的对文学与环境关系的研究（Buell，1996：430）。布伊尔、王诺曾就环境批评和生态批评术语范畴展开过激烈的论辩，但这并不妨碍生态批评已经被广泛接受，成为当下文学评论界公认术语之一。对于生态批评研究者而言，现实的问题在于，我们如何把握当下文学与环境研究的“社会中心”走向，从理论研究层面赋予它广阔的理论内涵。

21 世纪初，美国生态批评迎来社会转向。生态批评家开始关注美国当代精英阶层的环保主义思想对印第安人的传统生产方式、文化结构的冲击，以及后者在面对这些冲击时表现出的反抗策略；生态批评家开始意识到环境正义思想对解读当下全球化和世界主义思潮下的跨文化生态问题的参考价值。于是，亚当森的《美国印第安文学、环境正义和生态批评：中间地带》(2001)成为环境批评从荒野走向一个社会生态角度的重要节点(Garrard, 2004:59)，它探索了美国印第安文学研究与生态批评中间地带，并阐释了未来生态批评的多元文化走向。在亚当森看来，多元文化背景下，对话双方只有进入争议地带(contested terrain)才能实现有效的交流。欧裔美国白人与印第安人若能走入中间地带，就可以发现主流白人与印第安人的自然生态观的异同。依循不同的尺度，人们对所谓的野蛮与文明、荒野与家园，就会产生完全不同的认知。具体而言，尊重本土生态景观，才能在这个互为野蛮和文明、荒野和花园的鲜活世界和谐共处。亚当森结合在奥德哈姆印第安保留区从事教育活动的经历，采用叙事学术的写作手法，记述了在奥德哈姆地区接受本土文化洗礼的过程。从地方到全球视角，审度以往一些文学和文化批评家自我沉浸的、与现实世界脱节的审美话语。在去圣西门之前，由于并不了解印第安文化，亚当森眼中的沙漠只是迥野悲凉的荒漠景观，常常忽略那片山水背后的深层文化含义。在深入理解当地原住民的生态传统观念之后，这片原本平常的山石草木，以及那些奔跑着的北美郊狼，在她眼中变成了有性灵的伙伴，是具有了情动力(affect)的主体。亚当森曾谈及与好友阿德里安遇见北美郊狼的经历："阿德里安听她远在纳瓦霍部族的祖母说过，郊狼往往扮演着信使的角色，它穿过道路来到你的面前，定是带着某种预警信息。"(Adamson, 2001:9)亚当森在纳瓦霍社区的见闻，彻底改变了她对人与自然关系的认知，也为后续环境正义思想及多元文化生态批评范式的生成奠定了基础。

早期生态书写多是对自然的纯粹浪漫想象，期冀探寻一方没有烟火气儿的纯粹净土。此时的环境正义生态批评范式关注自然与人类生活的中间地带，关注地方生态、文化、经济、政治和社会差异，追求环境正义，从而有效地推动人与自然关系的修复。环境正义思想的生成具有丰厚的土壤。西蒙・奥提斯（Simon Ortiz）在诗集《花纹石》（1992）中指出，西班牙人在 16 世纪初次踏上北美大陆以前，这里早已形成小规模的、秩序井然的农业社区（Ortiz，1992：134），人类与自然并非对立，人类对自然的人化也非一朝之功。无独有偶，斯奈德的诗集《山河无尽》（1996）以人与自然交错关系为主题：文化中有自然，自然中有文化（蔡振兴，2019：216）。

进一步讲，21 世纪初的美国生态批评仍处在理论发展初期，概念争论不休，新旧潮流堆叠，故而常因概念冗杂、各表一枝而落人诟病。但是，鉴于人类世时代的特殊背景，关于环境的想象和为濒危的世界书写的研究在未来相当长的年限内都不可能冷却下来。针对生态批评流弊，厘定基本概念，梳理思想脉络，形成学理体系，将会是今后很长一段时间内生态批评研究的主要内容。当然，从某一生态批评理论研究视角入手，分析某一位或几位作家的文本，或者选择某一特定族群，采取对号入座法，选择适合分析某文本的话语，进行一番阐释的研究也有进行的必要及意义。但从更高的层面讲，生态批评界更需要厘清学理脉络，探寻研究方法，反思世界濒危的真正原因的研究，探寻人类与自然同栖的途径。

既谈同栖，我们就不能从地理学意义上一分为二地分化环境。此处的一分为二，既是指现代和传统、文化与自然，也是指想象与实践、地方与世界。琳达・霍根、路易斯・厄德里克、西蒙・奥提斯等印第安作家结合本土传统与现实，既为受压迫的印第安人言说，又注意到弱人类群体对自然的盘剥，传达了一种基于地方、又放眼全球的本土世界政治观（indigenous cosmopolitics）。亚当森结合印第安文学批评和自身教学实践，逐渐生发出一种结合环境想象与现实实践的环境伦理，环境正义思想及多元文化生态批评渐现雏形。亚当森的环境正义思想包含“中间地带”“观察工具”“牺牲地带”等概念，在自然和家园的延伸地带建构中间地带，以本土传统为观察工具，变革生态批评内容和形式。概言之，环境正义生态批评传达了一种本土世界主义的期冀：尊重本土传统，谴责妄自尊大。既劝说《狼歌》(1995)中的汤姆放下对白人的怨恨，也呼吁白人走出自我中心思想，正是环境非正义现象的根源。

霍华兹在《自我或生态批评：探寻共同基础》(1998)中提出包括“多元合作”“跨学科合作”“走出去实践”在内的环境研究健康三原则(Howarth，1998：7)。亚当森实际践行着这三大原则，以环境正义思想为主线，将少数族裔作家纳入生态批评和自然文学研究范畴，推进跨学科合作。亚当森环境正义思想引导生态批评研究跨越了种族、物种、文化边界，其影响力可以用“蝴蝶效应”一词来形容：它将生态批评由原野导向社会，丰富了生态批评的族裔维度，实现了生态批评方法论变革。具体说来，亚当森早期的作品诸如《所栖居的干旱地带之真理：路易斯·厄德里奇〈爱药〉中的语言为家园》(1992)、《为何熊是思考的对象且理论不会扼杀它》(1992)，沿袭着传统文学分析方法，尝试打破人与非人类物种界限。《走向一种正义的生态学：变革文学理念和实践》(1998)是亚当森以环境正义修正论者走向生态批评前沿的投名状，《美国印第安文学，环境正义和生态批评：中间地带》(2001)和《环境正义读本：政治、诗学和教学法》(2002)开始搭建多元文化生态批评框架，确立了环境正义生态批评的领航地位。

如今，美国生态批评在政治研究所不予置喙的边缘地带，慢条斯理地筹备出一场盛筵(Bennett，2010：xi)。通过反思早期白人主导式的生态批评现实，环境正义修正论者将族裔维度作为生态批评的重要向度，关注环境与社会正义问题，使环境正义介入生态批评研究。此时的生态批评不只是流连于科学、政治边缘的余料，而是参与环境人文实践的中坚力量。亚当森晚近研究诸如《美国研究，生态批评和公民意识：从地方到全球的思想和行动》(2013)、《环境研究关键词》(2015)等，就从制定大体研究规划到完善相关概念，逐步实现对生态批评理论实验向环境人文实践的转变，实现由环境正义生态批评向多元文化生态批评的转型，并迎来新的跨文化研究转向。

人类活动挑战着地球承载力的极限(Glotfelty, xx)，环境问题悄然跨越国际边界，影响全球生灵(张雅兰，1)，人类世时代已经到来。生态批评、环境哲学与历史、民族研究、生态女性主义、环境社会学、政治生态学等学科背景的学者们汇聚一堂，环境人文学以新兴跨学科领域的姿态登上历史舞台(Adamson, 2017:121)。西方正义传统、基督教义中的生态思想、跨学科的生态理念、美国印第安文化与东方文化中的本土生态观为环境人文学研究提供了丰富的思想资源。人文研究者开始从跨文化视角，“整合环境正义、文化研究、生态批评方法论，不再以国家、种族为单位分解生态整体”(Ziser, 2007:4)。生态批评超越美国地缘中心，呈现出跨国别、跨学科转向(Oppermann, 2010, 401)。亚当森和威廉姆·格里森的“环境研究关键词”是一个跨文化的环境人文理论和实践研究项目(Buell, 2011)。《环境研究关键词》(2016)作为该项目的成果汇编，吸收和借鉴了生态科学、生态哲学等学科的生态思想，收录包括人类学民族志、政治生态学、城市生态学等多个关键词，将有助于提升跨文化生态批评实践的科学性。

环境正义生态批评以本土世界政治观为根基，关注本土生态传统与全球化的关系。在全球化趋势下，本土生态传统不会被全球化压制并摧毁，相反，这种本土性还将会长期影响全球化的生态现象，从一种地方性话语转变为一种在地化(glocal)的生态话语(Heise, 2008: 383)。同时，全球频发的跨国别生态危机事件成为跨文化生态对话的催化剂，例如美国卡特里娜大飓风事件、日本福岛核电危机事件、印度帕博尔毒气泄漏事件，关于环境正义和环境种族主义现象的探讨将会一直居于生态批评的研究中心。

1990 年至今，美国的生态批评先后经历与后殖民和世界主义思想的合流。海瑟将生态文学流变过程总结为从相近伦理(ethic of proximity)转向一种世界性伦理(cosmopolitan ethic)(Heise, 2008:157),

布伊尔称之为生态全球主义(ecoglobalism)(Buell, 2007:157)。在生态批评跨国别转向的趋势下,亚当森的多元文化生态批评别具一格地坚守"本土世界政治观",强调和合与共,和而不同。此处的"和",并不追求绝对的整体性、统一性。相较于世界主义或中心主义以某民族为单位,将世界视为同心圆的看法不同,多元文化生态批评以环境正义思想为基础,强调个体的主体性,尝试打破人与物、人与人、南与北边界,建构一种多元化世界。值得一提的是,多元化(plurality)的终点并不是多元文化主义(multiculturalism),而是德·拉·卡迪娜称之为的多元自然主义(multinaturalism)(Adamson, 2012)。多元文化生态批评像在建构佛教《华严经》的因陀罗网:每一种文化都是构成因陀罗网的宝珠,它们互相映现,重重映现无有穷尽。

法有可采,何论东西?回顾国内近些年的生态批评研究,曾繁仁、鲁枢元、程相占等学者基于中国生态美学元素,从城市元素、身体美学等视角,孜孜探索着具有中国特色的环境美学范式。鲁枢元的《生态批评的空间》(2006)、程相占的《生生美学论集:从文艺美学到生态美学》(2012)相继出版。鉴于文化和历史背景差异,中国本土生发的生态美学与西方生态批评既有相通之处,也存在很大不同。

随着生态批评的物质和跨文化转向,西方学者开始关注东方本土生态传统的价值。加德在《唯心新物质主义:物质生态批评兴盛的佛家根基》(2014)中解读了中国儒道释文化与美洲本土生态观的关系。晚近以来,本土世界政治、多元自然主义等理念被生态批评收入麾下,强调人和自然、本土与世界等辩证联系。亚当森的环境正义思想和多元文化生态批评开始引起国际生态批评界的广泛关注,在推进食物正义环境人文实践等活动层面扮演着重要角色。在《古老未来:美洲土著和太平洋南岛作品中的流散生活与食物知识体系》(2015)中,亚当森谈及与"中国台湾本土美国文学研究小组(NALT)"的合作,对比印第安作家与台湾南岛族部落作家的食物正义主题,主张师古而不泥古,汲取古代先哲智慧。可见,探讨清楚环境正义思想与多元文化生态批评生成过程及批评范式，将有助于揭示出当下生态危机的根源。悟以往，知来者。当前，国际生态批评出现跨文化对话趋向，引介西方生态批评话语，将推动生态批评学科的科学化，对中国参与世界生态批评话语建构应有裨益。

二、研究综述

21世纪初，生态批评界开始批判荒野、社会二分法，将多元民族文学纳入生态批评范畴，重新定义了自然生态，为新时期的生态批评理论研究奠定了基础(Marland, 2013)。学界普遍认为，生态批评作为独立的学科术语最早出现在20世纪70年代威廉·鲁柯尔特的《文学和生态学:生态批评实践》(1978)。亚当森在维廉姆·鲁柯尔特(William Rueckert)、格罗特菲尔蒂融合文学和生态学的基础上，将环境正义思想引入生态批评，吸收环境伦理学、社会生态学元素，变革生态批评范式。可以说，环境正义思想介入文学批评，推进了生态批评研究方法论的彻底变革。

在国外，西方批评界普遍将亚当森的环境正义思想作为生态批评社会转向的分水岭，并肯定其在推进生态批评社会、物质转向方面的贡献，《环境正义读本:政治、诗学和教育学》(2002)也成为环境正义生态批评的宣言，尝试解构生态批评由一派高加索白种人把控的局面(Buell, 2011)，消解西方中心论，重建底层社会民众和少数族裔群体主体性，起到了重要的作用。布伊尔在《环境批评的未来:环境危机和文学的想象》(2005)中将以亚当森为代表的环境正义修正论者对早期生态批评方法论的修正视为环境批评的未来。①

① 环境正义生态批评历经三个发展阶段，初期是以帕特里克·墨菲参照巴赫金的对话体研究动物和自然等非人类语言，推进了关于自然与文化关系的研究。继而将之扩展至人类社会，对西方霸权话语的反思。发展期包括劳伦斯·布伊尔的“环境等想象三部曲”在内的多部著作开始强调文学想象的力量，发展出“生态无意识”“有毒的话语”“去地方化”等系列生态话语，生态批评完成社会转向。乔尼·亚当森、里德开始确立环境正义生态批评范式，并在此基础上开展了系列环境人文实践活动。

任何思想、理论的发微与发展过程都有其特定的历史文化背景。20世纪末，美国社会环境正义运动多发，在美国北卡罗来纳州爆发了黑人社区反对倾倒垃圾的环境正义活动，催生了环境正义十七项基本原则的制定。[①]这种类似的环境正义运动不仅关注与公共政策制定和实施相关的问题，也是对特定意识形态和文化表征进行质询的文化运动(Adamson, 2002:9)，激发人们审视环境不公正问题产生的历史和文化根源的欲望，相应地，环境正义修正论者也开始思考针对生态批评研究方法论和研究主题的修正方案。亚当森的环境正义生态思想包含观察工具、中间地带、牺牲区域等概念，不再停留在对环境非正义现象的剖析、控诉或是提供政策指导层面。环境正义生态思想循序渐进地解构了深层生态学的生态中心主义，且为构建一种多元化的生态批评范式提供了理念支撑。

国外对环境正义生态批评范式的研究，简略可归纳为：

第一，将亚当森环境正义思想视为生态批评社会转向的主要推动力之一，将环境正义生态批评作为生态批评的理论研究前沿，肯定环境正义修正论者对生态批评的方法论变革。杰拉德的《生态批评》(2004)中指出，亚当森的《美国印第安文学，环境正义和生态批评：中间地带》(2001)一书堪称环境批评从荒野走向一个社会生态角度的重要节点(Garrard, 2004:59)，环境正义思想消弭了自然、文化的隔阂，更接近于一种自然文化(natureculture)思想。西蒙斯在对亚当森《美国印第安文学，环境正义和生态批评：中间地带》(2001)一书的评述中指出，亚当森推动了整个生态批评界方法论的变革(Simmons, 114)。无独有偶，伦布拉德随指出，该著作整合了美国传统的生态观、自然观，推动了生态批评方法论变革(Lundblad, 118)。此外，鲍威尔在

① 1991年10月，第一次有色人种环境领导高峰会在美国华盛顿召开，该会议制定了有关环境正义的十七项原则，可概括为：重视地球整体生态的神圣性和完整性，自然资源具有自主决策权；坚决抵制环境不公正现象，诸如对污染物的不合理安置和转移现象；关注代际正义问题和可持续发展问题。

《美国印第安文化和美国印第安文学研究》(2004)中,肯定亚当森是最早聚焦环境不公正、种族压迫现象生态批评家,并指出:亚当森与洛夫、墨菲展开对话,完善了生态批评方法论(Powell, 237)。生态批评的泰斗杰拉德也曾指出,亚当森专著《印第安文学,环境正义和生态批评:中间地带》(2001)虽尚未达到与格罗特菲尔蒂所编《生态批评读本:文学生态学的里程碑》(1996)的高索引量,但该著从印第安文学研究中析出复杂的生态问题,促使生态诗学从本真性向负责任的理念转变(Garrard, 2004:59)。同时,杰拉德(Greg Garrard)在《生态女性主义的新方向:走向更深层的女性主义生态批评》(2010)还引用亚当森、斯洛维克的《主编话语:巨人的肩膀:民族性和生态批评简介》(2009),说明环境正义思想是统观种族、阶层、性别等问题的有效标准,这种视角与生态女性主义密切关联,对跨学科研究、跨文化的女性主义生态批评建构具有重要影响(Garrard, 2009)。菲斯科在《沙马·雷曼、凯瑞恩·萨特和施朱莉会谈》(2014)中提到,亚当森是最早注意到生态批评方法论局限的学者,将环境正义视角引入生态批评研究(Fiskio, 2014)。

第二,从环境正义视角论述自然与社会、人类与非人类他者关系,以消解白人中心主义现象。戴维·佩罗(David N. Pellow)和霍利·纳塞·布瑞姆(Hollie Nyseth Brehm)在《21 世纪的环境社会学》(2013)中引用亚当森《环境正义读本:政治、诗学和教育学》(2001)重新定义了生态批评这一概念,指出 20 世纪早期的生态批评学者往往聚焦于自然、荒野、非人类他者、海洋、森林等纯粹生态元素,从环境正义视角来看,生态批评本质上是关于人类生活、工作、学习等活动场所的研究(Pellow, 2013:232)。罗宾·图纳(Robin L. Turner)的《环境正义和环境种族歧视:以美国文学(1996—2002)为例综述该研究现状》(2004)及克里斯托弗(Christopher Teuton)的专著《深水:美国印第安文学中的连续性话语》(2010)从环境种族歧视视角分析美国研究、美国本土文学中体现的环境问题,肯定亚当森在环境正义及印第安文学研究领域的重要地位。

第三，基于环境正义思想对美国印第安、亚马逊人等少数族裔社区的文学作品进行分析。亚当森对厄德里克作品的细读被视为印第安文学研究的典范。《为何熊是思考的对象且理论不会扼杀它》(1992)为亚当森早期代表作品之一，该作基于厄德里克《痕迹》(1988)中的口述传统的分析，提出“变革主体”概念，以美国印第安口述传统为观察工具，将生态批评和动物研究紧密相连在一起(Buell，2011:106)，简尼·斯密斯(Jeanne Rosier Smith)在《创作恶作剧者:美国民族文学中的神话游戏》(1997)中引用亚当森对弗勒作为能够超越物种界限的变革动物主体的分析，发展出恶作剧美学概念，阐释恶作剧群像反映的印第安人与自然、土地的依存关系。洛蕾娜·劳拉·斯图基(Lorena Laura Stookey)的《路易斯·厄德里克评述》(1999)、贝德勒(P. G. Beidler)、盖伊·巴顿(Gay Barton)的《路易斯·厄德里克小说导读》(2006)均引述亚当森早期对厄德里克文本的解读，对印第安口述传统及文本中恶作剧者形象的分析，更透彻地说，亚当森将印第安文学作品视为极尽寓言假物、譬喻拟象丛生的文本。她分析印第安文学中的二元对立思想，尝试稀释白人中心主义思想和文化霸权主义倾向，倡导文化多元主义，为增强少数族裔的话语权奔走呼号。值得细细回味的是，亚当森在早期的生态批评实践中，往往会在迂回曲折的铺垫后提出新的理念，例如亚当森在《为何熊是思考的对象且理论不会扼杀它》(1992)中提出“变革动物主体”(transformative animal beings)概念。这些概念往往建构于对埋伏照应的意象、迤逦前行的叙事分析的基础上，采用夹叙夹议的形式，吸引读者和后续研究者细细回味概念的寓意。然而，鉴于亚当森相关研究的实时性，在当下关于厄德里克、霍根等印第安文学乃至更大范围的少数族裔文学研究中恶作剧者形象的分析中，亚当森环境正义思想或相关概念多作为一种新视角或是简单的方法论参照，尚未将之上升到理论层面进行运用。

第四，将环境正义修正论作为“跨学科”的全视角棱镜，推动了人文社会科学研究的跨文化、跨学科趋势。埃里森(Alison Hope Alkon)、凯瑞(Kari Marie Norgaard)在《打破食物链:食物正义行动主义探究》(2009)中采用亚当森的“观察工具”(文中以大马哈鱼为例)概念,就大马哈鱼的使用价值及其文化意义进行了思考,甚至批判亚当森等学者从环境正义视角探讨美国原住民的重要文化意义,而忽视了大马哈鱼作为健康食品的功用(Alkon, 2009:292)。诚然,重视某一生态元素的文化效用与其实际应用价值同等重要,但是需要在此强调的是,亚当森虽然关注环境人文研究或跨学科的研究方法论,但是占其研究主导地位的还是文学体裁。亚当森的作品读起来虽然既像哲学著作,又像记述式自传或小说,但这些不同的题材穿插而行,曲径通幽,自然而然地吸引着读者的感知,摆脱对生态批评甚至是文学批评惯例的依赖。事实上,不论是对印第安口述传统的理论化过程,还是夹叙夹议式的文学分析,其基本目的是通过看似偏离文学批评主干的旁枝末节,掐住环境文学、文化研究的命门,引导读者了解到环境危机和环境正义的关系。

事实上,当代国际生态批评学界活跃着的一线学者诸如劳伦斯·布伊尔、厄苏拉·海瑟、卡伦·索恩伯都曾肯定亚当森对变革生态批评研究主题和方法论的努力。在《文学和环境》(2011)一文中,上述学者指出亚当森在美国本土文学研究中,融入了艺术和政治元素,将本土文学批评和教学实践结合起来(Buell, 2011:420),这无疑是变革生态批评研究方法的重要尝试(Buell, 2011:429)。此外,斯坦西·阿莱默(Stacy Alaimo)在专著《身体自然:科学,环境,和物质实体》(2010)中引用亚当森关于工作和环境的关系的研究结果,将人类生存的所有元素从自然世界中离析出来,我们需要工作来生存,连接我们人类、其他物种和自然整体(Adamson, 2001:85),以此说明身体、科学、环境和物质实体间犬牙交错的关系。洛瑞塔·琼森(Loretta Johnson)在《图书绿色:生态批评的基础和未来》(2009)中,将亚当森的《美国印第安文学、环境正义和生态批评:中间地带》誉为探究美国印第安作家生态观的重要范本。该著从自我身份认同、生态景观、背离现象等视角，为日后关于厄德里克、乔伊·哈尔约(Joy Harjo)、西尔科作品中的研究提供了范式，绘制了一幅集合过往和现代、本土(与主流)的生态文化全景图(Johnson，2009:11)。

近年来，许多文学评论家开始系列关于跨学科、跨文化的生态批评研究。例如，卡尔·罗杰德的《欧瑞塞拉的家乡：格什〈饥饿的潮汐〉》从环境正义视角入手探究跨文化生态批评的研究范式(Rajender，2007)；马修·亨利(Matthew Henry)的《攫取小说和后攫取未来主义》(2019)从环境正义视角分析安·潘可克(Ann Pancake)的小说《如气候般诡异》(2007)和杰妮弗·海格(Jennifer Haigh)的小说《热和光》(2015)，以亚当森的观察工具概念为主线，将阿帕拉契亚地区的本土叙事作为文学观察工具，分析造成能源、资源分配不公等环境非正义现象的根本原因(Henry，2019)。

伊丽莎白·德龙格雷(Elizabeth DeLoughrey)、戴维·N·佩罗(David N. Pellow)、霍利·纳塞·布瑞姆(Hollie Nyseth Brehm)、罗宾·图纳、萨马·莫纳尼(Salma Monani)等学者均引述过亚当森的环境正义思想，并在此基础上推动了生态批评走向环境人文的进程，将对生态危机根源的探讨推向了全球。皮帕·马兰德(Pippa Marland)指出，斯洛维克和亚当森结合民族文学研究和本土研究视角，又超越二者界限，标志着关注人类生活经验的生态批评第三波的到来(Marland，2009:854)。马兰德口中的第三波生态批评，其核心思想是发挥文学想象的力量，改变人们对于环境的认知，关心弱人类群体的正义诉求。可见，在环境正义思想的基础上，生态批评领域逐渐开始形成一种贯通文学批评与生态实践、文本分析与教学活动的环境正义生态批评研究范式。

亚当森与格里森(William A. Gleason)、佩罗合作的《环境研究关键词》(2016)是新时代环境人文学进行跨文化研究的重要尝试(布伊尔，2011:107)。尼克·海恩的"城市生态主义"概念和麦克·兹尔的

“生态传媒”概念运用生态学、地理学、环保运动话语等环境正义文化研究方法，分析社会和环境问题本源，印证了生态诗学研究理论研究的学无畛域特性。亚当森与保罗·霍姆(Poul Holm)、黄新雅(Hsinya Huang)等学者合作的《环境人文：研究实践宣言》(2015)堪称新时期跨学科研究宣言。本奈特在《保护社会科学》(2017)中引述该著作说明社会科学在新时期的学科价值；本德勒·皮特在《地球在啜泣：西尔科和厄德里克小说中的癫狂和环境》(2002)中引用肯定亚当森对印第安本土文学和生态批评作出的先锋贡献。在《这可持续，那可持续：新物质主义、后人类主义和未知的未来》(2012)中，阿莱默充分肯定了亚当森在该著中对居民身份概念的重新定义，指出居民身份的重新确定与印第安原住民环境运动息息相关，为审视尼克松“慢性暴力”概念反映的现象提供了理论依据。

在梳理美国生态批评范式及流变过程中，我们可以顺势厘清环境正义思想的来龙去脉和理论立足点：从环境正义思想的初露端倪，到发展至从跨文化视角下对全球生态主义的思忖，这一思想已经逐渐开始发展为一种反对千口一声的文化思潮的代名词，已成为生态批评理论研究者绕不开的话题。如布伊尔所言，《环境正义读本》(2002)结合环境伦理学、政治生态学观点……对生态批评的社会转向具有导向作用……它在对文化建构主义和社会正义融合层面的影响不容小觑(Buell, 2011)。实际上，环境正义生态批评将文化作为跨越旧世界和新世界的鸿沟，连接过去与现在，想象与实践。当下的环境危机实质是社会生产方式畸形发展的结果，而环境不公正现象积蓄到一定程度只能迎来被毁坏和被重建的命运。可以说，修正、变革、实践和愿景使其生态思想屹立在生态批评理论发展的前沿，这一精神的意义及其绘制的文化蓝图既点明了当下环境危机的根本原因之一，也促进了当下环境人文学的确立和流行。

在澄清环境正义生态批评的影响和关键词之后，我们是时候讨论下当代生态批评学者对环境人文实践的推进的态度和回应：布伊尔、海瑟、德龙格雷等学者的研究方向开始转向环境正义的实践性层面，生态批评的研究视角从多元到跨文化贯通，与世界生态主义思想、后殖民生态思想融合(Deloughrey，2011)。伊丽莎白・德龙格雷在《后殖民生态思想：环境文学》(2011)指出：亚当森主编的《环境正义读本》(2000)与思戴迪的《新千年环境正义：人种、种族和人类权益》(2009)是生态正义全球化趋势下的代表作品，特别是亚当森的《环境正义读本》将环境正义研究与社会环境运动结合起来。[①]厄苏拉・海瑟在《处所意识和星球意识：全球的生态想象》[②](2008)中指出，在生态背景下，不同于跨文化理解或误读现象的理论框架，环境正义理论研究范式回答了贝克关于世界主义所带来的一体化挑战的质询……将之与兼具可持续性的亲密性和流畅性的跨文化视角结合，从对早期关于现代环境观的思忖中，世界主义以全球生态观为导向的，开始超越生态主义的陈词滥调，系统理解全球生态学内涵(Heise，2008：159)。布伊尔在《生态批评：一些新方向》(2011)中提及亚当森和斯洛维克呼吁生态批评家注重多元文化背景的倡议，并描述了未来建构跨文化生态批评的愿景：生态批评家们不必再纠结于中国没有与英语 Environment 完美对应的汉语词汇，因为(即便是)西班牙语关于荒野(Wilderness)、分水岭(Watershed)的词义也与英语词汇内涵意义不尽相同。新时期的环境人文实践应该协同合作完成的同一生态项目，在项目协同合作的过程中，在认同的生态概念指引下进行批评实践即可，而“跨国别的合作将有助于弥合这些分歧”(Buell，2011：107)。

在中国，相较于对劳伦斯・布伊尔、乔纳森・贝特、司各特・斯洛

① 关于思戴迪的论述，具体参照 Steady F.C. Environmental Justice in the New Millennium：Global Perspectives on Race，Ethnicity，and Human Rights. NY：St. Martin's Press，2009。

② 相较唐梅花、刘蓓等学者将 Sense of Place 译为“处所意识”，笔者实际上倾向以“地方意识”代之，能突显出全球环境想象与地方本土地理的对称性。依海瑟预测的那样，未来环境文学、文化研究的中心具有从地方意识转向星球意识的趋势；显然，地方较之处所，更通俗易理解。然而，鉴于国内生态批评学界对处所意识的接受度，本书暂且依旧延续“处所意识”的用法。

维克等学者的关注和了解，生态批评界美国当代生态批评范式及流变的系统研究明显不足：缺少相关译著，寥寥几篇文章翻译也只是对其思想进行了简单的介绍和述评，缺少对其环境正义生态批评和物质生态批评的深入研究。

国内相关研究多是从族裔维度切入，代表性期刊论文有：石平萍的论文《美国少数族裔生态批评：历史与现状》(2009)评价亚当森对少数族裔生态批评的发展具有开拓性的贡献。苏冰的论文《温暖的生态海洋：自然·环境艺术·生态批评》(2013)中提到："亚当森和斯洛维克在《多民族美国文学》的序言中指出生态批评比较文学学者尤其关注跨民族和跨族群文学文本的比较研究。"(苏冰，2013)。胡志红、曾雪梅的《从主流白人文学生态批评走向少数族裔文学生态批评》(2015)系统梳理了亚当森近年来的主要论著，将《美国印第安文学、环境正义和生态批评：中间地带》(2001)和《环境正义读本：政治、诗学和教育》(2002)誉为两部最具代表性的少数族裔生态批评作品，并指出：在前一部作品之中，亚当森透过印第安文化视野就环境议题与主流生态批评开展对话，并提出建构多元文化生态批评的构想。后一部作品标志着美国少数族裔生态批评的基本批评范式已经形成(胡志红，2013)。

关于美国生态批评范式和流变研究的代表性学位论文方面，兰州大学郭茂全教授指导的多位硕士生的学位论文值得一提。张涛的硕士学位论文《生态批评中的族裔维度研究》(2018)重点评述了乔尼·亚当森主编的《环境正义读本：政治学、诗学与教育学》(2002)，总结了该著作在生态批评向环境正义生态批评转型过程中所扮演的角色。吴哲的硕士学位论文《生态批评理论的环境正义转向研究》(2019)梳理了环境正义生态批评从萌发、发展到确立的三个阶段，更是系统梳理了亚当森和里德确立环境正义生态批评的过程，并指出《环境正义读本：政治学、诗学与教育学》(2002)是第二波生态批评的方法论纲领(吴哲，2019)。

蔡振兴在《生态危机与文学》(2019)中肯定史洛维克(斯洛维克)和乔爱尼(乔尼·亚当森)对生态批评发展波段的划分。在蔡振兴看来,参与生态批评波段理论的批评家主要包括彪尔(布伊尔)、贾拉德(杰拉德)、乔爱尼(亚当森)和史洛维克(斯洛维克)等学者(蔡振兴,2019:9)。此外,蔡振兴注意到以斯洛维克和亚当森为代表的当代生态批评家开始超脱文学鉴赏、注重实践的行动主义特征。他将亚当森的《美国印第安文学、环境正义、生态批评:(中间地带)》(2001)视为贯通文学研究、正义研究和现实环境问题的典范,论证了"环境文学不但可以打开生态文学的典律,批评家也可以设法处理环境歧视与歧视环境、环境正义与不义,污染与疾病问题、土地及所有权等生活中的一些现实问题"(蔡振兴,43)。

通过梳理国外研究成果可以发现,国外关于美国生态批评的研究,集中在将有色人种、穷人等美国社会边缘群体与第三世界国家面临的环境不公正问题摆上台面,挖掘"弱人类群体社区往往成为垃圾、有毒废弃物的倾倒场所的种族根源"(Adamson, 2001:148)层面,并寻求解决这些问题的具体策略,推动生态批评走向一种关注经济、社会、文化的环境人文学研究。总体看来,早期西方对 21 世纪生态批评范式及流变研究不够集中,且尚存在以下问题:

第一,国内关于美国生态批评流变的研究方兴未艾;相较于对早期生态批评家布伊尔、墨菲、海瑟生态思想的研究,国内对生态批评范式流变的研究尚处于初级阶段,主要表现为概念理解不深、缺乏系统论述。究其原因:国内相关研究对环境正义理念的理解存在一定局限性,且尚未充分意识到环境正义思想研究的重要性。例如,环境正义生态批评范式对于剖析美国生态问题与社会、阶级之间的矛盾,思考本土生态、文化、经济、政治和社会发展状况与环境危机之间的关系问题。但是,国内关于环境正义生态批评的认识,还集中在环境正义视角下对印第安本土裔文学的分析层面,并未系统地追踪其生态思想发展谱系,而对其思想变迁历程以及影响关注不够,且环境正义生态批评代表人物的作品仍缺少权威的中文译本。

同时，由于国内生态批评界限生态批评理论探索起步较晚，对美国当代生态批评的认识只停留在社会文化、物质转向阶段。例如，兰州大学吴哲的硕士学位论文《生态批评理论的环境正义转向研究》(2019)中将墨菲借鉴巴赫金话语理论对西方文化霸权的反思阶段视为环境正义生态批评的萌芽阶段；将布伊尔、海瑟以环境想象为理论支点，引导生态批评由生态中心阶段向社会中心阶段过渡视为环境正义生态批评的确认阶段。尚缺少整合各种理论资源，吸收环境伦理学和社会生态学观念，对生态批评范式及流变的系统研究。

第二，中国生态批评家也开始意识到武断划分生态批评发展阶段的弊端，但尚未跳出将生态思想归类为某一发展阶段的思维固式。这种状况主要源于当代世界生态批评界缺乏系统理论体系，相关生态诗学思想研究也多散见于一些笔记和书信中，且文学批评、生态神学、生态哲学条目混杂，晦涩难懂，这也让研究者望而却步。以世界/宇宙(cosmo)的英文“cosmo”为例，单就世界主义(cosmopolitan)、世界政治(cosmopolitics)就有五花八门的翻译，例如兰州大学段沙沙在“劳伦斯·布伊尔的生态批评话语研究”(2017)中将 cosmopolitics 翻译成“物政治”。当今时代的生态批评理论研究处于井喷状态，单是新词如阿莱默的跨肉身性、本土物质(indigenous matter)、人类世、在地化(glocalization)等已使人目不暇接，细究其内涵并阐释的难度可想而知。

第三，国内对西方生态批评家生态思想的一些引介具有集中化倾向，对美国当代生态思想的引介仍停留在劳伦斯·布伊尔、格罗特菲尔蒂、乔纳森·贝特等学者的生态观；乔尼·亚当森、司各特·斯洛维克、罗伯·尼克森、斯坦西·阿莱默、塞瑞尼拉·依欧维诺、欧普曼的观点及著述尚未有系统引介。

以亚当森生态思想的引介现状为例：其思想属国际生态批评理论前沿，其论述中多涉及当代作家作品，理论源头也具有跨学科性、跨国别性特征，容易引起误读。以亚当森的《环境正义、世界政治和气候变化》(2014)一文为例，题目中的“世界政治”意在用来论证其“本土世界政治”观点，源自法国人类学家布鲁诺·拉图尔的“世界政治”概念，布鲁诺·拉图尔的观点素以抽象性著称。此外，亚当森的论述所选文本多为当代作品，诸如美国当代诗人卡洛斯·加莱诺(Juan Carlos Galeano)、秘鲁裔美国人类学家卡德纳(Marisol de la Cadena)、巴西人类学家卡斯特罗(Eduaro Viveiros de Castro)等。因此，了解生态批评前沿概念、人类学前沿、民族志等研究方法成为了解亚当森生态思想的基本前提。值得一提的是，亚当森生态思想的即时性和前沿性也从侧面佐证了本课题的广延性。鉴于当前缺少以东方生态话语阐发西方文本的“逆向阐发”实践，本研究一方面注意吸纳和继承以亚当森为代表的环境正义修正论者的思想，一方面对相关观点进行镕铸和创新，尝试为中国生态批评理论话语体系构建增砖添瓦。

综上，国内外研究都缺乏对美国当代生态批评理论的系统阐释，甚至仍存在对环境正义思想的误读现象。本课题拟系统反思和提炼21 世纪美国生态批评范式建构所涉及的重要理论问题，阐释人与非人类主体的间性关系，并将之与中国本土生发的“生生美学”进行对比，以期为中国生态批评理论构建提供理论资源和思路借鉴。

本书力求在系统梳理 21 世纪美国生态批评理论范式流变的基础上，达到以下创新目标：

选题的创新。就目前学界的研究来看，关于环境正义的研究较多，关于生态批评理论研究或是生态文学批评实践的研究成果也数量庞大。可以说，无论是环境正义研究，还是生态批评研究，抑或是生态文学批评实践研究，都不是什么新问题。但是，本书采取了一种新的研究视角，即，从具有代表性的文论家思想研究角度切入生态批评理论研究范式。之所以说是一个新的研究视角，主要原因如下：一方面，学界鲜有学者从环境正义视角系统探讨生态批评理论建构问题；另一方面，目前国内学界关于亚当森生态思想影响的研究较少，尽管学界目前存在一些关于环境正义生态批评的研究成果,但他们更多地是从“谁在做”的角度介绍西方生态批评理论研究走向,得出的也都是对新词、造词的梳理类的结论。扎根生态批评理论生成过程本身,从学理上探究其发展规律的作品,数量非常有限,更不说质量上乘的系统性的研究,更是少之又少。尽管学界关于亚当森环境正义思想和多元文化生态批评的研究不多,但并非因为这个问题不重要,恰恰相反,这是生态批评理论发展历程中具有里程碑意义的基础问题之一,是方兴未艾的动态发展着的理论问题。

内容的创新。本研究从 21 世纪以来生态批评理论发展历程直接切入,对其生态思想生成的过程、关键环节以及基本特征等重要问题进行系统剖析。本研究并不回避问题,美国生态批评理论范式梳理起来并非易事,生态批评作为一种具有块茎性的理论范式,打破了以往点到为止以及纯粹的文学批评辨析或分析模式,而是借鉴了人类学、政治学、政治社会学、生物学、哲学等各学科思想。于是,为了相对全面地解释美国环境正义生态批评生成的动态,本书选取了美国印第安文学作为文本支撑,展现 21 世纪以来美国生态批评思想动态的、全景式的、系统化的发展轨迹。本书承续本土世界政治观及多元自然主义生态观,阐释 21 世纪美国生态批评从荒野回归社会的途径,预测并划定跨文化生态批评方向及内容。

方法的创新。本书将尝试运用跨学科的研究方法来系统梳理美国生态批评范式,并在此基础上来揭示生态批评理论生成的奥秘。环境正义生态批评范式的创新点之一在于采用叙事学术法,除采用考据式常规理论研究方法之外,借鉴人类学、政治学、哲学等方法进行理论阐发,以本土传统为观察工具,从跨学科视角提升文学批评的科学性。因此,本书注重理论和现实相结合,除搜集文献资料方法、文本研读法、比较文学平行研究外,本书也借鉴了人类学民族志书写的描写与诠释方法。例如,本书在谈到从环境正义生态批评走向多元文化生态批评的历程时,利用自己美国西南部亚利桑那的实地观察,结合亚当森抽丝剥茧的质化研究,以当地官方景观与本土景观的碰撞现象作为案例,佐证相关论点。

一言之,本书是对美国当代生态批评的系统反思,突破单一研究角度,在了解生态批评理论走过的道路和得失的基础上做研究,以问题为导向,为时而作,希望对我国后续生态批评理论话语体系构建提供借鉴。

第一章　环境正义生态批评发展历程及其特征

环境正义是与环境正义运动息息相关的潮流。在生态批评理论发展初期，亚当森提出“生态批评必然会走向一种正义生态学”（Adamson，1998），从环境正义视角开始对生态批评进行修正。伴随着生态批评的社会文化和物质转向，环境正义生态批评也逐步展现出清晰的学理脉络。作为生态批评发展史上的重要分水岭，环境正义生态批评具有广阔的理论内涵。理解“环境正义”，需要进入生态批评发展的历史进程中去，以“环境正义”为透镜，参透变革生态批评的内在逻辑，澄清生态批评社会转向的动因和机缘。在此基础上，有利于我们更全面地理解环境正义思想的含义、特点及其同相关概念的关系，了解美国环境正义生态批评的内容及其特征。

第一节　环境正义思想萌发期

亚当森、里德等环境正义修正论者认为，人与自然环境是交织融合（entanglement）的关系，纯粹的自然环境并不存在，因此应将环境正义理念作为生态批评研究的重要视角。环境正义首先是一个社会学术语，以维护不同性别、种族、阶级的人都能平等享受环境权益为根本旨归。将环境正义理念应用到生态批评的落脚点在于，通过促进环境正义，修复人与自然的关系，从而有效地消除生态危机，建设生态文明。亚当森结合环境正义思想，关注人与自然关系的恶化和生态危机现象，主张“将奥提斯、西尔科等来自多元文化背景的作家纳入生态批评讨论范畴”(Adamson, 1998: 11),实现生态批评内容和形式的变革。

一、 生态批评的种族维度

20 世纪中叶,美国社会关于正义问题的探讨主要集中在消除种族隔阂,追求立法、教育、公共生活方面的平等权的问题上,其导火索是系列与种族歧视相关的社会不公正现象,诸如黑人女性罗萨·帕克斯由于在公交车上未让座而遭殴打所引发抵制蒙哥马利公车的事件。在教育界,加州大学伯克利分校于 1969 年设立了族裔研究学院(The Department of Ethnic Studies),研究不同族裔、国别间的环境正义现象。随着环境危机日益严重以及早期民权运动的初见成效,人们开始意识到环境问题与社会问题的关联。世界依然是一个资本主义三位一体(土地—资本—劳动力)、主权分散、层次分明的空间(Lefebvre, 282),生活及环境污染负担分配存在严重的不公正现象。环保运动与少数族裔群体环境权益的结合,推动了有利于社会正义实现的社会变革,环境正义思想无疑是针对这种白人至上的西方文化痼疾的一剂良方。

环境正义以种族平等、自然与人类关系为武器,挑战传统荒野和资源保护主义思想,以人、种族共同体、城市社区重新定义环境和自然概念(Sze, 2002:163),倡导环境正义的宗旨是包括为弱人类群体在内的所有“人”争取平等享受健康环境权利。

美国印第安作家莱斯利·西尔科的《死亡年鉴》(1991)通常被视为美国少数族裔环境正义运动的绘本,书中曾有对美国政府和跨国公司在印第安圣地新帕坡(Sipapo)矿场开发场景的描述:美国政府无视原住民维护地球原生态的诉求(Silko, 759),在此地开发铀矿、煤矿,工业生产导致的辐射和工业废料污染了大面积土地,造成大量纳瓦霍和普韦布洛原住民死亡。后续尼克松政府当局称新帕坡为“为国家牺牲的区域”。美国印第安诗人西蒙·奥提斯在《花纹石》(1992)中也反驳尼克松政府将印第安家园视为牺牲区域的做法,呼吁“不要有更多牺牲”(Ortiz，1992:361)。

种族与环境的关系集中还体现在有关毒性物质安置政策层面。1978年，南卡罗来纳州政府在以黑人居民聚集地沃伦县建造了有毒废物填埋场，欲将数吨重的被化学物质多氯联苯(PCB)污染的土壤置于沃伦社区。1982年，在美国有色人种促进会(NAACP)的支持下，美国南卡罗来纳州沃伦县曾发生过关于有毒垃圾安置的环境正义运动。当地妇孺老幼与警察发生直接冲突，反对载有被污染的多氯联苯土壤车辆进入沃伦县境内，结果以失败告终，500余人被捕。次年，美国审计署(GAO)发布《危险废弃物填埋场选址与周边社区及经济状况的关系》(1983)，确定美国有毒废弃物处理及垃圾填埋场的设立与当地社区人口和种族属性之间具有重要关联。这份报告依据1980年沃伦地区的人口数据研究发现，在沃伦县设置的垃圾填埋场所在区域邻近的5个社区中，其中3个社区黑人占比在半数以上。另外两个区域中的一个名为菲星镇的区域，“除占比44%的黑人外，还有47%的印第安人”(赵岚，2018)。1987年，美国基督教教会联合会(NCCUSA)争取种族正义委员会发布了一项报告《有毒物质与种族》①，该报告表明：社会和种族问题是造成有色人种社区承担着与其人口不成比例环境负担的主要原因，是新时代种族主义的表现。

种族维度使生态批评与政治决策、环境人文实践紧密联合在一起。2006年，秘鲁爆发反对在奥桑加特峰采矿的抗议活动。当地原住民、环保主义者和学者联盟，反对政府出让奥桑加特峰的采矿权。实际上，秘鲁的原住民关于奥桑加特峰的政治集会和活动本质上是反对环境种族主义的活动：在秘鲁官方话语中，当地原住民的本土生态观被贬斥为反资本、反现代的呓语，被视为不科学的、会阻碍社会进步的落后思想。当地将山脉视为有生命且有感知力的主体，将非人类动物视为与人类具有

① 2007年，美国基督教教会联合会(NCCUSA)再次发表《有毒物质与种族：1987—2007》，报告指出，有色人种的环境处境并未因为环境正义运动的蓬勃发展得到改善。

同等生命权的个体。然而，在攫取式资本主义式发展的思想支配下，当地政府将奥桑加特峰视为一片多余而闲置的土地，最终决定开发其矿质和其他自然资源，来“造福”整个国家。秘鲁境内安第斯山脉的奥桑加特峰资源被无限制地开发殆尽。所谓现代发展观对于奥桑加特峰当地本土生态环境和传统信仰的无畏亵渎，也最终导致了不可挽回的灾难，当地物种链断裂，土地污染，民不聊生。随之，秘鲁持续爆发了众多类似的环境正义运动，学者、环保主义也积极参与到保护当地生态活动中来。之后，整个拉丁美洲地区兴起了本土资源保护思想，并在世界范围内产生重大影响。2008 年，秘鲁邻国厄瓜多尔甚至修改宪法，承认地球母亲享有再生和发展的权利，应维护其结构的完整性以确保其可持续发展，可以说，这是当地本土生态思想的胜利。

在国际环境正义运动如火如荼地开展之时，生态批评内部关于环境责任感的争论日益激烈，研究也开始走向一个更侧重以社会为中心的方向(Buell, 2010:153)。环境正义运动的实质是反对精英人士忽视边缘群体的环境权益，探索弱人类群体参与环境决策的途径。可以说，亚当森早期的环境正义思想受到了环境正义运动的启发，开始注意到种族、性别、阶级与现实环境正义问题、政治决策和环境人文实践之间的关联。于是，亚当森开始关注不同种族间的本土景观与官方话语的冲突，重视非白人(尤其是印第安原住民)的边缘地位，并为少数族裔人群寻求重整精神、改良现状的良方。在《环境正义读本：政治、诗学和教育学》(2002)中，亚当森将环境正义定义为：“包括少数族裔在内，所有人能够平等地享受健康环境带来的美好生活”(Adamson, 2002:4)。2002 年，亚当森提议美国研究会(American Studies Association，简称 ASA)设立环境文化研究分会(Environmental and Culture Caucus，简称 ECC)。环境文化研究分会(ECC)仍以每个讨论组必须有一位非白人女性为基本准则，旨在为美国白人主流社会和少数族裔为代表的弱人类群体提供交流互鉴的平台。的确，只有秉持环境正义视角，聆听来自不同文化的声音，才能更好地理解来自不同种族背景的人们影响环境的欲望、动机和行为(Adamson, 2013:xiv),才能真正地解决环境问题。

在《美国印第安文学,环境正义和生态批评:中间地带》(2012)中,亚当森从美国印第安裔诗人西蒙·奥提斯对自然与文化的关系入手,倡导园地伦理,批判美国白人以西方概念和权力话语定义北美荒野的现象,认为应该从生态整体观视角,重视环境伦理与环境正义,重新审视荒野和人类活动的"有争议地带"(Adamson, 2001:xvii)。所谓的有争议的地带,即白人权利话语中的荒野,也是印第安人心中的家园。以美国西南部亚利桑那、犹他州的印第安保留区为例,该区域不乏沙砾红石、迥野悲凉的自然景观,也因此,美国主流白人社会对西部仍持有一种浪漫化态度:漫无人烟,文明凋敝、野蛮冥顽。实际上,他们眼中未被驯服的荒野景观也是各种社会文化力量与环境、他者矛盾的结合体。

西尔科关于荒野的描写与美国主流环境学家和自然作品的表述大相径庭。西尔科的作品叙事场景通常设置在保留区、露天铀矿或是国家边疆地区或跨国界边境线上,也就是主流环境学家和自然作品中的荒野地带。在西尔科的笔下,生活这种环境中的穷人和少数族裔人群往往面临着更为错综复杂的棘手社会和环境问题,相较于恶劣的自然生态环境,对他们生活构成更大威胁的是来自主流社会的不公正对待,例如本土族群的圣地被视为"为国家牺牲的区域"。亚当森强调:"这些边疆地区和跨国界边境线同样是少数族裔和众多自然生灵的家园,我们最习以为常的主流自然和自然写作中的荒野表述存在瑕疵。"(Adamson, 2001:xvii)

从环境正义视角来看,欧裔白人将北美偏远贫瘠的地区视为荒野实质上是为了剥夺印第安人的环境在场权利。将其家园视为荒野,掠夺其土地就变成了开发荒野的正义行为,这些内殖民者①对少数族裔

① 内殖民者是相较于殖民者的概念,欧裔美国人对印第安原住民的压榨,对保留区自然矿物资源的攫取,虽不涉及干涉他国主权的殖民问题,却与殖民行径无二。

人群的压迫摇身一变成了出师有名的正义之举。这种行为严重破坏了原住民与自然环境条件相应的文化习俗，甚至威胁到了他们的基本生存权。在美国，约有 60%的非裔和拉丁裔美国人，50%的亚裔、太平洋区域居民以及本土印第安美国人居住在建有一个或多个没有监管的有毒废物安置区内（Adamson，2001：xvi）。尽管这片少数族裔群体视之为家园的土地上遍布生灵，但在美国主流认知中，诸此类“荒野”毫无价值可言。

亚当森提出要走入争议地带，以不同的标准和尺度来看待特定地区的生态现象。一方面，以生态系统的整体利益为根本尺度，考量自然与社会之间的关系；另一方面，结合地方区域特色和传统文化，挖掘环境非正义现象的事理因由。环境正义思想在推动生态批评社会转向方面的作用不容小觑：它在反思人类中心主义弊端的同时，呼吁重视不同族群背景下的主体自身的生活需求和环境权益，与反剥削、求正义的人们结为同盟。

二、生态批评的“人化自然”

社会和自然、人类和物质之间并没有分明的界限。亚当森的环境正义思想关注自然的人化过程，兼具文学性和审美性。自然的人化主要是指在人对自然的改造实践过程中，“外在自然和人的身心结构都发生了根本性的变化”（徐碧辉，2019）。亚当森注意到，印第安本土裔作家的表述中，工作和劳动通常是实现自然的人化的重要途径。在西蒙·奥提斯《反击》（1992）中，诗人关于印第安人劳作的描写，拆解了白人的自然神话对印第安原住民文化的荒野化现象。环境正义思想为我们看待人与自然的关系提供了一个崭新视角，使我们从荒野中退回来，重新审视文化与自然间浮现的中间地带（乔尼·亚当森，2013）。

在奥提斯的笔下，祖祖辈辈地生活在这片土地上的印第安原住民，这种人类通过劳动“形塑”了自然，同时也被自然“形塑”[①]。改造自然的农耕活动既保证了人们的日常生存所需，也拉近了人的身心与自然的距离。奥提斯的父亲作为一个面朝黄土背朝天的印第安农民，内心对脚下的土地有一种深沉的爱和责任。奥提斯《父亲的歌》[②]（1992）中，描述了父亲带着他耕田时铲出了一个老鼠洞，于是，父亲温柔地捧起“渺小的、粉色动物/并将之放在自己掌心”，唤儿子来抚摸这个刚出生的生灵（Ortiz，1992：58）。奥提斯的这段描写将自然与文化、土地与语言完美地融合在一起：诗人蹲在地上抚摸小老鼠的柔软触感，以及那片沙土的温软和暖和，早已同他们放生的小鼠一道，永存在了诗人的记忆中（乔尼·亚当森，2013）。白人口中的蛮荒之地，为世世代代的印第安原住民提供生活所需，护佑着生活在这片土地上的人们。而这片土地上的生灵，也以最深沉的爱，尊敬并保护着这片大地。

老奥提斯捧起刚出生的小鼠，和儿子一起将它移到安全地方后再继续犁地的举动再现了一幅人与自然和谐互动的场景。然而，梭罗式浪漫自然书写将人类活动从自然中驱逐，认为保持自然的原生态是一种放弃的美学，自然中的沼泽也比有人类气息的园地更为珍贵和美好。在奥提斯的作品中，人与自然是相互供养的关系：小奥提斯跟在父亲的犁后面，将玉米籽撒在地上，然后再盖上一层薄薄的沙土；人们恭敬地耕种土地，反之土地也在以玉米、南瓜等食物为人类身体所需提供给养（乔尼·亚当森，2013）。

自然景观与社会环境密不可分。随着美国联邦政府开展的“印第安人终结”（indian termination）和“迁移”（relocation）项目，原住民被

① 形塑是与地景紧密相关的概念。此处的形塑是指人类与自然的改造和被改造关系。形塑说与人类的处所意识和身份意识的形成密切关联。下文会详细论述本土、地方与地景之间的关联。

② 本书选用的西蒙·奥提斯诗歌，除特殊说明外，均来自其大型诗集《花纹石》（Woven Stone，1992）。

依次迁至达拉斯、芝加哥、圣何塞、洛杉矶的印第安保留区，经历了漫长的血泪之路。这种血泪史并非水过鸭背，毫无痛楚，然而，血泪之路后幸存的人们，却再次经历了与土地之间的被迫剥离。这种现象反映在奥提斯对父亲背井离乡打工经历的描写中。随着政府在奥提斯家乡普韦布洛一带采矿、占地，失去土地的老奥提斯不得不辗转亚利桑那、科罗拉多、得克萨斯而从事铁路修筑工作(乔尼·亚当森,2013)。由于教育条件的限制，十七八岁的奥提斯并未进入大学进修，而是进入一家釉矿加工厂成为一名矿工。数年以后，由于铀矿工人罢工活动，奥提斯偶然间进入大学完成学业。在诗歌《往好的方向改变》中，奥提斯回顾了自己采煤和采矿经历:富人开设铀矿和煤矿，并不关心人和大地、自然的和谐关系。铀矿、煤矿的开采给当地生态造成了不可弥补的损伤，粉尘、辐射成为笼罩在这片土地的阴云。老奥提斯带着儿子耕种的场景，只能永久地定格在那个清澈明朗的午后记忆中。

随着后工业社会的来临，人对自然进行实践改造的能力达到了一个临界点，亦即人类的实践活动已可以从根本上改变自然的面貌和性质，甚至摧毁人类自身赖以生存的地球本身(徐碧辉,2019)。环境不公正危及的不仅仅是阿科马印第安人的存亡，而是整个弱人类群体。穷白人矿工和印第安人虽然常年暴露在恶劣工作环境中，却也享受不到物质成果。同样微薄的工资催生了穷白人和印第安原住民的深厚的友谊，例如来自俄克拉荷马的穷白人矿工夫妇比尔和艾达，20 多年一直在极其危险的环境中工作，但所得工资也仅仅能够维持生活;他们羡慕着印第安夫妇皮特和玛丽拥有自己的土地，并开始意识到设立在印第安社区中的矿井实际上只给少数美国人带来了优质生活。奥提斯借比尔之口说明，环境不公问题并不只威胁着印第安人的土地和生存，这种抢掠土地、矿产的行径关乎着所有弱人类群体的生存。详细来讲，富人通过将采油和采矿企业得来的矿藏卖给电力公司牟取暴利，余下的铀矿石和被污染的土地和水源却由印第安人、穷白人以及非人类物种所承受。

园地伦理提倡的是一种与家园和谐地共处，以一种负责任的态度与自然共处。工业活动与印第安人的园地伦理观形成鲜明对比：工业活动对当地环境生态的破坏行径，相较于印第安妇女玛丽为植物歌唱和老奥提斯怜惜新生小鼠的行为形成强烈反差，前者破坏生物与土地之间的共生、和谐关系，后者尊重自然的荒野性和主体性。在这种自然整体观念下，人与自然，使土地和环境和谐、共生、可持续地发展。换句话说，人们只有依循自然规律，家园才能更宜居。奥提斯诗中的玛丽帮助艾达用羊粪使土地变得肥沃和疏松，奥菲莉亚·泽佩达(Ofelia Zepeda)诗中的索诺兰沙漠中的印第安妇女在雨前午后采摘仙人掌果，她们遵循自然发展规律，通过自己的劳作给养大地，与自然和谐共处。只有通过合作，我们的人民和土地才不会有更多牺牲(Ortiz, 1992:361)，自然并非独立于人类文化之外的存在，也不存在纯粹的荒野，自然文化相偕相生。

三、 生态批评的正义视角

亚当森在《美国印第安文学，环境正义和生态批评：中间地带》(2001)沿用司各特·斯洛维克提出的叙事学术写作方法，将自身在印第安社区支教经历融入理论研究。亚当森的《环境正义读本：政治、诗学和教学法》(2002)将具有多元文化背景的少数族裔作家作品纳入视野，挑战美国主流文化、环境主义和文学中关于自然和环境概念和内涵的思维固式，从多元视角重新定义自然和环境概念。如布伊尔所言，环境正义修正论者从简单意义上环境批评内部的自省力量化身为改造者，全面审视白人和少数族裔环境想象的异同(Buell, 2005:119)。亚当森的相关研究较于之前研究更具当代视野，《环境正义读本：政治、诗学和教学法》(2002)中的诗学和教育学部分不再局限于对少数族裔经典书写中不公正现象的简单控诉，开始探索解决现实不公正问题的途径。例如，吉姆·塔特(Jim Tarter)的“一些人以非主流他者姿态生存：癌症、性别和环境正义”关注发生在个体和社区中的环境性疾病叙事，探索包括生态批评研究者、教育者在内的环境人文研究者化身改造者的路径。

作为环境正义修正论代表人物，亚当森以环境正义思想为主线，揭露穷困人群和有色人种承担失衡的环境种族主义现象。具体说来，她从物种正义、种族正义、代际正义层面重新定义自我，关注环境不公正现象与种族主义间的关联，将多元文化作家作品纳入生态批评研究范畴，消解白人中心论及二元对立局面。

第一，环境正义修正论者追溯环境不公正现象的源流，催化了生态批评的正义转向，使之走向一种正义生态学。环境正义修正论者关注物种正义、种族正义现象，强调道德力(moral force)，批判早期包括生态批评在内的传统环境运动和学术研究仅关注人口同质性(demographic homogeneity)的现象，重视纯粹的道德力量(Buell，2005：115)，敦促来自主导文化的批评家承认主流文化与亚文化生态话语的悬殊地位。具体说来，以亚当森为代表的环境正义修正论者重视非白人(尤其是印第安原住民)与白人社会的复杂关系，为被挤压到边缘地带的印第安文化和原住民寻求重整精神、改良现状的良方。从多元文化视角审视当代的环境危机，结合少数族裔固有的本土文化传统，以及不同民族、国家的历史、人文、自然差异，审视人们进行对自然有影响的活动时的心理动机，寻求实现环境正义的方法。亚当森将奥提斯、厄德里克、亚历斯、西尔科等人的作品作为生态批评研究对象，超越以美国为中心的研究视野，关注环境种族主义现象，勾勒多元生态图景。

在《走向一种正义生态学：变革生态理论和实践》(1998)中，亚当森提及尼克松政府将美国被放射性污染困扰的地区称为为国家牺牲的区域。在亚当森看来，尼克松政府所定义的“牺牲区域”对于印第安普韦布洛的众多生灵具有举足轻重的意义，而具有多元文化背景的少数族裔作家的叙事为审视环境不公正现象提供了一种新的研究视角：例如西尔科作品《仪式》(1977)场景设定在 19 世纪 50 年代美国最大的铀矿区——捷克皮里铀矿区(Jackpile Uranium Mine),刻画了铀矿污染导致的严重污染现象以及印第安族群悲惨的生活状况。西尔科的《死亡年鉴》(1991)中指出尼克松政府定义的"为国家牺牲的区域"正是印第安部族的圣地新帕坡(Sipapo)。西尔科在《死亡年鉴》(1991)中描绘了一幅正义共同体的图景:在一个名为整体疗养保留区的地带:来自不同种族、阶级、文化背景的男人和女人汇聚一堂,他们之间虽持有不同甚至相左的政治信仰,却仍为了一个实现世界的平衡、和谐的共同愿望而努力。亚当森借鉴西尔科关于共同体世界的想象指出:"正因为这些来自多元文化背景的主体所秉持的生态共同体意识,才能够形成一种比传统部落阿科玛和拉古娜部落更为先进的理念①,重视各群落、主体、非人类他者、大地之间的紧密关联。"(Adamson, 1998:15)

第二,随着环境正义运动与文学研究领域影响力日益扩大,环境研究不再局限于主流美国环境主义者和自然作家定义的纯粹荒野地带。生态批评家开始关注西尔科《仪式》(1977)和《死亡年鉴》(1991)等多元文化作品中描述的争议地带,认识到"穷人和边缘人群的居住地,亦是社会和环境不公正现象频发的区域"(Adamson, 2001:xvii)。随着环境正义思想的介入,生态批评从关注荒野到关注环境种族主义问题,逐渐延展至关注跨国别的环境种族主义现象。随着环境正义思想在生态批评发展领域逐渐成为显学,生态批评的研究范畴逐渐扩大:从20世纪80年代早期生态批评关注自然书写的生态研究,到20世纪90年代颇具理论性的生态论述,以及新千年后关注地方全球化的新研究。可以说,反对单一文化论述的环境正义思想为生态批评的多元视角提供了基石。

亚当森的环境正义思想最初是基于美国少数族裔文学研究,逐渐

① 北美印第安部落具有自治权,不仅限于与美国政府之间分管而治,印第安传统部落诸如阿科玛、拉古娜部落、纳瓦霍等都有各自的自治权。

发展成为以全球范围内为研究场域，关注包括第三世界的被边缘化的族群面临的环境正义问题。亚当森环境正义思想的基本立场在于：全球的生态危机与霸权文化紧密相连，生态危机实质是环境正义问题。研究环境正义问题，与对种族和殖民霸权文化关系的研究密不可分。解决当前环境问题的关键在于拆解西方中心主义、白人至上论等有悖种族正义伦理的主张。

亚当森的环境正义思想极大丰富了生态批评研究的正义维度，其主要表现为与生态后殖民主义的合流。在《生态帝国主义：欧洲的生物扩张》(1986)中，阿尔弗雷德·克罗斯比从历时角度解析了帝国主义运动对环境和传统模式的重塑历程，论述殖民在经济、文化、思想等社会结构的变化中的作用：帝国主义思想和活动全方位破坏殖民地生态系统，打破可持续性的传统发展模式。穆克杰在《罪恶和帝国：19 世纪犯罪小说中的殖民》(2003)中提出第二波后殖民批评浪潮，研究帝国意识形态从土地到空间的殖民渗透和扩张行动，以及随之而来的殖民地社会文化结构变化，挑战白人定居者意识和权威。[①]值得注意的是，在生态后殖民主义如火如荼地发展时，以亚当森为代表的环境正义修正论者开始关注环境种族主义现象，揭示社会弱势人群忍受着不成比例的有毒垃圾、空气污染，以及军事武器试验所导致的环境灾难问题。同期，随着美国自然灾害现象诸如卡特琳娜大飓风事件的发生，美国出现许多基于此类事件的纪录片、文学创作，诸如纪录片阿尔·戈尔(Al Gore)的《难以忽视的真相》(2006)、莱昂纳多·迪卡普里奥(Leonardo DiCaprio)的《第 11 个小时：将人类最黑暗的时刻变成最好的时刻》(2007)等。地域生态与现代工业景观间的冲突，以及社会、环境危机和文化三者间的关系日益凸显。

---

① 白人定居者是对来自欧洲的白人殖民者的贬称。16 世纪以来，拉丁美洲长期游离于世界殖民与被殖民体系之外。拉丁美洲的白人和美国白人并非均是白人定居者。“白人定居者”通常满足两个条件：其一，抢掠原住民土地，曾驱逐、杀害原住居民；其二，剥削幸存下来的原住民，完成殖民过程。

亚当森的环境正义思想的特别之处：其一，亚当森认为，实现正义的前提和基础是互相了解、消弭对立，走入多元文化交流的中间地带。其二，将代际正义问题作为种际正义和族际正义的最终走向，而女性、有色人种、穷人、工人阶级只有通过教育才能得到发声途径。

第二节　环境正义思想的发展期

亚当森在《走向一种正义生态学：变革生态理论和实践》(1998)中指出未来生态批评必将走向一种正义生态学。从这一具有分水岭意义的作品问世至今，以亚当森为代表的环境正义修正论者关注发生在穷困人群或有色人种团体中失衡的环境种族主义现象。可以说，亚当森的环境正义思想始于对环境写作中关于少数族裔社区中环境正义想象的分析，并逐渐走向对白人和少数族裔环境想象之间的异同点的思忖，主要阐明三方面问题：以生态自我概念模糊物种界限，发展多元自然主义思想，确立变革生态批评的路径和方法。

一、 回归大我：生态自我概念

在亚当森看来，环境为人与其他生命体生存提供了共同的物理环境或条件(Adamson，2002：7)，是一定距离的实体相互作用的中介，能够对存在于其中的社群和主体产生影响；环境文学是反映人与人、人类与非人类关系的文学(Adamson，2001：64)。在 18 世纪，作为名词的环境是指一个地方或事物周围区域的被包围状态，作为动词的环境是指包围和环绕某物的过程。20 世纪初，环境开始作为一个受人类活动影响的空间和时间区域；至 21 世纪，环境开始被定义为一种开放的自然空间(Adamson，2016：93)。亚当森对“环境”一词的思考，实际上反映了生态自我的形成过程。最初，自我和环境被设定为主体和客体的关系，环境受到人类欲望的影响，个体会为了实现个人利益而影响环境。此时的“自我”是一种人类中心主义式的小我。随之，自我和环境不再是分离的关系，环境成为包含自然他者的开放空间，自我也从最初的社会自我上升到生态自我。可以说，亚当森的生态自我概念是对生物、生命、多元世界关系的重新思考，丰富了环境正义思想内涵。

第一，生态自我概念将林木、真菌、空气、土地等自然物质视为具有能动性的自我，挑战浅层生态学的人类中心主义观，强调尊重自然万物运行规律。在伊欧维诺和欧普曼所编专著《物质生态批评》(2014)的章节"生命之源：阿凡达、亚马逊与生态自我"中，亚当森发展了科恩的生态自我概念。民族志学研究将会引发具有自我参照性的人类学研究，关注人类的语言、文化、社会与历史。在超越人类与非人类二元论的前提下，科恩尝试重塑人类与非人类沟通概念的多物种民族志研究方法，打通自然与文化之间的连字符空间。具体说来，科恩曾采用多物种民族志方法，以露纳部族的自传、传记、民族志等多种文本为观察工具，探究人类与非人类物种关系。在对亚马逊盆地上游的露纳人研究的基础上，科恩指出"自我并非与他者分立的人类自我的代名词，更像是一种社会、生物关系的总和"(Kohn, 2007:5)。

亚当森将亚马逊本土神话作为观察工具，对人与自然关系进行了进一步界定。在小说、诗歌以及口头叙事中的动植物和半人半物故事，是本土和少数民族族裔文化的集大成者，也是印第安本土宇宙观的重要内容。在印第安本土宇宙观中，生态整体是一种多元化的生态景观，人类、动植物、半人半物主体共同构成了多姿多彩的世界。世界是交融共存、互为整体的网状结构，而非消此顾彼的自我与他者关系。生态自我概念将自然物视为具有能动性的主体，实质是在探索如何在不牺牲人类本体利益前提下，实现人与自然共存。亚当森借鉴人类学多物种民族志学研究方法，将动物、植物、真菌和微生物视为自然景观的一部分。从多物种民族志学角度，指出人不是遗世而独立的孤独存在，而是与非人动物、植物和其他生物互动的物种之一。世界并非在统一规章下运行的"整体"，而是由不同自我组成的"群体"，是人与自然和谐相生、多元共生的时间与空间的集合。

第二，生态自我概念为探索与拟人论、万物有灵论相关的问题提供了新的视角，从拟人论视角可以清晰再现自然与文化的共通与分歧。这种从环境正义视角对生态自我概念的探索，与哈拉维提出的卡鲁斯世(chthulucene)概念在内涵和外延意义上殊途同归。

哈拉维在《人类世、资本世、种植世、克苏鲁世：亲缘关系》(2015)中阐释了人类世、资本新世、种植新世、难民新世等概念①。在哈拉维看来，克苏鲁世是对生态系统由动态的、未知的力量所构成的假设。在这个被称为克苏鲁世的生态系统中，包括人类在内的所有生物体是一种过去、现在和未来不确定性的集合，归根结底，哈拉维的克苏鲁世概念是一种关于物质主体性的探讨。虽然克苏鲁世仍有依傍希腊式神话原型触须之嫌，但它并非简单地遵循美国恐怖小说家洛夫克拉夫特(H.P. Lovecraft)的克苏鲁神话。哈拉维所定义的克苏鲁世，是一个由人之上、人之外、非人组成的联合体，具有暂时性(temporalities)、空间性(spatialities)和交互性(intra-active)，是一种由具有半稳定的物质和由人扮演腐殖质性质(human-as-humus)等联合主体(entities-in-assamblages)构成的世界(Haraway, 2015: 160)。概言之，克苏鲁世可被视为由多元力量和集合物构成的生态系统。水妖娜迦(Naga)、大地之母盖娅(Gaia)、海神汤加若伊(Tangaroa)、高地女神特拉(Terra)、日本神话中的大地女神海亚苏—海米(Haniyasu-hime)、蜘蛛女侠(Spider women)、大地之母帕卡妈妈(Pachamama)、雷母欧亚(Oya)、高垢(Gorgo)、雷文(Raven)和因纽特人造物女主阿库陆朱思(A'akuluujjusi)等均是克苏鲁世的一部分(Haraway, 2015:

① 所谓人类世，是指地球开始进入人类影响环境的地质时代；由于在地质学意义上尚未定性，所以在环境人文研究领域，该概念更侧重强调一种人类影响世界环境后所形成的文化形态。因此，人类新的生活方式产生了新的需求，由此加速了文化与生物演化进程。资本世(Capitalocene)首先由安德瑞斯·玛姆(Andreas Malm)和杰森·莫尔(Jason Moore)提出，强调全球资本积累会诞生新的物质符号，资本与物质间存在关联。种植新世(Plantation-ocene)强调人类可以通过科技手段诸如嫁接、转基因等手段培育新的主食作物种子，甚至可以重新选择水果和蔬菜特性，从而会减弱地球保持物种可持续发展性以及为之提供相应生存条件的能力。

160)。

这种将非人类及拟人化的神话人物作为客观存在物的做法与亚当森对“变革物种主体”概念的定义异曲同工。在《为何熊是思考的对象且理论不会扼杀它》(1992)中,亚当森将能够幻化成熊的弗勒称之为变革物种主体。而所谓的变革物种主体,是指具有变革幻化能力,能够穿梭于不同物种之间,是一种介于人之上、人之外、非人、人类之间存在物。在北美本土小说和电影中,英雄人物常被赋予远古神特征,是“自我”特征的升华;环境也被视为各主体间交互关系的集合,描述出一幅克鲁苏世界:“熊、蛇、土狼、乌鸦和其他超越人类的主体均是生态自我的重要组成部分,万物众生没有明确界限”(Adamson, 1992:31)。实际上,亚当森的生态自我概念发展了神人同性论(anthropomorphism)的理论框架:从某种意义上来说,神人同性论参照了人类中心主义的框架,但二者并不完全贴合。例如,维多利亚时期的批评家约翰·罗斯金(John Ruskin)称诗人将鸟或树拟人化的做法称为“情感误置”:通过戏剧化地呈现自然世界的喜怒哀乐,人为地再现自然和人类情感共通性(Buell, 2005:134)。生态自我概念升华了神人同性论对自然和人类情感的中和,将之上升至概念层面,关注本土传统故事中的动植物叙事。

第三,生态自我概念将物质视为具有自我意识的主体,将物质主体化和精神化,进而重新定义了物质。物质既是自然叙事的场所、对象,以及内容。树木、真菌等自然物质均是一种作为叙事场所的故事化物质,将人类内心的叙事能动性内化为自我结构的一部分(Iovino, 2014:83)。物与物之间、物与人之间是相互依存、互相转换的关系。物既是一种叙事场域,又是一个叙事过程的集合,也是叙事的施事者和主要参与者,生态自我概念将世界视为由人类、非人类及介于二者之间的变革主体组成的整体。

生态自我概念的本质在于消弭鸿沟,力主以思辨主义走出二元论的对立世界,实现环境正义。对于进行文化交流中的种/族群双方来说，由于存在一定的文化隔阂，常将对方形象野蛮化，抑或将自我之外的他者描述为一种癫狂和疯癫状态。实质上，这是人类拘泥于“自我”世界的心理防御机制在作祟。以斯芬克斯之谜为例，除俄狄浦斯之外，其他人之所以猜不出斯芬克斯谜底的主要原因在于：人类通常局限于“人之为人”“物非人”的固有认知，而忽视了“人即是物”“物即是人”这一常识。

生态自我思考物质本源，从超人类视角入手，思考世界上的物质的主体意识及叙事能力。换句话说，生态自我概念强调人的身体会与其他自然物产生互动或接合，解放了“人”的想法，将非人的领域纳入“自我”的范畴进行考量。生态自我概念将物质视为具有自我意识的主体，重新定义生态整体，挖掘从本土到全球、从地球到宇宙的多元物种关系，引导生态批评走出人征服人、人征服环境的环境非正义迷宫。

第四，生态自我概念借鉴了人类学研究方法，引导生态批评走向以问题为导向的跨学科研究模式。亚当森曾借鉴图纳的阈限概念和列维·斯特劳斯运用科学手段研究神话的方法，解析文学文本中“自我”的深层含义。图纳曾以符号、仪式为核心构建了象征诠释人类学，依循人类学研究路径，将社会仪式、经验概念化成思想史，实现了理论构建与社会现实和田野研究的结合。在《仪式过程：结构与反结构》(1969)中，图纳从生死仪式的分类阶段、恩丹布人仪式的孪生悖论，发展出阈限共生理论，并分析了阈限共生阶段的形式和过程。在特定文化空间，阈限主体不属于分类中的任何一方。阈限属性是模棱两可的，“人”从约定俗成的类别中剖离出来。他们处于规章、习俗、传统和仪式的交叉居间状态(Turner，1969：95)。亚当森的“变革物种主体”是指动植物属性特征进行通感转换、超越物种特征的主体。鉴于物种界限的脆弱性，通过从象征意义层面打破秩序，挑战现有规章桎梏。变革主体能够衍生出两方主体都不具有的权力，“生活在中间，混淆和逃避原有社会结构和文化秩序”(Barbara，1975：147)。但是，由于变革主体背离常理规范，它也常因过于离经叛道而备受谴责、嘲笑。由此,变革主体概念也为恶作剧者和恶作剧者的故事提供了原型。

在《神话和意义》(2001)中,列维·斯特劳斯运用索绪尔结构语言学研究方法,研究人类亲属关系、古代神话以及原始人类思维本质,形成结构主义神话学。列维·斯特劳斯分析了神话、规章、科学的关系,指出科学并不能解释所有现象,但可通过科学方法对未知世界进行探索(Levi-Strauss, 2001:4)。亚当森借鉴人类学多物种民族志研究方法,探究现代叙事尤其是科幻小说或电影中的"自我"的文化意义,尤其是那些能够跨越物种界限、兼有人类和他者双重身份的主体。例如,在《生命之源:阿凡达、亚马逊与生态自我》(2014)中,亚当森以神话"潘多拉"为原型,通过对电影《阿凡达》(2009)中能化身为纳美人的现代社会学家格蕾丝的分析,揭露现代人类贪婪地盘剥本土自然生态的现象。《阿凡达》(2009)主要讲述了名为资源开发管理局(或RDA)的跨国机构为开采稀有矿物难得素(unobtainium)而驱赶纳美人,毁掉潘多拉星的母亲树,控诉现代科技对原住民本土生态观的毁灭性冲击。格蕾丝作为代表希望与正义的阿斯特蕾亚女神的化身,她能够跨越物种界限,并选择与纳美人一道,抵制资源开发管理局对生态系统关系的破坏活动;她既具有现代人的科学智慧,又理解生活在森林底部土壤和根部的不为"人"知的生物灵性。潘多拉的真正财富并非难得素而是潘多拉的复杂的传统原始信仰。

第五,生态自我概念重构物质自然性和自我性,打破自然、社会二分法则。亚当森曾以有"议会之书"之称的《波波尔·乌》为文本素材,分析了自然物质的前瞻性和主体性。①这些由玛雅人通神者记述的文化之谜,诸如玛雅人的希腊诸神实质是针对大自然中超越现实性的物质,进行的一种具有前瞻性和预示性的系统整合。

---

① 18 世纪初,以基切语书写成的《波波尔·乌》被法兰西斯可·席梅内兹译为西班牙语,此手稿现存于芝加哥的纽伯利图书馆。作为玛雅人表达对自然和人类命运关切的古典史诗,《波波尔·乌》以玛雅文明的创世神话开始,记述了与人类起源相关的神话传说和秘传的祭祀仪式,以及基切部落兴起的英雄故事、历代基切统治者系谱等玛雅文明的核心内容。

近年来，亚当森将远古故事、推想小说等本土叙事作为环境启示录，发掘不同地缘、生物圈间想象实体的自我性，将自然物质视为不限时空、地域，蕴含着不同区域生态观的物质集合(collected things)。在《西蒙·奥提斯的〈反击〉：环境正义、变革的生态批评及中间地带》(2001)中，亚当森分析奥提斯诗歌《反击》(1992)中对印第安原住民小心翼翼耕种土地的行为，强调人类通过劳作产出的玉米反哺人类的现象。在北美印第安书写中，玉米常被视为具有生命和创造力的神圣物质，承载着人与大地相互给养的责任和关系(Ortiz, 1992:346)。在其近年相关著述中，玉米常以典型物质整合物的形象出现。例如，亚当森在艾薇拉编撰的《我们人：宣言时代的本土权利》(2012)的章节“探寻玉米之母：北美本土文学中的跨国别本土组织，粮食主权问题”中，从生态批评物质转向角度分析跨文化的本土社区建设面临的机遇和挑战，将北美母玉米视为一种集合物质，论证跨文化、区域、本土的环境社区组织和建设的科学性。2010 年，玻利维亚科查班巴“世界人民气候变化会议”的宣言书《地球母亲权利世界宣言》(UDRME)将地球视为“一个与所有人相互依存的生物体”(第 2 条)。在此背景下，在《本土文学，多元自然主义和阿凡达：本土世界政治的诞生》(2012)中，亚当森将“生态自我”定义为生态系统、自然共同体和构成地球母亲的所有自然实体。以此为基础，亚当森分析了电影《阿凡达》(2009)主人公格瑞斯(Grace)穿梭于潘多拉星原住民纳美所在的世界和现代人类世界的变革主体身份，借格瑞斯之口，呼吁采集“难得素”的现代人放弃对原住民所在地域资源的掠夺，强调潘多拉星最可贵的并非“难得素”和那些矿藏，而是原住民的精神以及现代人与原住民沟通的机会和能力。生态自我概念将物质的自我性挖掘出来，让存在于文化传统中的“自我”发声，弥补以人类为中心的浅层生态学的缺陷。

“自我”包括处于人类与非人类自然主体间的变革主体，是一种具有能动性的人与自然物质的联体(assemblages)，解构了传统形式上对人类与非人类主体的界定。在神话叙事、科幻叙事以及印第安口述传统中,“自我”更接近一种人类与其他多物种间“互动过程”,超越了边界,历时性地反映作为生命体的“自我”之间的相互交流关系。

一言之,在生态自我概念程式下,物质与物质能动性、物质与叙事过程密不可分,非人类物质也是具有表达能力的存在物。释能者(具有能动性的自我)不仅包括有感知能力的动物和其他生物有机体,也包括石头、水和树木等物体(张慧荣,2018)。生态自我概念建立在模糊人类和动物的边界的基础上,论证了非人类主体的自我性:自然是一个由多元自我组成的多元世界(Adamson, 2014:263)。

二、 物我间性:多元自然主义

多元自然主义的核心是关于人与自然关系的思辨,是多元文化生态批评的核心思想。宏观来讲,多元自然主义观关注生态的多样性。在微观层面,多元自然主义侧重物质的主体性研究。“多元”包含两层含义,其一,多元世界由不同物质构成。其二,构成多元世界的物质主体本身即是一个微小却完善的生态系统,正所谓万物皆备于我。例如,河流、山川、鸟兽、虫鱼、树木、花果都具有独立的知觉系统,万物规律与自身循环生态系统皆能找到对应的答案。多元自然主义概念的核心即独立与平等,强调自然主体间的交流与互通,反对分裂自然主体,又反对将主体差异不加区分的笼统做法。可以说,多元自然主义既承认宇宙整体的各主体之间相互影响,又反对不同主体间的敌对与压制关系,多元自然主义从环境正义视角审视人类与自然的关系。具体说来:

第一,多元自然主义打破了人类自诩为万物之灵长的认知,倡导维护生物的原生特性。在《母玉米为集合物:析北美推想小说和电影》(2017)中,亚当森以科幻电影《第六世界》①(2011)为例说明科技与人

① 电影的名称《第六世界》是相对于印第安霍比族预言中的“第四世界”而言的概念。印第安霍比族保存有许多关于世界历史和未来发展的传说,预言过工业革命、第一、二次世界大战、嬉皮士等一系列世界性的事件。霍比族现居于亚利桑那州,是玛雅文明、阿兹特兰、印加在内的多个本土文明的起源。

类社会生存和发展的背离关系，反对人类中心主义和科技至上主义。科技对于人类社会发展而言是一把双刃剑：一方面，科技作为人们应对环境危机的必要工具，能够帮助人们获得了更好的生活。另一方面，科技也助纣为虐，使人类骄横狂妄地以万物灵长的身份自居，导致各类自然灾害、传染疾病的横行，暴露出人之为人的局限性。多元自然主义观将星球看作生命共同体，模糊人类与自然他者的划分，超越东方与西方的文化差异，是拯救人类信仰危机层出不穷的生态危机的良方。

关于如何打破人类自诩的"万物之灵长"的狂妄自大认知，亚当森曾以电影《第六世界》(2011)为例郑重地做出过回答：印第安原住民的粮食主权观反对基因工程干预农植产业，有利于保证传统农作物纯种性及生物多样性(Adamson，2017)。电影《第六世界》(2011)采用本土启示录的形式，警示众人要保护生物多样性，说明人类不可妄自尊大地肆意改变物质原始属性。在《第六世界》(2011)中，玉米为宇航员在前往火星时呼吸提供氧气。由珍妮达・贝纳利扮演的主角塔兹巴・雷德豪斯既是一名纳瓦霍宇航员，同时以掌握着基因重组技术的科学家身份供职于一家跨国公司。在执行人类登陆火星任务过程中，由于转基因玉米受某种病毒影响出现基因错乱现象，飞船氧气系统失去了能源支撑，飞船系统几近崩溃。弥留之际，雷德豪斯突然想起飞船起飞前，巴赫将军曾送来一黄一白两种传统非转基因纳瓦霍玉米，这两个母玉米的基因未被改良过，所以不易感染影响转基因玉米生长的未知病毒。尽管仍不清楚转基因生物是否真的会导致玉米价值性状(McAfee)的丧失，宇航员仍小心翼翼地将传统玉米和转基因玉米用玻璃隔开，以避免传统玉米和转基因玉米之间的由于花粉散播而导致的基因混种，防止转基因玉米减弱传统玉米品种的自然生存能力。最终，雷德豪斯利用非转基因玉米种子培植的玉米，重启了飞船的动力系统，最终抵达火星。值得一提的是，在北美，尤其北美西南部地区，玉米具有尤其深刻的文化含义。在北美及墨西哥一带，玉米曾是人们主要的食物，爆米花、玉薯饼等小吃直至今日仍是人们的最爱，人们曾因此被称为“玉薯人”。美国西南部作家、诗人诸如西蒙·奥提斯、厄德里克等多次在作品中提及玉米与原住民的关系，而这种将传统玉米融入骨血的表述在《第六世界》中淋漓尽致地表现了出来：现代人自诩的科学力量是万能的，然而传统生物基因才是使得人类社会平稳度过末世的救世符。在《第六世界》中，当飞船进入冬眠模式，雷德豪斯梦见自己成为了纳瓦霍玉米之母，在影片最后一幕，雷德豪斯在火星上安全醒来，并在赤色的火星上成功地种植了绿色的纳瓦霍玉米。影片主人公在火星上的觉醒标志着人类开始进入想象中的第六世界，找到了维持物种多样性的遗种避难所。如杰拉德所言，我们只有想象一个有未来的地球，才能真正地打起精神对她负起责任来(Garrad, 2004:116)。可以说，电影《第六世界》是关于未来星球的想象，以启示录的形式说明人类并不能倚望智能、科技拯救地球。只有遵循传统自然生物规则、保持生物多样性，人类才能真正进入“第六世界”。

第二，多元自然主义提倡超脱人类中心主义视角，参照本土意象符号全面认识世界；此处的意象符号，是指原住民宇宙观中关于区域动植物的想象的集合。众所周知，违背自然发展规律会造成严重后果，倘若人类泯灭了对自然的敬畏之心，最终受害的是包括人类在内的所有生灵。亚当森近年来多从多元自然主义视角审视物种间、民族间的正义关系，将水妖娜迦(Naga)、大地之母盖娅(Gaia)、拉美神话中的地球母亲帕卡妈妈(Pachamama)、海神汤加若伊(Tangaroa)、高地女神特拉(Terra)等本土意象符号视为世界各地区原住民代代相传的民族智慧的结晶，一种关乎全球未来的本土想象(Global futures, Local Imaginaries)。与玛雅历书《波波尔乌》(Popol Vuh)中的希腊诸神一样，这些本土意象符号可作为观察工具，为“尝试审视和超脱现实的人们提供一种导航系统”(Adamson, 2001:145)。亚当森关于多元自然主义的思考与人类学家爱德华多·科恩对露纳人与自然界情感交融的思考殊途同归。具体而言：

亚当森结合原住民宇宙论相关观点，从多元自然主义视角梳理环境正义思想的生发和发展过程，从环境正义视角思考有关世界的构成和发展的相关问题。亚当森参照多物种民族志概念模型，就生物、生命与多元世界的关系展开论述，肯定原住民宇宙论观的重要性。在亚当森看来，地球似一张互相攻击、充满暴力的关系网，跨越地缘和生物圈范畴(Adamson, 2017)。在《为何熊是思考的对象且理论不会扼杀它》(1992)中，亚当森以恶作剧者弗勒所兼具的熊族(非人类)、纳娜普什族(人类)的双面性，指出印第安原住民宇宙观中体现了多元自然主义思想。在《母玉米为集合物：析北美推想小说和电影》(2017)中，亚当森开始参照人类学家卡斯特罗(Eduardo Batalha Viveiros de Castro)关于"人"(persons)的定义，探究现代美国本土生态诗、小说和电影作品中的"可变形的存在物"(transformative entities)如何以想象力促进地球生态建构，以及多元向度(multiverse)的世界观如何否定标准化(universe)的大同世界(universal world)。在她看来，"世界具有多元性和多尺度性，禁得起微观和宏观层面的反复推敲论证"(Adamson, 2017)。

多元自然主义承认自然物质本身的自我性，是一种反人类中心主义的朴素生态思想。人类或非人类在内的所有生物物种尽管生理和习性不同，但却都生活在同一个世界。就像欧文斯小说《狼歌》(1995)中吉姆舅舅表述的那样：在白人未涉足这片土地之前，我们没有什么荒野、没有什么野生动物，我们只有大河山川，只有两条腿、四条腿和生活在水里的生物同胞(Owens, 1995：81)，由于生理基础差异，不同生物体持有了对世界的不同认知。作为当代著名人类学家，爱德华多·科恩对亚马逊盆地上游的露纳人及其与处于梦境中的狗、致幻性植物相互作用展开研究。科恩从超人类视角看待这个世界……基于具体意象符号，从动物视角审视人类社会(Kohn, 2013：196; 222)。在《本体论的人类学》(2015)中，爱德华多·科恩从菲利佩·德斯科拉(Philippe Descola)、卡斯特罗(Eduardo Viveiros de Castro)和布鲁诺·拉图尔(Bruno Latour)的关于多元自然主义的论述中总结出人类学研究的本体论转向。

亚当森和科恩的研究都尝试超越自然和文化界限,可以被看作是万物有灵论(animism)复兴的征兆。万物有灵论不单是一种拟自然化(animated nature)的错误观点,更体现了当代生态学、人类学研究向非人类世界延伸的趋向。亚当森结合原住民的宇宙论观,将地球视为一种物质的集合实体,将环境视为与各生命体一呼一吸密切相关的物质集合。树木、丛林通过光合作用将阳光转化为能量,以滋养根系。反之,焚烧、伐木等人类活动又影响着大气的二氧化碳含量。物质环环相扣,大气、地球、星空互相关联,构成一个不可分割、交互纠缠的集合体世界。

第三,多元自然主义对物质自我性的肯定,促使人类开始重视以动物为代表其他生命的环境权益,以及包括人类社会在内的生态系统的整体性与和谐性。动物保护主义者瑞贝卡·梅格隆(Rebecca Raglon)和玛丽安·舒特梅哲(Marian Scholtmeijer)认为,当代生态文学创作者和批评家往往冠冕堂皇地鼓吹生态系统整体性、和谐性,却将动物主体的生命权益抛之脑后(Raglon, 2007)。的确,爱德华·艾比的《沙漠独居者》(1985)曾描述了一起兔子被杀事件,以此为案例,说明自然食物链的科学性。在艾比看来,人、兔子、狼,只是扮演着捕食者和受害者的角色,在某种意义上属于同类。在梅格隆、舒特梅哲等动物保护主义者看来,如果艾比是那只被杀的兔子时,他就不会如此镇定地在那大谈生态系统的食物链的自然性、正当合法性(张嘉如,2013:131)。可以说,动物保护主义者从物种正义视角对艾比忽视动物生存权的问题展开了激烈抨击。

与之相比,亚当森从环境正义视角对艾比的谴责缓和了许多。多元自然主义成为亚当森审视现代西方中心主义与原住民本土世界主义冲突的透镜。在看待自然的崇高性方面,艾比和亚当森的观点有同有异。二者的主要区别在于:前者主张退出自然,后者视人类自身为自然不可或缺的一部分。在《美国印第安文学研究、环境正义与生态批评:中间地带》(2001)的第二章“艾比的乡村:沙漠独居者和荒野之困”(2001)中,亚当森曾肯定艾比的《沙漠独居者》(1985)对四角地区的采矿投机活动的关注,特别是艾比专门对黑色梅萨地区的采藏活动进行过详细描述。然而,在亚当森看来,艾比对印第安年轻一代涉足旅游业和商业的评判过于严苛,他对印第安年轻一代的批判实际上否定了其发展权,“忽略了若人类群体由于被殖民、剥削而致贫的历史现实,想当然地苛责纳瓦霍保留区年轻一代试图摆脱贫穷和边缘化地位的努力”(Adamson, 2001:46)。

然而,我们不得不承认艾比对盲目发展的批判具有一定科学性,的确,为了发展而发展正如癌细胞裂变般不可控制。但是,一味忽视印第安年轻一代生存和发展需求,也不免因同理心的匮乏和白人中心主义思想而为人诟病。相较之,亚当森的环境正义思想关注人与自然外部问题(物种正义),也关心人类社会内部问题(种族正义)。既不排除“人所创造的文明成果,比如人所改造的自然景观”(程虹,2001:261),也在尊重物种的多元性基础上尊重社会结构和文化多元性,以己度人的同理心为实现环境正义奠基。

多元自然主义与《庄子·内篇》的《齐物论》传达的自然思想有异曲同工之处:自然界物种享有平等的生存权利,所有的生物在一定程度上都是世界公民,万物共生。多元自然主义强调物质的多元属性、文化属性和实践性。亚当森与批评家唐娜·哈拉维、安娜·青、斯蒂芬·海姆利克(Stefan Helmreich)一道,秉承多元自然主义观,采用多物种民族志(民族志和动物民族志)对人类社会文化进行研究,由二元对立向多元共生,由本土向世界,“将文化想象的中心从处所意识向更系统的星球意识转变,这是生态批评的必然趋势”(唐梅花,2013)。

三、 正义修正：变革生态批评

如果我们想要真正改变自己的社会，我们需要这样一种理论：它能够在普世和本土之间浮出，它能够对文化进行饶有意义的应用，它能够给我们提供解释性的批判和替代性的变革，它能够成为我们创建一个更为公正的社会和环境的工具(Adamson，2001：99)。亚当森随后提出变革文化批评(transformative cultural critique)形式，将名词“环境”溯源至托马斯·卡莱尔(Thomas Carlyle)的文化批判。①

在文化范畴，环境是指一种被包围的状态。然而，作为动词的“环境”源自中世纪包围和环绕某物。从文化批评实践的角度，亚当森论证了将自然界作为“荒野”的举动实则是生产历史知识、标记社会转换和社会组织的产物；若将文化批评的目的不看作是为达到一种自由狂欢或认知的愉悦，而是为了阐释为何某些复杂的概念在人们生活中是重要的以及它们如何在社会中运作，那么故事或传说被看作一种学术性的理论也就是完全可能的(Adamson，2001：97)。也就是说，变革生态批评的核心即将印第安本土民间故事、谚语、恶作剧者故事、动物寓言等视为重要的理论形式。从这种思路来看，有色人种理论化的概念通常是以叙述的形式来呈现，诸如游戏的语言、讲述的故事、谜语和谚语，这种思维理念只是在形式上与西方的抽象逻辑形式不同。然而，比起那些佶屈聱牙的阳春白雪般的逻辑概念，这种多样化且具有动态感的语言更易引起共情。

亚当森提倡的变革文化批评与生态批评的物质转向密不可分。通过分析美国本土裔作家奥提斯和西尔科的作品，可以发现这些诗歌和小说中关于环境正义斗争的案例比比皆是，甚至多有上升趋势。多元文化背景作家引入生态批评研究，让他们为自己发声，变革生态批

---

① 托马斯·卡莱尔(Thomas Carlyle，1795—)，维多利亚时期英国(苏格兰)评论历史学家。1865年任爱丁堡大学校长，Wikipedia，the free encyclopedia，Jan，2019，https://zh.wikipedia.org/wiki/托马斯·卡莱尔。

评的研究对象和方法：

第一，将多元文化背景下的作家作为生态批评研究对象，即“在生态文学研究和教学领域引入这些多元文化作家的作品，变革生态批评研究内容”（Adamson，2000:10）。在“文学，自然和其他”（1995）中，墨菲注意到，作为文学与环境交叉学科的生态文学已经开始成为新时期的研究热点（Murphey，1995:165），但生态文学研究尚未充分考虑的种族元素（Adamson，2000）。亚当森主张将描写本土景观的多元文化背景下的少数族裔作家作品作为研究对象，增加少数族裔与主流文化对话汇通的方式，且将本土裔文学作品理论化：这些反映不同地域景观的作品，不应单单被视为文学作品被阅读，也应被视为理论。也就是说，变革生态批评以探寻一种跨地域、参与型、跨文化的生态批评研究范式为旨归，通过将美国少数族裔作家作品引入研究范畴，将种族研究、生态批评和环境正义研究等联系起来，将之与社会科学和科学、生态正义案例、政策研究和文学、诗歌、文学研究相结合。

第二，重新定义“理论”，主张将以印第安本土口述生态传统为代表的话语理论化。从地方到全球的视角审度以往一些文学和文化批评家自我沉浸的书面语理论形式。在理论研究内容上，解构荒野和自然的界限，指出早期生态批评将自然界视为荒野的做法无论是在理论上还是政治学意义层面都是站不住脚的。值得一提的是，斯洛维克虽未直接提出变革生态批评概念，却也曾就变革生态批评的具体路径进行过探索。在其生态批评专著《走出去思考：入世、出世及生态批评的职责》（2005）中，斯洛维克实践了一种叙事学术写作策略（narrative scholarship）：一种不循一般学术研究的生搬硬套的规矩的经验式写作形式，使学术写作和理论研究脱离枯燥的、理智化模式，以讲故事的形式来表达生态环境与主体自我之间的关联。通过讲述自己的故事，展示与世界的接触如何塑造主体对文本的反应态度（Slovic，2005:28）。然而，这种提倡以讲故事式的理论研究模式，也曾因其非主流性而为人诟病：布伊尔就曾指责其“更像是一种业余爱好者的热情，而不是一个正规合法的新领域”(Buell, 2005:6)。

社群领袖、草根活动家们常常视当代学术理论为无关紧要或无甚痛痒的文本批评手段。当代女性主义批评家诸如劳瑞亚·安札尔多(Gloria Anzaldua)、芭芭拉·克里斯蒂安(Barbara Christian)、和特蕾莎·艾伯特(Teresa Ebert)就曾主张变革文化批评形式。变革文化批评超出了戏谑后现代主义的形而上式、元叙事式的研究方式,关注转化后的政治问题与解放及集体性斗争问题,探究应对社会转型的方式,而不仅限于追求愉悦与超脱感的理论研究形式。以此为背景,亚当森通过论证自然界与“荒野”概念内涵的不对等性,说明重构“理论”的必要性(Adamson, 2001:97)。叙事学术有其推翻主流传统理论研究传统方法的一面,但与“戏谑后现代主义”(ludic postmodernism)这种自由发挥式的理论离散模式也极为不同。①戏谑后现代主义主张通过符号行为主义来实现文化平等,将政治的概念重新表述为一种语言效果,被视为一种有效抵制主流社会文化的模式。然而,却不触及这些差异产生、社会制度变化、经济资源和文化力量较量以及性别、种族、阶级与之的关系等实质性的问题;寻求一种对生态批评的彻底的变革(Adamson, 2010:224)。

第三,重塑物质、身体、思想间的关系。戏谑后现代主义学者们致力于推翻将女性或他者同身体相联的二元论,批判以消极态度再现、抽象或异化女性、他者身体,忽视女性或他者的思想,反对将身体视为一种具体的、反观念的、物质的、既疏离又具有创造性的知识。他们将女性身体的经验(例如愉悦、欲望、需求等)置于日常生活中特定的、细节的、物质的知识和情境中,并同他人之间建立一种创造性、非支配性的关系。真实的情况是:已经达到经济自由的中产或中产以上人群往往重视快乐和欲望,甚至是耽溺愉悦感。尽管穷人或底层人的愉悦感

---

① 德里达或拉康等后现代主义的所谓权威、合法、正统的理论形式(被称为“戏谑”理论)寻求的是通过戏仿、反讽或实验方式,达到一种能指狂欢或意义拆解,是一种自由发挥式的理论形式。

也值得关注，但与其相比，这些穷人或工人阶级（尤其是有色人种的底层阶级）的需求往往常被忽略。然而，戏谑理论家们虽然将生物、传记、文本性剥离开来，从历史中移除“身体”概念，为社会阶级性和差异性正了名，却并没有阐明这些基于（社会建构的）性别、种族、性或阶级差异及其剥削机制的运作规律。具体说来，北美、英国或澳大利亚的中产阶级虽然在人口上属少数派，却享受着世界多数资源；以荒野和自然之死为主要议题的自然写作最初也源自这些人的写作。荒野写作潜意识中掩盖了社会经济和生态力量对普通个体的影响，个体通过被教化、要求在一个符合特定生物规则的世界打拼，而这个阶级系统将非正义、不公平看作是理所当然或是置若罔闻，拒绝给我们教育、金钱或权力上的平等性。这种最初根据个人天赋和喜好随意进行的创作忽略了底层阶级的需求，也就无法使人们众志成城，更罔谈探寻解决紧迫问题的答案。对于那些以一种为理论而理论的“戏仿”的态度，提倡我们创造新意义的时候，它们或许本身也是有其洞见的，也是必要的。

我们若要摒弃欧美中心主义的景观，就应该首先阐明自身的不同立场，分析、解释社会和生态不公平的原因，并通过对共同处境与责任的探讨来寻求解决问题的途径。然而，如果我们仅仅是苦守着只有少数精英才掌握的话语，又如何能够最大程度搭建起所谓的共同基础呢？当然，变革生态批评并非要摒弃大多数戏谑后现代主义者所精通和使用的语言，并非要求所有专业摒弃我们所惯以为常的专业语言。事实上，专业领域的特定语言确实只有少数人能够精通或掌握，而一些复杂的观念和原理也只有这些复杂的概念才能够很好地诠释。变革生态批评所倡导的无非是从研究的意图确定之时就明晰自己的工作中心在于多数人的福祉，基于此而形成的话语必然具有多方导向性。因此，大多数戏谑后现代主义文本的问题，并非其语言难以阅读，而是其形而上学式的理论脱离实际社会状况。缺乏多方沟通的理论和实践意图，缺少伦理共情的环境实践，也就缺少了群众根基和理念基础，必然会因曲太高而导致和寡。

第四，强调教育和传承。亚当森曾就在北美纳瓦霍印第安社区的教学实践，将《环境正义读本：政治学、诗学、教育学》(2002)的第三部分定位为教育学，教育是女性、有色人种、穷人和工人阶级获得文化和制度实践的路径，个人才能创造新的概念，将其合法化。学术研究工作被少数特权阶级所掌控，这些弱势群体曾被限制于学术研究和理论阐发的大门之外，或者说，他们被排除在学术的官方之外。理论并非只是一种认识事物的方式，而是一种转化现存现实，文化批评既是生产历史知识的过程，也能用来标记社会转换和社会组织的。依循这种思想，亚当森将传统民间故事、谚语、恶作剧者故事、动物寓言列为理论研究范畴。亚当森提倡变革生态批评的目的在于：

第一，将不同种族、阶级的主体纳入生态批评范畴中来，将正式学术话语与日常生活话语结合，使理论现实化、文化物质化、学术接地气。秉持多元自然主义观点，重新论证物质和自我之间的关系。将小说、故事或诗歌的形式(而不是学术性论文)理论化，探寻使得持有不同声音的不同种族的人群顺利发声的途径。

亚当森的环境正义思想建立在对特定地区和社群的传统故事、民间寓言、小说、诗歌等形式的理论化认知基础之上。这些民族传统话语，不应仅仅是批评家们批评的对象，也应该被视为改善其生活、实现跨文化沟通的具体路径。变革生态批评所希冀达到的目标，是找到一种非官方的、接地气的、自然态的交流沟通模式，以便更好地理解多元文化社群的文化、文学，并将之理论化，以其作为从“本土景观”进入官方景观的突破口，也可以将文学作为文化批评的对象来解读。

第二，将民族故事或口述传说看作一种学术性理论的实践，既是变革生态批评的表征，也是其实质内容。变革生态批评将理论研究从单纯的意义和符号狂欢中解脱出来，在不否认文化批评理论重视认知愉悦和创造知识的乐趣，又创造性地联系、阐释这些复杂概念背后的社会现实，了解这些理论和概念在人们现实生活中的地位和角色，以及与社会运作的内在关系。亚当森曾引述芭芭拉·克里斯蒂安关于理论形式多样化的论述："有色人种一直都是理论化的，然而理论化的形式是多种多样的，同西方的抽象逻辑形式不同。它们经常以叙述的形式来呈现，例如游戏的语言、讲述的故事、谜语和谚语等多样化和动态的语言，而这些抽象化的语言与我们正统意义上的学术话语相比，更能够真切地打动我们。"（Adamson，2001：100）

第三，变革生态批评强调文化性和物质性，顺利完成了与新物质主义的会师。我们对人类过去的受到的教训了解得越多，我们就越有意识承担起对未来世界和社会的责任（Greenwood，1977：489）。通过化石、陶器碎片研究技术，以及现代科学基因技术对人类谱系学发展的追溯，如今人类可以轻而易举地预测未来人类社会发展轨迹。然而，当我们以旁观者姿态站立在人类发展史之外来审视它时，我们便无法对这些将来和未来的历史现象无动于衷。人类社会的发展史与我们正在经历的现实生活紧密相连，正是这些曾经的错综复杂的各类事件交织使得我们如今的生存状态达到了基本平衡。

第三节　环境正义思想主要特征

亚当森环境正义思想旨趣流变过程与生态批评理论研究焦点紧密相关。环境正义生态思想整合自然与文化、物质与自我、本土与多元间性关系，关注生态现象、生态理念、理论建构之间的互相影响和互动关系，从本土传统到多元文化，本土性、实践性、种族性既是环境正义思想的研究旨趣，也体现出其重心的流变历程。

一、环境正义思想的本土性

印第安口述传统不只是简单、浪漫化的文学叙事，更是数百年来族群、社区日常生活中的本土生态智慧的结晶。亚当森环境正义思想是在美国印第安本土传统文化上结出的一朵“土”奇葩，强调印第安口述传统中反映的本土宇宙观的科学性。此处的“土”，是指它自美国印第安本土传统生态观念中人对美和自然的本土态度中萌发，生长于对现实环境正义问题进行拷问的土壤之中，表现出明显的本土性特征。

首先，亚当森秉持环境正义思想，主张将印第安口述传统理论化，运用人类学及文学批评等研究方法，变革生态批评形式（Adamson，2014：169），以本土传统生态元素丰富了生态批评的研究内容。从环境正义视角来看，印第安文学作品是一种具有临界性、异质性、矛盾性和混杂性的社会和文化现象。北美原住民文学中体现的非主流文化生态观挑战以环境保护主义见诸的欧美中心主义自然观，将印第安口述传统理论化的目的是挑战西方中心主义式的白人主流文化，揭露主流文化对印第安文化的野蛮化现象。实质上，在环境正义思想指导下将美国印第安原住民口述传统文学化、理论化的过程，也是将“本土性”烙印在环境正义思想脊背的过程。亚当森早期的环境正义研究以美国印第安文学作品为研究对象，她主要关注的是其中的正义主题和写作方法。通过考察印第安文学文本在应对环境危机方面的独特处理方式，亚当森力图发掘这些独特的叙事结构如何挑战现有的生态批评理论框架，以对早期的生态批评提供有效补充。

如果理论是指让人们知晓所展现的事物，是可以预知未来现实的现存知识，那么完全可以将传统民间传说、习俗、动物寓言视作理论（Adamson，2014：169）。可以说，将口头传统理论化是亚当森环境正义生态思想的开端。在其早期发表的文章中，亚当森分析了《痕迹》（1992）中作者运用的印第安口述传统，指出如果理论是指能够用来指导实践的经验总和的话，那么，印第安口述传统当之无愧地被称为“理论”。不可否认的是，亚当森的早期将口述传统/故事理论化的做法为后来环境正义思想建构做了充分准备，为 21 世纪前后的环境正义生态批评的兴起和发展提供了丰润的滋养力。口述传统故事与民俗寓言、诗歌、散文、小说在体裁形式上虽有不同，但却都是满载人学和本土景观智慧的文化形式，蕴藏着可以改善甚至解决环境问题的路径。亚当森主张重视原住民本土口述传统，肯定了口述传统作为百科全书式的环境正义理论读本地位，将之视为考量全球生态失衡现象的透镜。

其次，亚当森秉持环境正义思想，主张以多元自然主义思想代替人类中心主义思想。多元物种主义将世界视为人类与其他生物平等、有序地栖居的多元生态共同体。在印第安口述传统中，跨物种交流是维持人与自然和谐平衡关系有力途径。路易斯·厄德里克基于阿尼什纳比地区有关熊、狼等动物变身的口述传统，在《痕迹》(1988)中描述了印第安部落与非人类生物的互动交流关系。在当前文化语境中，小说《痕迹》(1988)的主人公纳娜普什应属于一种民俗生物符号学家。作为当地部落委员会工作人员，纳娜普什同时掌握多种语言，通晓当地动植物状态甚至语言。另一主人公弗勒穿梭于人和熊双重的身份暗示着人类文化、法律、经济、生态的相互渗透融合关系，可以实现对界限的跨越(Adamson, 2001:106)。在部落其他人看来，弗勒作为强大的熊族的一员，能够时不时会变成熊，惯常以熊的视角看待这个世界，使得她具有解决社区环境问题的能力。厄德里克为读者提供了一个“弗勒”这样的视角，使读者不需经历就已明晰社会、生态不平衡现象背后的权力关系，以及白人与印第安人、人类与其他物种间相互制衡的文化关系。

再次，环境正义思想的本土性还体现在重视宇宙学和政治间的关联，主张人类以更负责的态度去看待宇宙万物。环境正义思想重视印第安本土宇宙观，揭示以发展之名剥削自然的现象，重新审视人类影响环境行为的动机及影响力。例如，在对加莱诺拍摄的纪录片《树木有母亲》(2008)的分析中，亚当森指出受访当地人将粉色海豚视为具有比人类大脑更为强大的逻辑思维能力的物种。在对鲍尔斯小说《回声制造者》的分析中，亚当森重点分析了人类修建大坝的活动对沙丘鹤生存环境的毁灭性影响：由于人类在普拉特河上修葺了供三个州灌溉的 15 个大坝，导致河床变低，鹤群栖息的湿地面积缩小。因鹤群过度密集，导致沙丘鹤传染病频发，数量锐减。沙丘鹤的故事可以作为一种观察工具，为从生物、地球、政治视角审视多物种关系提供了新的视角（Adamson, 2016：172）。可以说，环境正义视角下的宇宙是包含人类社会在内的自然物质集合，政治是与人类息息相关的义理总合，包括依循一定的规则进行实践的活动。美国印第安本土宇宙观关注人与自然的正义关系问题，是一种探寻人类活动与气候变化、地球组织结构、体系转变等现象间复杂关联的宇宙政治学（Adamson, 2014：181）。人的寿命不过百年，故而大多数人很难对种族灭绝有切身体会，对地球生命形式和发展历史往往也知之甚少；地壳构造、乡村风景、动植物灭绝现象、宇宙万物间的关联等高度抽象的概念，都需要我们拥有熟练的尺度并置和预知能力。印第安本土宇宙观反映了宇宙变化规律，扩展了我们生命的长度和深度，其内涵是值得深长思之的。

总之，亚当森将本土文化传统视为地方性传统经验的集合，从多元文化视角审视本土景观与主流官方话语间关系，其环境正义思想表现出明显的本土性特征。

二、 环境正义思想的实践性

环境正义思想具有哲学、科学研究、文化理论等理论背景，表现出明显的实践性特征。自 2000 年起，在以亚当森为代表的环境正义修正论者的推动下，环境正义生态批评在当代西方生态批评研究的整体版图中强势崛起。21 世纪前 20 年，环境正义思想日渐在生态批评领域开始产生重大的影响力。作为这一新兴文学批评范式的主导思想，环境正义思想的实践性确保了环境正义生态批评在生态批评乃至新兴的环境人文研究领域的领航地位。

首先，环境正义思想打破了物质与文化二元对立关系，将物质视为故事的发生场所，与西方人文社会科学界研究正在流行的新物质主义思潮具有相似的本质，促使生态批评由人类中心主义向生态整体主义转变。近十年来，西方出现系列有关新物质主义的专著。①新物质主义认为物质具有能动性、连续的自然性及自我构建的能力。物质是故事的结合，也是社会文化的主要组成部分，代表学者有德兰达(M. De Landa)、布莱多蒂(Rosi Braidotti)、贝奈特(Jane Benett)、巴拉德(Karen Barad)等。环境正义思想与这一将物质生命化的思潮一拍即合，二者的契合之处可以归结为：第一，物质具有能动性和故事性，物质和意义密不可分。第二，物质存在的现实需要通过语言来表达。新物质主义将物质视为一种关系的总和，强调话语的重要性。

新物质主义者重视物质能动性与语言的关系，物质和人类的关系。在新物质主义视角下，自然资源的攫取、转化和消费活动，物种灭绝、种族歧视等现象都是人与物质关系的具体体现。这种将人类与物质并置的平行关系，自然地打破了人为万物之首的人类中心主义观。同理，人类绝对让步于自然的自然中心主义观也失去了立足的根基。巴拉德曾以反讽语调强调物质和言说的同等重要性：语言、叙事、文化很重要，似乎只有物质不重要(Barad, 2003:801)。在法兰多看来，物质是一种动态的、变化的、内在纠缠的、衍射的和表演性的过程(法兰多，2019)。布鲁诺・拉图尔、伊欧维诺、欧普曼、亚当森等人将物质视为人类与非人类主体的多样对话关系的集合，即物质是文化与自然的集合物(Collectives)。伊欧维诺和欧普曼在《物质生态批评》(2014)的

① 新物质主义倡导者包括凯伦・巴罗德(Karen Barad)、罗斯・德兰达(M. De Landa)、布莱多蒂(Rosi Braidotti)、伊丽莎白・格罗希(Elizabeth Grosz)、简・贝耐特(Jane Bennett)、维姬・科尔比(Vicki Kirby)等多位女性主义批评家。新物质主义代表作品有：阿莱默和海克曼主编的论文集《简介：女性主义理论中的物质主义范式》(2008)、克尔(Diana Coole)和萨玛莎(Frost Samantha)的《新物质主义：本体论、能动性和政治学》(2010)、多菲恩(Dolphijn Rick)和图恩(Iris van der Tuin)主编的《新物质主义：访谈和绘图法》(2012)、理查德・格如新(Grusin Richard)主编的《非人类转向》(2015)等。

前言中,条分缕析地说明物质生态批评是建构在新物质主义基础上的理论:物质的能动力量来自存在与话语的关系,而话语又是人类与物质关系的反映(Iovino, 2014:4)。可以说,物质生态批评阐释物质的能动性,说明生态批评的关注点开始转向人类与非人类主体的自我意识的交互关系,其实质是对环境正义现象和理论研究的深入,是物质性、身体意识与后人文主义发散研究视角的整合。

其次,人类与其他生命体的关系往往是本土生态传统的重要内容,也是环境正义思想的重要维度。物质生态批评是关于生命体和无生命物质的能动性的认知,与美国本土文化叙事联系紧密(Gaard, 2014:292)。在《玉米之母一类的集合物:北美推想小说和电影》(2015)中,亚当森将玉米视为一种文化和物质的集合物,集生物信息、民族植物学和多物种元素为一体(Adamson, 2015)。玉米作为美墨边境居民主要食物,是北美推想小说和电影中的重要意象。围绕玉米的文化意义和食用价值的探讨,反映了文化与物质、人文与事件、人类与环境的关系。如果说对于玉米的关注是环境正义生态思想推翻了人类中心主义观反映的人与植物间的正义关系,那么,在《生命之源:阿凡达、亚马逊与生态自我》(2014)中,亚当森对海豚意象的分析,可以视为对人类与动物之间正义关系的重新审视。

在文中,亚当森通过分析加莱诺《粉色海豚》一诗[①]中的海豚形象,说明原住民朴素的生态整体主义观:海豚"会在夜间(化身为人)……出门去猎艳"(Galeano, 2008:55)。粉色海豚会化身为人的传说,一方面体现了原住民对其他生命类人性的关注,另一方面,由于缺乏科学知识,这种对其他生命体类人性的关注,不仅不能给生命体带来必要的关注,反而会适得其反地带来灭顶之灾。例如,亚马逊当地具有粉色海豚的性器官可以辟邪、壮阳功效的传说,导致大批量粉色

① 胡安·卡洛斯·加莱诺(Juan Carlos Galeano),哥伦比亚裔美国诗人,兼美国佛罗里达州立大学教授,代表作为诗歌集《亚马逊》(Amazonia, 2008),《粉色海豚》该诗集中的著名篇章。

海豚被屠杀;对野生动物所谓药用价值的迷恋,导致大量动物被虐杀。海瑟将原住民屠杀海豚事件归咎于"本土生态居民没有环境保护意识……当代需要一种更完善的生态世界主义思想以及跨文化素养的世界公民意识"(Heise, 2008:10, 59)。但是,也需承认,本土生态传统中并非尽是需要剔除的糟粕。印第安原住民祖辈相传的农耕智慧、时令、动植物传说,透视着本土文化语境,若能辅以科学引导,定能成为各民族参与跨文化对话或争辩的重要资本。

再次,环境正义思想以人文实践作为对理论静思的补充,拉开了生态批评走向环境人文实践的帷幕。亚当森的环境正义思想并未停留在对环境正义问题的静思,而是成为系列关于食物正义和城乡正义的环境人文实践活动的理论基础,将人类劳动视为一种能够将自然人化的活动。非人类与人类之间的环境正义问题,而这些争论有一个共同的悬而未决的争论焦点,即探索解决环境问题、实现环境正义的方案。

环境主义者往往会不约而同地重视处所意识,将之作为唤醒环境意识和开展环境活动的前提……然而,当代环境危机的主要诱因是自扫门前雪式地强调处所意识和临近伦理(ethics of proximity)(Heise, 2008:33—34)。人类的语言和思维为其他有生命的物质(Lively Matter)代言的做法,是一种人类主宰式妄想(Benett, 2010:122),应承认活生生物质(vibrant matter)的物质性和自我性。于是,海瑟提出生态世界主义的设想,贝奈特强调唯物主义观。然而,生态世界主义或唯物主义观虽然意识到目前环境运动者的思想局限,却未提及环境人文实践影响政治、政策的具体措施(Adamson, 2014:260)。亚当森主张以本土世界政治观对抗鼓吹对称性、整体性、一致性的生态思想,以公民义务和生态整体观为指导,超越本土原族文化。[①]加莱诺纪录

① 加拿大原住民称自己为"第一民族"或"原族"(First Nations/First People)以强调自己作为美洲最早居民的地位(张慧荣,2017:6)。此处,采用"原族"的泛化意义,包括世界不同地域的本土原住民。

片《树木有母亲》(2008)的主线是亚马逊原住民的本土世界政治观与现实环境危机之间的关联:从粉色海豚数量骤减的这一现象,亚马逊原住民开始联想到社区河流污染、土地贫瘠、气候变暖的事实,开始认识到气候变化对人类的影响(Adamson, 2014:181)。此处的我们,既是指人类,也包括海豚、植被在内的所有生命体。鼓吹对称性、整体性、一致性不利于提高普通大众的环境危机意识。相反,从环境正义视角入手,以具有本土传统叙事中的粉色海豚、沙丘鹤等具体意象为观察工具,进入中间地带,挖掘引发气候变化、威胁地球生态结构和体系的根源。

环境正义思想的实践性体现在以和谐生活观(living well)连接了生态批评与世界环境人文实践活动的互动关系。亚当森与洛菲(Kimberly N. Ruffin)编著的《美国研究、生态批评和国别研究:从地方到全球的刍议与实践》(2013)为生态批评提供了一种与实践相结合的研究视野,从公民意识与处所意识、边界生态学、生态公民意识角度,三位一体地建构起从地方到全球的环境人文发展图景。亚当森、施朱莉、蕾切尔·斯坦为代表的生态批评家开展了一系列基于环境正义思想的环境人文实践活动(见附录 1)。

最后,亚当森以环境正义思想为基础,以具有地方特色的传统叙事为观察工具,打破学科边界,在人文研究界掀起一场新的哥白尼革命。亚当森的环境正义思想超越了早期生态批评思想偏爱自然写作的研究固式,扩展了生态批评研究对象的范畴,关注非虚构现实写作、小说、诗歌等文学作品以及包括视觉艺术、电影流行文化在内的非典型艺术形式的环境正义主题。1998 年,亚当森在《走向一种正义生态学》(1998)分析西尔科、奥提斯、厄德里克等美国本土裔作品的环境正义主题,预测未来的生态批评研究必将走向一种正义生态学。20 年后,亚当森在美国人文中心(NHC)项目报告书《理想未来:宇宙、经典和环境人文系列新尝试》(2018)中勾勒了一幅不存在牺牲区域的理想未来图景:通过将印第安、亚马逊部落的本土原住民宇宙观理论化,扩大文学概念的外延，说明环境正义是环境人文实践的主线和主题。

环境正义思想打破学科边界的实践性可以总结为：一方面，亚当森有意扩大“文学”范畴，将视觉艺术、电影流行文化在内的艺术形式理论化，将之视为环境正义文学的重要组成部分。另一方面，亚当森将原住民的口述传统和艺术形式文学化，聚焦美国印第安“文学”中的环境正义现象，将原住民的本土宇宙观理论化，重新定义经典。基于此，亚当森以这些反映环境正义现象的“文学”形式为观察工具，挖掘叙事与话语改变世界的能动力量，剖析人类活动与自然环境的内在关联，为新时期的环境人文实践提供理论基础。

三、 环境正义思想的种族性

环境是影响有机体、物质、生命、存在性质的外部条件（Adamson，2016：93），是有机体共存、发展的空间。生态环境的恶化与种族、阶级因素关联密切，是环境结构重组的结果。环境正义思想关注各主体间能否公平享有环境权益和分配环境负担，不分种族、时间或空间，表现出明显的种族性特征。

首先，环境正义思想与美国反种族歧视的环境正义运动紧密相连，从社会正义视角补充和修正早期生态批评研究内容和方法。美国环境政策的制定是不同种族政治力量和经济势力角力的结果，然而，由于经济地位、教育程度的差异，弱势群体在参与环境决策制定和实行过程中往往处于不利地位。例如，之所以在北卡罗来纳州沃伦县爆发反对建造有毒废物填埋场的环境正义运动，归根结底是因为当地是少数族裔聚居区，而政策决策者往往会潜意识地、或有意地忽略有色人种的环境权益。20 世纪 80 年代以来，美国边缘人群与安格鲁-撒克逊白人清教徒矛盾愈演愈烈，美国有色人种在参与环境政策制定过程中的话语权问题，成为环境正义运动的爆发点。

亚当森的环境正义思想是与美国社会文化发展状况紧密相连的社会思潮。美国文化以逻各斯为中心，构成一个庞大的话语体系。一切与这个标准抵触的东西皆被剥夺了合法性而受到驱逐(韦清琦,2003)。20 世纪 60 年代以来,人类社会逐步由工业文明转向生态文明,在思想和哲学领域发生了由主客二分到主体间性、由人类中心到生态整体的转型(梅真,2018,143)。人们开始意识到种族与环境非正义现象间的关联。亚当森的环境正义思想追求生态群体性(Wholeness)而非整体性(Holism),反对任何形式的中心论,成为解决种族危机的一剂良方。亚当森环境正义思想的萌发和发展过程,与美国政府当局环境正义政策的实施和制定关联密切。20 世纪 90 年代克林顿时期,环境正义理念开始进入联邦政府日程,并逐渐占据重要位置。同期,亚当森将《走向一种正义生态学》(1998)付梓出版。尽管 2000 年随着小布什的当选,环境正义运动又一次遭遇停滞。所幸的是,人文研究界的环境正义思想一直如火如荼地发展着。直到 2008 年奥巴马执政,美国又出现系列有关环境正义的政策,诸如《环境正义计划:2014》《2020:环境正义行动计划》等,这些政府法规堪称“极为详尽的路线图式的环境正义实施方案”(赵岚,2018)。

其次,在环境正义思想指导下,环境修正论者开展了系列基于种族、社区的环境人文实践。本土生态系统中的打猎和农耕活动原来只为满足人们的生存需求。以吉奥瓦纳·迪·卡罗(Giovanna Di Chiro)、赛德·海普吉(Cinder Hypki)、布莱恩特·史密斯(Bryant Smith)为代表的当代环境正义活动家将学院派的概念与具体的环境人文实践相结合,以美国黑人社区的历史文化传统为观察工具,结合美国马里兰州巴尔的摩黑人社区的环境正义现实,进行了系列环境正义实践。通过与非裔美国社区合作,在美国低收入社区建设“生态花园”“地区文化”等项目,因地制宜,解决有色人种的实际就业问题。这些环境人文项目,不仅限于对社区的美化和绿化,而是从全方位地调动了社区内居民的工作热情开始,融政治效益、动手能力、心理诉求、思想、技术培养、个体经验、经济效用为一体(Di Chiro, 2002:285)。赛德、布莱恩特等人开展此类环境正义活动的目的是在城市中寻求可持续生活方式，直面低收入人种的生活问题；为美国低收入人群发声，解决低收入社区、有色人种社区、殖民统治区的环境正义问题，减少弱人类群体承担更多有毒废物和生态负担的现象（Adamson，2016：100）。

再次，亚当森的环境正义思想与印第安的种族殖民历史密切关联，与后殖民生态批评的核心理念相通，即反对西方霸权中心主义思想（Hegemonic Centrism）。阿尔弗雷德·克若斯比（Alfred Crosby）、穆克杰（Pablo Mukherjee）等学者关于殖民主义、后殖民主义的相关研究，与亚当森环境正义思想的生发和发展并行不悖。

随着欧裔白人针对印第安人的内殖民活动的开展，印第安原住民栖居地的自然资源被搜刮殆尽，农耕活动开始转变成为牟利产业，环境、人类和动物的依存关系受到不可逆转的破坏。这种内殖民活动破坏了印第安部落生态、打破其传统发展模式，其实质与帝国主义的霸权行径并无二致，其指导思想都是西方帝国霸权文化。后殖民生态批评意在探寻种族主义与环境物种主义之间的历史和文化联系（苗福光，2015：80）。后殖民主义者关注的征服、殖民、种族和性别主义问题，与环境研究的对象和主题相同，都关注本土社会文化与殖民活动的关联（Huggan，2007）。阿尔弗雷德·克若斯比的著作《生态帝国主义：欧洲的生物扩张》（1986）堪称后殖民生态批评的开山之作之一。环境正义思想的核心是为弱势群体言说，明确不同主体间不平等的经济、文化、社会地位，关注全球生态环境问题。欧洲列强的对外殖民史，也是一部生态帝国主义的扩张史。跨国公司购买或租用他国土地进行污染的化工原料生产活动，或进行以投机为主的单一植物种植活动的环境种族主义行径，都是后殖民主义研究的重要内容。发达国家借发展之名，攫取发展中国家的自然资源，导致生态链断裂，生态环境恶化。殖民者巧取豪夺，从土地到星空，从物质资源到文化遗产，无孔不入，逐步将当地的经济、文化、思想等社会模式一网打尽。2016 年，沙特公司佛拉斯以生产 700 万吨大米为目标，购置了塞内加尔 70 万公顷的土地，继而将之销售回沙特阿拉伯。近年来，美国跨国公司在几内亚取得了 10 万公顷土地的使用权，所生产的玉米、大豆作为生物燃料原料出口(Broughton, 2013:26)。

的确，弱族裔群体的环境权益往往被忽略。随着经济全球化时代的到来，环境不公正现象悄悄地跨过国界，这种跨种族、跨国别的环境非正义现象，诸如此类在有色人种社区和第三世界国家设立有毒化工材料生产工厂，或竭泽而渔式的作物种植活动，产生了许多隐晦且深远的环境危害。农作物大面积的过渡种植，使用过量农药会导致化学品污染，“寂静的春天”一再出现，甚至导致大面积森林荒漠化，例如撒哈拉沙漠就是由于原生态系统被毁而导致的土壤沙化现象。自由贸易式发展放松了对跨国企业的管制，使得它们以获得利润为唯一动机，忽略土地和资源的不可再生性；这种竭泽而渔式发展模式与印第安人将土地视为家园进行呵护的耕种模式存在着天壤之别。

综上，环境正义思想是一种方兴未艾的生态批评理念，呈现出明显的种族性特征。如前所述，环境正义思想贯穿反种族歧视的环境正义运动和环境人文实践过程，与后殖民生态批评反对西方霸权主义的理念相通。如今，随着全球环境危机现象，环境正义思想的种族性为思考全球范围内的环境问题提供了新的视角。

小结与反思

环境正义修正论者从正义伦理视角重新审视人与自然世界的关系(Adamson, 2001:183)，反思与地球同栖的意义，深入聚焦重建人与自然关系的关键问题，推动了生态批评超越文本形式，实现“向外转”“向意义转”“向文化转”“向社会转”的态势。从环境正义思想的影响方面看，它为扭转文学研究日趋学院化、晦涩化和脱离社会现实的倾向提供了新视角。

环境正义生态批评历经萌发期、发展期，是一种方兴未艾的生态批评理念，呈现出本土性、实践性、种族性特征。在萌发阶段，环境正义思想挑战传统荒野和资源保护主义思想，关注自然的人化现象，变革生态批评内容和方法。在发展期，环境正义思想参与定义生态自我，引入多元自然主义视角，探索人类与多元世界的关系。生态批评逐渐从荒野的迷雾中解脱出来，出现明显的社会文化转向。

环境正义生态批评的发展历程可以用两个词来概括：博弈和修正。所谓博弈，主要体现在欧美裔白人主流思想与弱人类本土自然观的博弈，人对自然的实践改造活动与自然本真性的博弈，丰富了生态批评的种族维度和正义维度。所谓修正，主要体现以亚当森为代表的环境正义修正论者对生态批评研究态度和内容的纠正层面。一则，环境正义修正论者将生态批评的研究视角从对置身事外的梭罗式自然书写研究，引向关注白人和少数族裔在承担环境危机层面的不公正现象的社会层面。二来，亚当森借鉴了人类学的研究方法，例如多物种民族志，模糊物种边界，发展生态自我概念和多元自然主义思想，将少数族裔作家的作品纳入生态批评研究范畴，变革了生态批评视角和研究方法。

综上，环境正义生态批评发端于对美国主流社会对印第安保留区的浪漫化的想象。白人主流社会曾将美西印第安人的家园想象为漫无人烟、文明凋敝、野蛮冥顽的荒野之地，并在此设置多个有毒废气物安置区，美其名曰为国家牺牲的区域。亚当森结合在印第安保留区的教学、游历经历以及对美国本土裔作家作品的分析，说明这片白人口中的荒野实则是万物生灵的家园和圣地。从环境正义视角来看，白人主流社会将美西荒野化的行为映射出弱人类群体所面临着的主体性缺失危机。环境正义生态思想反对种族歧视和物种歧视现象，以本土世界政治观挑战欧美环境保护主义思想，强调物质的文化属性和实践性。从环境正义视角，亚当森重新审视了人与非人物种关系，以多元物种主义替代物种主义，将以印第安少数族裔为代表的本土生态观理论化，引导生态批评走向一种更多元的文化批评。

第二章　环境正义生态批评的关键词及其内涵

亚当森作为环境正义修正论者的代表，其对生态批评理论的修正主要体现在对荒野、社会关系的重塑方面，推动了生态批评的社会和正义转向。进入21世纪后，西方生态批评界开始关注全球环境正义问题，西方生态批评家开始关注穷人环保正义的研究，意识到"美国生态批评看待环境种族主义现象的视角和范畴略显狭隘"(Buell，2005：116)。环境正义修正主义在变革生态批评方面扮演起重要角色，由边缘走向中心，日渐成为生态批评的主流。本节梳理环境正义生态批评的关键词及其内涵，认为所谓的第三、第四波、第N波生态批评均是在第二波环境正义生态批评基础上的深化。

第一节　环境正义思想关键词

环境正义生态批评与美国少数族裔作品中的正义主题具有密切关联，与早期生态批评思想关系微妙，或吸纳继承，或独创修正，而这些扬弃和修正又都围绕着文学的感染力和主体间的正义问题，探究文学与环境、理论与实践的关系，极具理论说服力而又让人耳目一新。亚当森的环境正义思想包涵"中间地带""观察工具""牺牲区域"等多个概念，本节主要阐释上述概念基本内涵。

一、 中间地带概念

理论上来讲，环境正义生态思想中的"中间地带"概念与拉图尔用来解构主体和客体二元对立的“中间地带”思维模式有相似之处①，也具有范·盖内普阈限阶段概念和图纳“阈限空间”概念的含义②，更多强调印第安人文化在对抗欧裔美国主流文化时展现出的交互之间(betwist and between)阈限状态。“中间地带”概念有以下含义：

首先，中间地带概念关注荒野与家园的居间区域。亚当森尝试修正白人主流文化的荒野定义，突出自然与文化的交界——家园的重要性，反对将印第安原住民的家园视为他者化的荒野。的确，地方和地理区域都是人为建构起来的(萨义德，2007：6)。白人定义的“荒野”正是印第安人赖以生存、尽心呵护的家园，印第安社区固守着他们的原族文化和传统故事，表现出明显的“地方忠诚性”和“生态独特性”。然而，新殖民主义者尝试通过被他者化的荒野概念，固化对印第安文化的偏见，消解印第安人的文化之根，最终将印第安的荒野意象与野蛮、无主、落后、反自然相勾连。这些白人权利话语中的荒野最终指向北美偏远贫瘠的地区。因此，这些以攫取资源为目的开展的教化和侵略，摇身一变成为出师有名的正义活动。在现代社会，这种“教化”和“利用”表现为将大量露天铀矿或有毒废物安置点设在“荒野”，征用当地土地，攫取自然资源，利用当地劳动力。在亚当森看来，这些被白人主流社会定义的荒野，实则都是“有争议的地带”(Adamson，2001：xvii)，白人眼中的贫瘠之地恰恰是许多印第安人的家园。印第安作家常将场景设定在印第安保留区、露天铀矿、边疆地区或美墨国界边境线上，描写他们赖以生存的家园被视为荒野肆意践踏的事实。在美国，约有60％的非裔和拉丁裔美国人，50％的亚裔、太平洋区域居民以

① 拉图尔的“中间地带”思维大致可以归结为：拥有主人、附属物和一个宇宙(塞满被其他人所忽视或嘲笑的实体)的人并不倾向于在众多俱乐部中寻找新成员。他们有理由相信自己已经属于最好的俱乐部，并且不能理解为什么其他人一当被邀请时一拒绝加入其中。因此，需要缔造和平的第二个维度，一个并不要求超脱于使我们存在的生物(比如，神祗)的维度(拉图尔，2018)。

② 范·基尼在《仪式过程》(1960)中将阈限性定义为跨域空间差异、超越凡俗神圣界限的状态，图纳将阈限性称为交叉融合关系。

及本土印第安美国人居住在建有一个或多个没有监管的有毒废物安置区内(Adamson, 2001:xvi)。

实际上,白人主流的“荒野”认知不仅威胁印第安社区生态,其影响早已延展至整个弱人类群体的基本生存权问题,将整个弱人类群体推入环境恶化、资源匮乏、贫穷落后的恶性循环圈。在亚当森看来,印第安阿科玛部族矿工与穷白人矿工都是攫取式资本主义发展模式的受害者,受压迫者应该不论种族、性别地联合起来,结为争取环境正义的同盟军。在奥提斯的《反击》一诗中,白人矿工比尔兢兢业业地工作了近20年,却仍徘徊在赤贫的边缘。他最终意识到经营高利润矿井的矿主才是产业链顶端的唯一受益者。奥提斯借比尔之口说明,假如贫困的(白人)工人阶级不能理解为什么印第安原住民为了土地、水和人权而斗争的话,那么这种压榨印第安土地和社区的势力同样会摧毁所有人(Ortiz, 1992:361)。

其次,中间地带概念关注自然与社会的居间区域,提醒人们站位于中间地带,正视人类活动对自然的影响。中间地带概念介于景观和政治之间,暗示社会和自然研究浪漫化的妥协,可回溯至人类学家丹尼斯·泰洛克将祖尼族宇宙哲学概念“家”译为“中间地带”的表述(Adamson, 2014)。具体说来,臭氧层空洞、全球变暖、森林砍伐、飓风、海啸、土壤沙化等现象都是兼具自然和社会属性的历史事件,是人类进行了影响自然的活动后的产物。环境正义思想以生态系统的整体利益为根本尺度,提醒我们合理对待自身环境诉求和权益。亚当森整合了普韦布洛族和纳瓦霍族相关纪实,基于对西尔科、谢尔曼等印第安裔作家作品中对印第安人家园的描写,指出白人主流文化常常固守单声部发号施令的形式,号召大家采取行动。

毋庸置疑,这种自上而下式话语模式必然只会产生微弱影响。若要实现环境正义,人们应该置身种族、物种的中间地带,聆听、质询、体察不同族群和种群需求并付诸实践(Adamson, 2001:156)。中间地带概念逐渐发展成为生态文学研究及环境保护运动的中介术语。它将不同文化间的交流对话具象化，力主打破巴别塔之障，聆听不同群体间的不同声音，以充满变革性和想象力的方法，探寻解决环境危机的途径。可以说，中间地带概念的终极目标是拆解“主体”自我中心主义，达到一种人与人、人与物的伦理共情。

再次，印第安族群第陆基语言即一种具象化的中间地带。美国印第安作家将英语转换为哈尔约所说的“陆基语言”(Adamson，2001：120)，陆基语言作为英语本土化的表现，也是印第安作家特殊的语言表达方式，体现出印第安人反殖民性的创造反应策略。印第安文学充满众多矛盾混杂，“作家对于历史的纠结、对族群文明的珍惜和不断希冀，(促使他们)探索在居间文化中存续印第安文明的有效方式”(王微，2017)。陆基语言是英语本土化的表现，摧毁了英语的基础地位，保留了部落传统道德观念，打造出族群文化与主流英语文化之间的中间地带。陆基语言为美国原住民作家消解张力、搁置争议提供了特殊居间，在保证与美国白人社会文化互动融合的同时，传承、保留印第安本土文化，发展了印第安人特别的身份话语。印第安口述传统与英语书面语言的混用与挪用，衍生出具有抵制性、矛盾性与混杂性文本。印第安文学体现出的临界性、异质性、矛盾性和混杂性等阈限性特征，正是印第安身份话语建构的有效阐释手段。印第安人本土话语与白人主流话语之间存在张力。印第安本土裔作家通常会置身主流白人文化与印第安人自我身份意识的中间地带，以主角视角讲述自我族群故事，以缓和二者之间的张力。文本中人物由于通常不属于他们先前所处社会的一部分，所以未被重新整合进入新社会，表现出一种居于之间的集体中介性。由于在社会关系上长期处于被分隔、未聚合的阈限状态，印第安人成为介于居间状态的阈限主体。印第安文学作为一种想象的文本空间，尝试消解安格鲁绝对中心和权威，是现实社会与仪式想象的中间地带。

最后，中间地带概念为解构不同种族、性别、阶级主体间的对立现状提供了对策。具体说来，中间地带概念主张超越印、白非此即彼的二元对立局面，缓和主流白人文化与印第安人自我身份意识张力，探究实现环境正义的途径。中间地带概念可用来分析印第安人的阈限主体身份：他们虽然已经遗失了先前的社会属性，却仍被主流社群所接纳，因此表现出一种明显的集体中介性特征，充斥着混杂、异质、重叠、殖民元素。亚当森整合了普韦布洛族和纳瓦霍族争取环境正义的事件纪实，将中间地带概念上升为生态文学研究及环境保护运动的中介术语。中间地带将自然、文化、物种、民族边界的交互地带具象化，以陆基语言为媒介，将印第安社会仪式和族群经验纳入研究范畴。在这种非结构化社会中，印第安人与白人或其他自然客体虽未取得平等地位和同等效力话语权，但却可以立于“门槛”之上，在临界之处聆听对方的声音。亚当森主张通过学习对方历史和传统，以充满变革性和想象力的方法，探索解决生态问题的途径，构建以实现环境和社会正义为目的文化同盟关系。因此，中间地带概念不仅适用于分析同一政治制度、意识形态下的环境正义问题，为审视代际正义、种际正义、南北正义提供了平台。随着生态批评的跨文化转向和东方转向，中间地带概念日渐成为审视南北正义问题的透镜。

二、 观察工具概念

观察工具概念是环境正义思想的核心概念之一，是变革生态批评方法论的途径。观察工具通常存在于表现区域民族传统和现实生态现象的纪事和传说之中，“以口头文学、诗歌、小说等体裁作为观察工具，我们可以了解兼具本土性和世界性的本土文化的叙事程式”(Adamson, 2014:258)。具体说来，观察工具可以是各本土文化或形象的承载物，如亚马逊流域的粉色海豚、沙丘鹤和四角区的仙人掌、山毛榉(cresote)等。它是催化生态批评走向环境人文酵素，以环境问题为导向，链接本土与世界，理论与现实，使得文学研究走入寻常百姓家。亚当森作为环境正义修正论者的代表，修正了生态批评内部理念和研究方法，强调叙事学术、说服叙事(compelling narratives)等研究方法，而观察工具正是从生态批评的实践性和文学性汇聚的结晶。具体说来：

第一，观察工具可以是承载特定族群故事和传说的民族叙事。关照本土生态现象，有利于追溯种族历史、文化根源（Adamson，2016：136）。原住民的口述传说与传统知识体系是外人“看不见的景观”，具有不可辜灭的生态文化价值，以这些看不见的景观为观察工具，可更好地理解原住民与自然之间的关系。以劳拉·托赫（Laura Tohe）①的散文集《塞伊：岩石深处：对切尔利峡谷的反思》为例，该文集记录了许多关于纳瓦霍深红色岩石峡谷塞伊（Tséyi，又称切尔利峡谷，Canyon de Chelly）的传说。1400年前，古纳瓦霍人初来乍到，发现此地已经有了一座建在红色峭壁的两旁废弃的城池，他们将之命名为塞伊，纳瓦霍语意为岩石深处。根据纳瓦霍部落的口述传统，是燕子教会了古纳瓦霍人用泥筑巢，而那座原本就伫立在塞伊峡谷旁的废弃城池就是燕子衔泥建造的。之后的数百年间，瓦霍人开始利用学来的技术建造城市和种植玉米、豆类和南瓜的作物园。直至今日，切尔利峡谷仍依稀可见这些文明的痕迹，纳瓦霍人依然在谷底耕种，保留着最原始的古老文明（Adamson，2011）。

奥德哈姆的口述传统蕴含着印第安人对人与土地关系的认知，有助于我们理解山谷、大川等本土自然风光背后所蕴藏的不同含义。具体说来，作为现代人，我们发现通常会遵循地图的等高线、符号和颜色去发现“景色”，见山是山，见水是水。我们可以无所忌讳地丢弃垃圾，勘探矿产资源，并得意洋洋地宣称征服了自然和世界。然而，同样的景观对于本土居民来说，却往往是蕴含着民族传说和历史的精神支柱，所以，实现环境正义的前提是了解本土传统生态遗产中的文化意义。观察工具概念重视不同地方和水土上的传统生态文化遗产，以原

---

① 劳拉·托赫（Laura Tohe），美国亚利桑那州凤凰城亚利桑那州立大学的教授，诗人，散文家，其作品主题多与纳瓦霍人口述传说相关。

住居民口述传统与歌谣印有本土风情的明信片做着注解。这些关于民族传说的文字和口述传统的记述，从所谓的科学角度来看，似乎没有现代科技的精准定位“高级”。但是，这些地方故事和传统元素却能给我们提供具有生命力量的观察工具。它们是古代先哲智慧的结晶，是世代先哲思想和经验的综合。

第二，观察工具可以是民族传统、口头叙事中的特定动植物，它们往往具有“地方忠诚性”（local place allegiance）和“生态独特性”（ecological distinctiveness）（Adamson，2011）。索诺兰沙漠的仙人掌果和亚利桑那的山毛榉、亚马逊的粉色海豚、孟买的海豚城等都是典型的观察工具。在《古老未来：美洲印第安原住民和太平洋南岛作品中的流散生活与食物知识体系》（2015）中，亚当森分析了奥菲莉亚·泽佩达（Ofelia Zepeda）的诗歌《拉下云层》（1995），以索诺兰沙漠特有的仙人掌果为观察工具，印第安人的古老饮食文化与攫取式资本主义发展模式的冲突就会明晰起来。①

火红的仙人掌果是索诺兰沙漠当地印第安原住民赖以生存的食材。在当地盛行的祭祀或其他仪式中，仙人掌果实和仙人掌酒是必不可少的佳肴美酒。直耸入云天的高大仙人掌树下，印第安原住民们举着长长的木棍，将在仙人掌顶部的果子折下来。在泽佩达的诗中有一处关于印第安原住民队所生存环境的了解程度的描写：一个犯困的印第安男人突然感觉到空气中湿润的雨水味道，于是在他的梦中就出现了“一群印第安女人们举着收割棒/指向天空”（Zepeda，9—10）。因此，当地有一种说法，人们用长长的收割棒“拉下了储雨的云”（Zepeda，9）。（仙人掌果和仙人掌酒）均与水有关，沙漠里所有的生物

---

① 奥菲莉亚·泽佩达，诗人、语言学家。现为亚利桑那州立大学英语学院语言学教授，其祖先为托霍诺·奥德哈姆（Tohono O'odham，本意为“沙漠之子”）印第安原住民。奥德哈姆原住民居住于索诺兰沙漠一带（现今亚利桑那州南部和墨西哥索诺拉北部），以采集野果，从太平洋采盐为生。泽佩达诗歌主题通常将传统移民路线的故事与殖民地历史和现代全球进程联系起来。本书所选奥菲莉亚·泽佩达的诗歌均来自其诗集《海洋力量》（Ocean Power，1995）。

存活下来都离不开水(Adamson, 2011)。泽佩达诗歌中犯困的印第安男人是典型的靠天吃饭的原住民,他凭本能可以嗅到空气中“水”的气息,并自然而然地联想到收割仙人掌果的场景,或许还能在梦中嗅到仙人掌果和酿好的仙人掌酒的味道。

此外,印第安文学中关于山毛榉的描写多具神秘感,山毛榉成为印第安地区文化象征。该植物有食用、药用价值,在现代工具和食品、药品的介入,许多亚利桑那人也开始淡化了山毛榉的文化价值。然而,在奥德哈姆部落的传说中,山毛榉远非一种简单的现代植物,而是一种本土世界观的体现。例如,在盖瑞・那布涵(Gary Nabhan)的《沙漠集合》(1986)中,作者在与莫哈维族长者的访谈中叙述了关于山毛榉和莫哈维族创世传说的故事:世界一片混沌黑暗,于是,造物主抓起一把土壤,在掌中铺平,一抹绿色破土而出,第一株绿植山毛榉出现了。它细小、多树脂的枝叶开始孕育一种小昆虫。小昆虫用山毛榉的凝胶保护身体,并用它创造了山脉(Nabhan, 1986:11)。霍霍坎部落文明通过山毛榉一类的故事代代相传;这些故事中,山毛榉一类的观察工具以一种更清晰的形式展示生物地球化学循环(biogeochemical processes)和各物种和谐栖居的关系(Adamson, 2016:136)。

亚当森曾以印度孟买的海豚城的相关纪事为文学观察工具,分析环境问题本身的世界性和跨文化性,指出环境具有多重自然属性(Westling, 2014:172),考察不同族群、个体与环境的关系,探究不同族群、社区人们影响环境的行为动机。可以说,亚当森所探索的是一种植根本土、面向世界的本土世界主义对话拼贴模式,以这些世界各地的本土智慧为观察工具,解释各地区、各文化间本土要素间的现实关联,理解社会文化现状和问题。时至今日,观察工具仍有着重要的价值:

第一,“观察工具”概念为环境正义思想引导生态文学批评、环境人文实践提供了概念支撑及途径。印第安作家西尔科将玛雅人农耕历书中记载的农民通过太阳、月亮、星空位置变化记载农耕时令的现象融入创作。亚当森通过分析西尔科作品，以其中具有边疆文化特色的事物作为观察工具，佐证本土文学与现实世界的辩证联系：北美印第安文学以传统故事、民族纪事为镜，颂扬人类与大地的亲缘关系，从不同角度论证人与自然、人与人、代际之间关系。以传统文学文本中的文学观察工具为媒介，有利于从宏观上审视人类行为心理、内在动机、社会背景，理解现实环境正义实践所面临的深层问题。人们可将文学文本作为文化历书来考察人与自然关系，这也意味着环境人文学科可以涉足素来由自然科学家垦拓的领域。在文学批评与环境人文实践层面，以吉奥瓦纳·迪·卡罗（Giovanna Di Chiro）为代表的美国当代环境正义活动家将学院派的概念与具体的环境人文实践相结合；以美国黑人社区的历史文化传统为观察工具，结合当地环境正义现实，进行了系列环境正义实践。通过与非裔美国社区合作，在美国低收入社区建设生态项目，解决有色人种的实际就业问题。在城市中寻求可持续生活方式，拯救自然的同时也重视低收入人种的生活问题。活动者的主要目的"是为美国低收入人群发声，解决低收入社区，有色人种社区和殖民地区承担着更大比例的有毒污染，废物倾倒和生态破坏负担"（Di Chiro，2016：100）。这种新生代环境正义运动以负责任、正义、可持续方式，与非人类他者共享环境，活动新生代环境正义活动推行的出发点往往结合居民赖以居住的城市、乡野等栖居之处的实际生态现实。2015 年，亚当森主持的安德鲁·梅隆基金会资助的电子世界环境人文项目表明环境正义思想指导生态实践的愿景开始变为现实。同时，以区域民族传统和现实生态现象的纪事和传说为媒介，考察特定区域文化特征定式，完成个体及生态整体认知层面的方法论建构。通过将反映区域文化的口头文学、诗歌、小说作为文学观察工具，可考察某一地域文化中兼具本土性和世界性的叙事程式，这也是当代本土文学及族裔文学研究的热点之一（Adamson，2014：258）。

第二，亚当森生态思想反对白人主流社会文化将印第安人传统信仰和文化野蛮化的行径，尝试结合印第安传统与社会现实，优化印第安人与白人的社会、文化关系。列维·桑特劳斯和芭芭拉·巴伯科克曾运用科学方法研究神话，其中，巴伯科克曾关注白人与印第安群像的象征关系，将反映普韦布洛文化的"女性头顶陶罐、身着印第安文化服饰"的画像解读为隐藏着白人文化消费者对以异域女性身体为代表的产品的消费欲望的文化产出品。

以特定文学文本中的反映的客观对应物为文学观察工具，可理解不同族群对全球环境产生影响的欲望、动机和行为，便于发扬文学作品的情感力量；从生态世界主义视角关照本土生态现象，既关注特定历史地理与文化习俗的原生文化特性，也强调人类整体对自然的改造，反映了世界生态诗学研究从本真性向更负责任的态度转变的趋势。

从多元文化视角对环境造成影响的人类活动的内在动机进行思忖，就会产生如下疑问：人类该如何改变自我认知及行为能力？人类该以何种态度应对环境变化带来的全球性挑战？人文学者如何与自然科学研究者合作，为人类重新思考人与自然、社会关系而贡献力量？"观察工具"概念为该类问题提供了答案：自然科学本身并不能改变人类的行为，但是，社会学家可从宏观层面对人类认识世界的方法进行导向，如玛丽·雪莱却可以通过"造梦"手段描摹科学怪人弗兰肯斯坦，以其作为对科学伦理的预警，引导人类思考人类的欲望、动机和行为对生态和伦理产生的影响。"观察工具"概念就是在这种思想下提出的，强调人文社科对表现人与自然、人与人、代际之间关系层面，提供与科技之间的不同视角。

三、牺牲区域概念

牺牲区域并非亚当森首创的新词，源自尼克松政府对"为国家牺牲"的四角区的称呼，后被用来代称印与白、物与人、南与北疆界非正义现象集中出现的地方。1972 年，尼克松政府将普韦布洛印第安保留区的一片被放射性物质严重污染的区域称为"为国家牺牲的区域"。

在印第安的口述传统中，这片为国家牺牲的区域有着它自己的名字Sipapo，在纳瓦霍语中意为“生命中最圣洁的地方”。在西尔科、奥提斯、约翰·麦克菲、格蕾特尔·埃利希等人的笔下，这些被视为“牺牲区域”的地方实质上都承载着各式的文化传统。亚当森通过分析奥提斯的《花纹石》(1992)，揭露地域生态与现代工业景观之间的冲突，将生态批评引向更负责任的发展方向。在《反击》(1992)一诗的结尾，奥提斯写道：“只有通过合作，我们的土地和人民才不再有更多牺牲”(Ortiz，1992：361)。

奥提斯成长于阿科玛·普韦布洛印第安保留区，也就是尼克松当局定为“为国家牺牲的区域”。奥提斯的《花纹石》(1992)中，有许多是关于这片牺牲区域的描写：从小奥提斯跟在父亲背后，在阳光普照的大地上，蹲下欣赏被犁头挖出的新生小鼠；写到家园被毁灭，政府和跨国公司在附近开展了系列铀矿开采和化学品加工活动，随后，随着铀矿市场的不景气，这些政府支持的企业开始撤出。然而，当地由于铀矿开采而导致的辐射和土壤污染，已经彻底摧毁了当地的农耕传统。小奥提斯后来和父亲放生的小鼠，也属于这片牺牲区域的一分子。然而，长大的奥提斯带儿子去露营，想让后代领略祖祖辈辈生活过的土地风光时，他们只能去自然保护区内，花钱买统一订购制作的柴火。

自然、地方、正义是环境正义运动的基石(Adamson，2001：79)，环境正义运动使亚当森开始关注“牺牲区域”。亚当森曾将奥提斯家乡所发生古今两件环境运动做过对比：100 多年前，普韦布洛一带仍是西班牙人的殖民地。殖民者限制当地印第安居民的信仰，搜刮当地的资源，采矿、占地，唯利是图，这一历史事件成为西尔科创作《死者年鉴》(1991)的重要素材：被压迫的印第安人和穷困的西班牙人一道组成了一支民间起义军，与西班牙殖民者之间爆发了激烈的冲突，最终西班牙殖民者被驱逐；否则，“牺牲的区域还是会被牺牲，奉献的区域会继续被奉献”(Adamson，2001：84)。

环境正义思想的初衷是为低收入人群发声，减轻低收入社区承担的大比例有毒污染，废物倾倒和生态破坏负担（Adamson，2016：100）。“牺牲区域”作为美国白人至上价值观的集中体现，是印第安人的家园被荒野化的集中体现。官方制定不公正的毒物安置策略，排挤有色人种担任环境运动领导（Adamson，2001：66），人为制造了许多牺牲区域。以亚利桑那州府菲尼克斯为例，菲尼克斯逾四成人口共约280万居民居住在化工气体及爆炸性危险品潜在泄漏区，而这些区域多是印第安保留区附近。根据美国环境保护署评估报告，亚利桑那州一带有百余处致命有毒物质储藏地，这些有毒物质一旦泄漏将会导致22英里内居民产生暂时性失明、剧烈疼痛、窒息甚至死亡。①距亚利桑那州府凤凰城不足百英里的地区，荒漠大地土地贫瘠的天灾，加之不公正的政策这一人祸，其居民的生活状况令人担忧。亚利桑那州图森市所在地，有一种世界罕见的山谷热病菌：这种不治之症的病菌源自多年前掩埋在当地山谷中的有毒物质。如今，亚利桑那的有毒废物安置区及周围22英里的区域的居民未来将会面临的境遇可想而知。

牺牲区域是与发展难民（developing refugees）概念相似的概念，只是研究对象稍有不同。修建大坝、采矿、挖煤等活动，会影响到当地居民包括动物的生活。他们不得不离开赖以生存的家园，或因无力离开而深受其害，由于赖以生存的土地和其他资源在不知不觉中被掠夺殆尽，这些主体最终沦落成为发展难民。如尼克森所言，发展难民是会缺席未来理想世界共同体的一个群体（Nixon，2011：150）。有毒垃圾、大坝修葺等侵害弱人类群体的活动的发生场域即美国尼克松政府口中的“牺牲区域”。

亚当森作为环境正义修正论者的代表，其牺牲区域概念实质是对生态批评内部改造的体现。亚当森在环境正义思想指导下，尊重以少数族裔为代表的弱人类的环境权益，将生态整体观置于历史、社会、伦

① Environmental Protection Agency. https://azcir.org/az-risk-management-plans-epa/Arizona Center for Investigative Reporting，2018年7月28日。

理视角下给予历时性的审视，重视多元文化的融合，强调尊重多样化的生态自我的环境权益，呼吁减少牺牲区域。

第二节　环境正义思想去疆界

环境正义思想实质就是对二元论主客、本位的解构过程，而环境正义生态批评就是环境正义思想基础上生发出的批评范式。亚当森环境正义思想的特别之处在于，在意识到环境不公现象存在之后，并未沉溺于“出世”的静思，而是开始着手准备“入世”实践。亚当森先后以吉尔·德勒兹和瓜达利在《千高原》(1980)中构建的“块茎模型”阐释生态批评理论发展轨迹：其开枝散叶的开放多元姿态下隐含着庞大集中的理论根茎，与其他生态学科理论属于变异结盟关系。[①]亚当森环境正义思想将族裔文学的研究重点从探究社会对立关系层面延展至探究人类行为与生活方式，实现将生态诗学研究理论研究客体从荒野田园拉回人类社区现实。在此基础上，开展系列包括食物正义主题在内的系列世界环境人文项目(HfE)，在世界环境人文研究界掀起一场新的哥白尼革命。在环境正义思想指导下，亚当森尝试探寻去除“印与白”“物与人”“南与北”的疆界的方法，理清人与自然他者(种际正义)、人与后代(代际正义)的关系。

一、 去除印与白疆界

亚当森将环境正义的概念应用到文学生态批评研究中，检讨自由人文主义预设的白人、男性、异性恋主体的一言堂现象，维护以印第安

① “块茎性”是后现代思维下关于非等级模式的一个典型隐喻。从植物学上来讲，“块茎性”是指植物根茎生长现象，以确保能为枝繁叶茂的树木提供充足养分(Ashcroft, 2000: 174)。在哲学界，德勒兹曾对“块茎”有过深入解析：块茎是与树状教条思维对立的缠卷(involution)、间性思维模式概言之，“块茎是蔓延于树木形象之下的思想形象”。(Deleuze and Guattari, 1987:149)

人、黑人及其他少数民族族裔人群的权利，尝试去除印与白的疆界。

第一，环境正义思想致力于消除野蛮化印第安人的现象。亚当森结合在纳瓦霍印第安保留区的教学经历，指出白人至上思想存在印第安原住民的野蛮化现象。从文化谱系学角度来看，环境正义思想在生态批评领域的运用，标志着对印第安人为代表社会边缘群体形象研究开始转型。在白人主流作家的想象中，印第安男人素来被视为或野蛮、或蒙昧、或无道德伦理、或懦弱无能的主体，印第安女人则经常与性相关的异域想象相联。例如，海明威在《印第安人营地》(1924)中描述了一位懦弱的印第安丈夫，因受不了妻子临产时的惨叫与苦痛而割喉自杀;《十个印第安人》(1927)中，印第安女人是诱导男性犯罪的罪魁祸首。这些以白人主流文化为道德准绳的武断描述，是主流文明对印第安原始文明进行"教化"的前提和基础。以马克·吐温的《汤姆索亚历险记》(1876)为例，印第安主人公乔杀死白人医生的桥段，实际上是白人与印第安人关系的曲解:由于乔的父亲到医生父亲的厨房偷吃而被驱逐，乔因此而怀恨在心，故而杀死白人医生。实际上，回顾美国历史可知，白人侵占印第安人的领地，抢掠自然资源。但是，在文学叙述中，白人的入侵者身份往往被白人主导的叙事强行洗白，将印第安人形象野蛮化。[①]因此，驱逐恶魔印第安人成为出师有名的正理，进而将抢占自然资源的行径合法化，文学叙事与主导话语之间的关联可见一斑。

第二，环境正义思想拷问人与非人、社会和自然、不同种群间环境权益的正义性。亚当森不执迷于对印第安人正面形象的塑造，从种际正义、代际正义维度，指出印第安人同样也扮演着破坏环境的刽子手角色。

环境不公正现象不仅只存在于"印白"族群之间，在印第安部落内

① 自 19 世纪 30 年代开始，美国西进运动为方便对印第安人的土地、矿产资源掠夺，并于 1830 年 5 月签署《印第安人迁移法案》，规定将印第安人从密西西比河以东驱逐。在文学书写中将具有原始生命力的印第安人描述为恶性事件的始作俑者，大力地普及以白人主导的"文明社会"文化。

部，印第安与自然关系层面，同样存在环境不公正现象。例如，琳达·霍根小说《灵力》(1998)中猎豹事件背后印第安族群部落内部的非正义现象：若是猎豹的部落酋长，他言之昭昭，大可以部落信仰为名，逃脱动物保护法的制裁，也不会受到族群人员的追究。然而，主人公的猎豹行为不仅受到主流白人社会的谴责，也最终因为拒绝上交豹子皮而被部落长老们放逐。讽刺的是，被放逐的原因并非猎豹行为本身，而是内部利益分配问题。亚当森的环境正义思想为族裔文学研究从印第安中心主义诗学向更负责任的诗学态度转变提供了重要参照。

在《西蒙·奥提斯的〈反击〉：环境正义、变革的生态批评及中间地带》(2001)中，亚当森指出，如果连美国底层民众都不能理解为何印第安人会为争取平等而开展系列环境正义运动的话，那么这种非正义现象迟早会危害到社会的所有人。亚当森个人的生活经历相关。从文学批评走向正义生态学设想，亚当森站在了生态批评社会转向的时代节点。历史选择亚当森作为正义的扛旗人既是偶然，亦有其必然性。亚当森本身是金发碧眼的欧裔美国白人。然而，其少年时期的贫苦经历，使其对社会底层人民以及美国少数族裔的疾苦哀乐有着本能的共情。20 世纪六七十年代，美国一味追求经济发展，山林被过度开发，水源被工业污染。亚当森少年时期关于爱荷华州山林沟壑的记忆渐渐被伐木、污染以及垃圾山所替代。与此同时，少年亚当森因学费问题迫不得已从爱荷华大学休学一年，兼职做校车司机、垃圾填埋场分拣工人等几份工作，以筹够继续深造的经费。这种难得的与少数族裔、有色人种共情经历，在美国白人精英知识分子中并不多见。休学工作期间，亚当森见识了美国底层人民的困苦、哀怨，也目睹了源源不断流入穷人、有色人种社区的垃圾和有毒物质。回到学院之后，亚当森开始思考社会阶级、种族、性别与环境之间的关系问题，而这些困苦经历都作为日后学术研究的素材和底色，为少数族裔和底层群众发声的环境正义生态思想渐而形成。在(美国)国家环境规划署工作期间，亚当森在参与系列关于亚利桑那地区垃圾填埋厂、铀矿治理的决策和政策制定工作，再一次深刻意识到印第安本土裔、黑人社区“被消声”的现实。因此，白人、男性、精英主导的荒野观，以及环境政策制定层面将原住民家园荒野化的环境种族主义现象，使得环境正义议题成为张弓之箭。

第三，以“所有民权”思想反“中心主义”，超越印白藩篱，呼吁重视看不见的风景。在《药食：批判性环境正义学、北美土著文学、食物主权运动》(2011)中，亚当森基于对西尔科的《死者年鉴》(1991)、电影《通天塔》的分析，探索超越种族与国别的藩篱的途径。在亚当森看来，“环境正义原则十七条”“联合国原住民人权宣言”等文件读起来颇似西尔科作品主题扩展总结版本。生态统一性与主体的相互依赖性，呼吁全球化的环境保护、抵制有毒废物，以确保物种拥有享受干净空气、土地、水与食物的基本权利，说明印第安原住民有权控制他们自己的文化遗产、语言和资源(Adamson, 2011)。

值得一提的是，环境政策能够影响人们的生产和生活方式。在《药食》(2011)中，亚当森结合社会现实问题分析了美国印第安阿尼士纳阿比族作家薇诺娜·拉杜克的《最后屹立之女》(2000)①和《沙丘花园》(1999)，说明印第安族群生活方式与现代疾病之间的关联。

以糖尿病为例，患者发病原因是由于身体难以分解过量精糖、淀粉和脂肪。自 20 世纪 60 年代起，印第安原住民成人糖尿病人数量日益增多，其根本原因在于生产方式的改变导致人们生活方式的变革。由于 20 世纪 30 年代后美国印第安事务局强制原住民人民离开部落，去往明尼苏达州的伐木工厂或亚利桑那州棉田做工，背井离乡的印第

---

①　薇诺娜·拉杜克(阿尼士纳阿比族)是北美印第安本土裔女作家，活动家和学者。《最后屹立之女》(*Last Standing Woman*, 2000)描绘了当代原住民组织竭力保护当地文化和生态免受公司企业对传统捕猎、捕鱼和集会活动影响，结合《道斯法案》或《1887 通用分配法》副作用的描述，说明人类疾病、社会崩溃、环境破坏之间的关系，探索协调部落内部冲突、恢复部落主权和食物主权的策略。

安劳工脱离原种生活生产方式，开始食用大量含糖、淀粉和脂肪的速食、便宜快餐，大大增加了患糖尿病、失明、体质下降和早逝等风险。如今，托赫诺奥哈姆民族超过 50%的人口患有成人糖尿病。“国家丰收组织”（Native Harvest）和“托赫诺奥哈姆部落行动组织”（TOCA）主张恢复印第安部落传统饮食，鼓励民众食用传统食物，降低罹患糖尿病的风险；长期以来，这些本土食物都被认为是有益于人类和生态健康的药物（Adamson，2011）。

由于公共政策间接导致的人民健康状况远非仅仅存在于北美原住民族群。亚当森印第安保留区在内的少数族裔社区在有毒物质、垃圾安置等方面受到的不公待遇。奥提斯在诗歌《反击》（1992）中曾描述过身为工人阶级的白人比尔的生活状况：他很羡慕印第安矿工在工作之余还有土地耕种。透过比尔的凄惨生活，奥提斯尝试向世人说明一个表面看似十分浅显的道理：攫取式资本主义活动例如矿物开采、森林砍伐等活动，只会惠及少数经营矿井的美国人。大多数的美国普通工人阶级、底层劳工，不论肤色、不分种族并不能享受到带来的利益。如果连贫困的（白人）工人阶级都不理解缘何印第安原住民会反抗抢掠土地、矿产的行为，那么，这种压榨印第安土地和社区的环境非正义现象迟早会波及自身（Adamson，2001：66）。

二、 去除物与人疆界

亚当森环境正义生态思想不同于弗雷德里克·克莱门茨（Frederick Clements）的层进理论：要求保持自然原始属性和内在和谐平衡，而是更趋向于丹尼尔·博特金（Daniel B. Botkin）的生态主张：无人类打扰的自然状态在形式、结构和内在成分上本身就处于不平衡、不稳定状态。环境正义生态思想中的“环境”，既是关注人类生活和发展的各种自然因素和社会因素的总体，也包括人类以外的整个外部世界，包括围绕着生物有机体周围的一切，人与动物、周边生物主体互为环境；而环境问题和社会正义问题相互关联。

首先，环境正义思想去除“物与人”疆界的行为体现在对二者关系的重建，将弱势群体的基本生存权问题与非人类物种的生存权问题结合。这种正义层面的逆行，使得我们在关注“民吾同胞，物吾与也”及儒家的“忠恕之道”之余，开始想象人类与外部世界所有的生物有机体既为血亲同胞，物为我们同类，万物皆为天地所生。实际上，对物与人边界的解构实质上仍旧是依循中间地带概念。亚当森借用了北美印第安普韦布洛(Pueblo)的祖尼(Zuni)部落创世小说中概念“中间地带”概念，说明印第安本土裔作家并未使用早期梭罗式的自然浪漫主义叙事方法，而是带领读者进入介于自然与文化之间的“中间地带”，以花园、农场作为抵抗政治话语牵制的象征符号。①

第二，重视本土生态观与生态思想的关系。在亚当森看来，自然和人类活动一直交错相生，从未分离过。人们可以通过劳作更好地理解与自然的关系，建构一种园地伦理(Adamson，2001:59，61)。一方面，中间地带概念强调人与自然的交汇处的人类活动对自然的影响作用；另一方面，也强调人类主体间无差别地享受环境的权利。

针对深层生态学以生态中心对人类中心主义思想矫枉过正现象，环境正义思想以去疆界反攻人本主义及人类中心主义，追求可持续的生活生产方式，确保人与人、人及生物他者和谐栖居，将非人类纳入考量范畴。人类不仅应注重子孙后代的利益，还应关注自然他者可持续繁衍。在《生命之源:阿凡达、亚马逊与生态自我》(2014)一文中，亚当森通过分析加莱诺的诗集《亚马逊》(2003)中的“台面/桌”(Mesa/Table)一诗，说明人与物界线的不甚分明:那一棵棵被砍倒的树，实际上都有灵魂:“一棵树在‘她’变成一张桌子之后，继续梦见自己曾经是

① 丹尼斯·特德洛克在《寻找中心:祖尼印第安部落叙事诗》(1999)的“创世”(“The Beginning”)一节中介绍了祖尼部落作为地球最早的村落和首次种植玉米的地方，并详述了祖尼部落种植业和社会形态。有关“中间地带”概念来源除参照上文外，也可参照:Adamson，J. Medicine Food:Critical Environmental Justice Studies，Native North American Literature，and the Movement for Food Sovereignty，Environmental Justice，vol 4，no 4，2011:213—219。

动物；桌子最喜欢给正收集孩子留下的面包屑女人给自己挠痒痒；每晚，桌子都会回想起‘她’曾是棵树的时光。”在这些故事中，森林精神会以转型的树木或海豚形象继续出现，被统称为“大地母亲”“母亲”或“森林所有者”(Adamson, 2014)。鉴于这些术语在南美洲具有“生命之源”或“光明之源”之意，这也是《生命之源：阿凡达、亚马逊与生态自我》(2014)题目中“生命之源”一词的根源。

第三，主张变革动物主体。传统的主体观通常将动物排除在外，亚当森环境正义思想通过对人与物疆界的解构，基于对印第安本土裔作品中对“灵视”的追寻，分析印第安本土裔小说叙事中常出现对大量关于动植物属性通感转换的描写，重视超越物种界限。亚当森早期分析厄德里克小说《痕迹》(1988)，以“变革主体”概念总结小说中描写的具有穿梭于“熊”和“人”的阈限身份以及幻形转化能力的主人公形象：“弗勒会变换成其他物种：次日清晨，在雪地或是土路上，追寻她赤脚的足迹，会发现足迹变成了爪印，延展开来”(Erdrich, 12)。

北美本土裔传说中关于巫性思维和异人形象描述，诸如弗勒“将猫头鹰的心脏放在舌尖，以便在黑暗中看见光明，方便她在夜里捕猎”，北美印第安口述传统中关于创造者伊托事迹等叙述，体现的是一种关于多义性、多神论、相对主义、世界的虚拟化的本土价值观，也在一定程度上解答着人类面临的价值危机和交往困境。同时，这种跨物种的超越与迁移实现了人与动物联盟，成为动物不是梦想，也不是妄想，而是彻底真实的。

综上，通过对美国本土裔作家作品的剖析，亚当森最终推翻了“人”与“物”的界墙，将人类的施为能力发展至物质施为能力，逼人退出为“我”独尊的舞台。早期西方生态思想将人与自然视为彼岸花关系这意味着人被默认为是自然科学的施事主体。一般意义上的西方哲学强调人与一切自然物的区别和人的独立性，强调差别、对立和矛盾(汪涛，116)。可以说，后续的生态批评的物质转向像是一个旋转着的双面镜：一面映着传统的人，一面映着被人归类的物，这面镜子转动起来，人非物，物非人，人是物，物亦是人。这种现象用物质世界的新多元物种主义概括再为合适不过。在多元物种主义思想下，那些原先认为归人类专属的能力，被赋予了非人类事物，《灵力》(1998)中的猎豹为了泰伽部落的持续健康和未来，牺牲自我的牺牲精神；《阿凡达》(2009)中母亲树对纳美人如母亲般的呵护等等。

需要澄清的是，亚当森从环境正义视角对印第安本土叙事中跨物种叙事的关注，并不意味着环境正义思想就有“泛灵论”的倾向。列维·施特劳斯的学生、法国人类学家菲利普·德斯科拉曾用结构主义图式比较不同的集体组织实体分布，在其最新著作《跨越自然与文化》(2005)中提出四种自然本体论，拉图尔将之归结为泛灵论(animism)、图腾主义(totemism)、自然主义(naturalism)和类比说(analogism)。对于泛灵论者而言，所有的实体拥有相似的灵魂和不同的身体。对于图腾主义者而言，所有实体的身体和灵魂都是相似的；自然主义者认为所有实体的身体相似，而灵魂迥异。在类比说者看来，所有实体的身体和灵魂都是不同的。可见，亚当森对物与人关系的重构不是一种泛灵论，更接近一种类比说。变革生态批评的基础是从多元视角理解环境现象，因此，未来生态批评必将走向一种多元文化生态批评。

三、 去除南与北疆界

环境正义生态思想重视因种族压迫、殖民主义和环境恶化而导致的地方错置感。推而广之，美国原住民的内殖民现象，与第一世界对第三世界的变相殖民问题异曲同工。可以说，环境正义思想为我们提供了一个能够去除南与北、本土与世界的生态边界的新方法。此处的南与北，并不局限于美国地缘内部的“南与北”，而是包括宏观局域的第一世界和第三世界，涵盖以印第安文化为代表的本土思想与欧美白人文化为代表的主流文化。2010 年，耶鲁大学曾进行了一项关于美国民众对待全球变暖问题的民意测试，结果显示，只有 12％的美国人关心气候变暖问题。①亚当森评价这一现象为一种在全球北方世界(global north)尤其严重的灾难性事不关己意识(Adamson, 2014:178)。

全球资本主义迫使遥远的地区距离拉近,促使地方同质化和异化。此时的文学研究不可能拘于一隅地循着文化或国别界限。格什(Amitav Gosh)的《大萧条》(2008)以环境正义思想为主题,以独特构架格式故事篇、历史篇、政治篇来多层次表达对现实环境正义问题的关注,挖掘世界环境退化和全球气温升高问题根源,指出工业革命及发达国家的殖民历史和发展模式与当代环境问题具有不可推卸的责任,中印等亚洲发展中国家是污染者,却也承担着与环境破坏极不匹配的环境负担。

环境正义思想以平等伦理为基础,生态整体观为导向,重塑凋敝的精神世界,改良现实社会生态,在对美国本土裔原住民的宇宙观分析的基础上,从动态视角看世界,提倡基于土地的跨物种合作,谴责帝国主义生态掠夺现象。在《药食》(2011)中,结合对生物多样性、贸易自由化和食物主权的国际条例的分析,探讨环境正义批评范式:在全球资本主义发展势头下,本土生态景观与跨国别的生物掠夺、食品非正义现象紧密关联,

拉杜克的《最后屹立之女》(2000)和《沙丘花园》(1996)都关注跨国别的植物、食物消费现象。《最后屹立之女》以当地的菰米或沼生菰这种风媒草植物的特殊性为例,说明其与国际上其他种类的稻米在基因上的不同。过去 30 年来,由于菰米的特殊性,大型跨国生物技术公司大获其利。原生的菰米是小面积种植的作物。由于具有市场需求,大量生物技术公司开始改变菰米的结构,使其能够在田间量产,渐而摧毁了印第安保留区的经济和农业发展。与此相似,西尔科的《沙丘花园》中也有关于跨国别的植物和食物培植现象,托赫诺奥哈姆民族素来生活在索诺兰沙

① Elisabeth Rosenthal. “EPA Makes Its case on Climate Change”(2010). https://green.blogs.nytimes.com/2010/04/27/e-p-a-makes-its-case-on-climate-change/.

漠中的著名的四角区。《沙丘花园》中隐晦地控诉了“跨国资本主义植物贸易”，爱德华所在的跨国公司主要进行植物掠夺，以满足上流社会消费珍奇花草的需求。为垄断市场价格，跨国公司不惜摧毁原产地的植被，间接导致当地地理风貌变化，由于植物链与动物食物链断裂，也间接导致动物物种灭绝。亚当森并没有止步于对跨国别的生物殖民现象的剖析，而是以《最后屹立之女》和《沙丘花园》两部小说为“案例”，挖掘原住民重视本土生产的食物（比如菰米）的深层原因，从“生物”特别是“食物”视角引入环境人文实践。

亚当森注意到，《最后屹立之女》中，许多当代原住民组织尽全力保护当地文化和生态免受公司企业对传统捕猎、捕鱼和集会活动影响。例如阿尼士纳阿比族人物和一些“白人进步分子”会反抗部落理事会对污染环境的企业的纵容行为，成立新的“守护土地家园联盟”，接管部落理事会办公室（LaDuke, 147）。主人公阿兰尼斯是一位爱尔兰和阿尼士纳阿比原住民混血，是一位生长在加利福尼亚的新闻记者。当她决定从加利福尼亚回到父辈生长的白土保留区时，她开始意识到，《道斯法案》或《1887 通用分配法》导致的土地和资源分配不公和被搜刮占用的案例比比皆是。此外，原住民赖以生存的原生农作物由于受到转基因作物风媒授粉的影响，间接成为转基因产品，已经严重影响到当地生物多样性，给当地的农作物和野生植物健康系统造成了几乎毁灭性的影响。

通过对比《最后屹立之女》和《沙丘花园》中跨国的植物掠夺等国际资本主义现象，亚当森聚焦女性、印第安传统文化及动物保护议题，阐释印第安部落历史文化传统与现实西方社会的主流价值观的冲突的根源在于跨国的攫取式的资本主义发展模式。①通过分析印第安本

① 攫取式资本主义（Extractive Capitalism）发展模式，是一种粗放型的资本主义发展模式，以无限消耗自然资源的形式达到资本积累及发展的目的。更多关于攫取资本主义、攫取式小说的研究参见：Henry M. Extractive Fictions and Postextraction Futurisms: Energy and Environmental Injustice in Appalachia. Durham: Environmental Humanities, 2019。

土裔作家的作品，着眼于对跨国公司掠夺生物资源的行为，从“食品正义”角度切入，将文学文本作为一种“文化批评”形式，了解原住民非营利性机构及一些国际组织（如国际印第安条约理事会、联合国原住民部落永久论坛、联合国食物农业组织）、民族植物学家，以及先进的基因科学家和食物政策制定者制定的基本原则的社会根源（Adamson，2011）。

综上，亚当森环境正义思想不是一种向壁虚构的理论模式，而是通过走向高山大川、小桥沟壑，关心现实生态问题，并探寻改善和解决这些问题的途径。环境正义思想致力于去除“南与北”疆界，摒弃勒德式保守人文研究方法，聚焦生态实践，以文学为镜，了解复杂的生态问题的社会历史根源，促使生态诗学从本真性向负责任研究理念转变。后续的环境正义生态批评更是从宏观和微观层面“实现了文学性与实践性的融合，弥合了生态中心主义与人类中心主义的鸿沟”（刘娜，2017），将食物正义研究与生态批评研究结合起来，丰富了生态文学批评范式。

第三节　走向环境人文实践

斯洛维克主张采用“叙事学术”写作方式，走出去思考，与人攀谈，观察植物、动物、岩石和天气（斯洛维克，2010：247），将个体的生命体验融入生态批评实践中去。亚当森在《美国印第安文学，环境正义和生态批评：中间地带》（2001）中就践行着“走出去思考”的叙事学术写作模式：她结合在纳瓦霍部落支教的经历，主张去除印白边界、自然与社会边界、南与北边界，将环境视为包括人类在内的所有物种生活、工作、娱乐的场所，引导生态批评走向环境人文实践。

一、界墙坍塌：世界政治与本土叙事

世界政治（cosmopolitics）与世界主义（cosmopolitan）的主要区别

在于:世界主义者梦想着一种时代,世界公民意识到他们全都生活在同一个世界之中;世界政治却在解决另一项更为艰巨的任务,考察这同一个世界如何慢慢被组织起来的(拉图尔,2018)。简单来讲,世界主义思想倾向遵循一种统一标准,而世界政治更重视不同文化的多元共生关系。印第安原住民、亚马逊原住民有着自己的信仰和传统,例如印第安原住民对"玉米之母"的崇敬、亚马逊原住民对水域之母帕卡妈妈的敬畏等;这些信仰和传统以口述传统或文本形式流传下来,构成世界政治的中心思想。亚当森的《走向一种正义生态学》(1998)问世后不久,在《美国印第安文学,环境正义和生态批评:中间地带》(2001)一书中,亚当森再次以美国印第安文学中的环境正义主题为引,说明生态批评的实质就是建构一个中间地带。本土世界政治(indigenous cosmopolitics)与生态批评的新物质转向紧密相连,将世界视为以拼贴的形式构成的整体:本土世界政治的核心主张是来自多元文化背景下的个体站在各自门槛上,聆听对方的声音,契合而不融合,共建生态共同体。

世界政治观将世界视为一张巨大的因陀罗网,本土叙事相互映射,在本土和世界、理想与现实之间浮出,相互交叉映射。以印第安原住民的本土世界政治观与环境正义思想的契合关系为例:亚当森曾以粉色海豚和沙丘鹤作为观察工具,审视亚马逊流域本土叙事与世界政治思想之间的关联。在加莱诺的纪录片《树木有母亲》(2008)中,萨卡妈妈(Sachamama)和雅库妈妈(Yakumama)作为"水域之母"和"大地之母",会聆听亚马逊原住民的絮语。《树木有母亲》(2008)以詹姆斯失踪一案为主线,与当地的黄金淘金热作为叙述背景,为我们提供了"观察工具",尝试挖掘现实环境恶化现状的深层原因。在纪录片中,亚马逊当地男孩自愿离开家人去和粉色海豚一起生活,由于海底魔幻城市(enchanted city)的生活很是惬意,男孩便决定不再回部落,所以寄给母亲了一个装有信件和金子的布袋聊以告慰。这个故事暗含着16世纪的西班牙征服者走进森林以寻找黄金之国(El Dorado)的隐喻，控诉着淘金热使亚马逊居民丧失爱子，试图以“金子”抚慰给母亲带来的创伤。谈及失踪男孩与粉色海豚给母亲寄黄金的故事，亚马逊人会间接谈论起石油公司、煤矿企业、农业贸易、可卡因制造商对自然的毁灭性破坏：大鱼已消失殆尽，水源腥臭，儿童死于污染，干旱席卷家园。人们与粉色海豚的关系的传说也不再唯美：女人生下海豚，少年被海豚诱拐。有毒物质正在人类和动物间穿梭，工业废物跨越种族、物种肉身界限，侵蚀着纯朴的亚马逊生态。的确，信仰危机与现实工业生产、过渡渔猎相随相生。人类活动是导致污染、贫穷的罪魁祸首，这种环境现状亟需我们行动起来（Adamson，2014）。

面对的社会生态问题，我们需要打破自然和政治、自然与社会之间的巴别塔之障，聆听不同群体间的不同声音，以充满变革性和想象力的方法来探寻解决危机的途径。实际上，拆解主体自我中心主义的观念，有利于唤起伦理共情。例如，奥提斯在《花纹石》(1992)曾描述了许多人与自然互动的活动：老奥提斯犁地时翻出了鼠窝，于是他将新生小鼠放在掌心，唤来儿子抚摸小鼠（Ortiz，1992:58），让孩子切身体会那份人与神奇自然之间的交互感觉。奥提斯还描述了印第安妇女安娜对着田地歌唱的行为，歌颂人类劳作与自然的相生关系。

随着全球化趋势，世界与本土、现代文明与田园牧歌的关系，不只停留在单一的、静止的层面，而应从多元的、动态的视角来论证。世界政治观将世界视为风险共担的共同体，人类面临的生存问题不能靠单个国家独立解决。然而，全球化趋势的增强绝不必然等于本土叙事的弱化，只是在一定程度上改变了本土叙事的影响力。从人类与世界关系层面来看，人类中心主义依旧是共同体所面临风险的渊薮；人是海德格尔口中的“在世之在”，也即，人将自然物视为自己存在的环境，万物于人而言皆为“工具”，木是木材之林，山是采石之场（海德格尔，1988:56）。从人类社会之间的关系来看，面临热带雨林被砍伐，非再生矿藏被开采等环境问题，仍需要调动各独立主权国家、民族的意愿，尊重地方的独特性。换句话说，解决问题的关键不是消除对抗和矛盾关系，而是顺应各自本性规律，实现利益的协调。

在这种认知的基础上，亚当森、斯洛维克、里德等环境正义修正论者充分发挥文学想象的力量，探索使多元文化背景下人们为自我发声的途径，引导生态批评走出荒野保护主义迷雾，走入现实生活。如上文中提到的那样，亚当森提倡走进荒野与家园、自然与社会的交界地带，聆听不同方向的声音。以印第安本土生态观为例，我们可以看出本土叙事在打破人类中心主义思想桎梏的策略和途径。

在印第安的本土生态观中，动物、植物等生命形式均是独立的生命个体。花和草是自我给养的个体，水和风是万物生命之源。人与自然交互相生，嵌为一体。大地、星空、人类等世间万物相连共生，虽均有其独特运行规律，但相互间也有其内在嵌入性。斗转星移，岁月荣枯。因而，古印第安人遵从农耕时令进行劳作。在欧文斯《狼歌》(1995)中，吉姆舅舅作为印第安人形象的代表，他对白人《荒野法》保护荒野的做法嗤之以鼻：在他看来，他们自古以来赖以生存的土地上从来就不存在荒野与文明的划分，也没有人类与野生动物的物种分离界限，山河湖泊、鱼虫鸟兽皆为天地生养，没有贵贱之分。也就是说，人类与荒野并非保护与被保护的关系，以“文明”之名驱逐“荒野”的行径，其实质是主流社会妄图以保护荒野之名，异化印第安传统文明，从而以主流社会定义的“荒野”概念，将印第安人的家园“去价值化”。主流社会利用先入为主的叙事力量，削弱和打垮本土叙事，从而摧毁印第安人祖祖辈辈遵循的生存法则，达到对其家园征用的目的。

综上，世界政治观将世界看作是本土拼贴的组合。本土叙事不尽是地区故事的反映，也具有通过话语塑造事实的功用。于是，荒野话语为欧裔白人侵占土地的行为正名。例如，通过将印第安人的家园定义为荒野，将异文化的家园叙事，偷换概念篡改称为荒野叙事，从而以正义、文明和进步之名大行霸权主义行径。重视本土叙事，尊重位处边缘地带的本土世界观，有利于多元文化作家的表述是我们接触本土世界观的最直接途径，例如，我们可以从对奥提斯、厄德里克、西尔科等人作品的解读中，加深对人与自然、人与人正义关系的思忖。文学作品是现实自然和社会环境的现实镜像，值得一提的是，不仅是亚当森、里德等环境正义修正论者强调发挥文学想象和情感的力量，去建构社会正义。社会学家诸如玛莎·努斯鲍姆也重视“借助文学想象和情感力量，完善社会制度和法律的规范性，以确保社会正义的实现”（刘晓培，2014）。2010年，来自100多个国家的3万名代表齐聚玻利维亚，起草了《环球宣言》，基于原住民先祖流传下的本土文化知识，建立支持恢复、增强本土文化宇宙视域的政治组织。2011年，通过了《地球母亲法令》；2012年，玻利维亚通过了保护粉色海豚的立法，体现了南半球人民关注世界气候变化现象，并尝试作出有益的改变（Adamson，2014）。

二、践行践远：本土生态与正义实践

生态批评挖掘生态文学作品中的生态意识和环境启示，通过文学批评来重新建构和阐释生态文化，揭露和批评导致环境危机和环境不公正的思想根源（党圣元，2010）。它历经出世到入世，关注点由荒野转移到社会现实。所谓出世，即强调纯粹自然研究的方式和方法，把自然置于语言和文化之外；所谓入世，即强调自然与社会之间关联，将生态批评视作处于语言和文化网络之中。入世的生态批评重新定义“人”的概念，将人视为故事的编写者、实践者、推翻者。入世实践督促生态批评家走出去思考，关注具有地方性的民族叙事，投身社会做有意义的事。斯洛维克和亚当森都实践着叙事学术写作方法，将个人的生活体验、本土生态融入书写当中，享受生活并品味最为浓情的时刻。[①]生态批评开始由静思转向实践，统观种族、阶层、性别等问题，开始重视现实中的环境保护和生态批评实践的聚合。然而，正如奥德姆

---

① 关于出世实践的相关论述，具体参照：司各特·斯洛维克.走出去思考：入世、出世及生态批评的职责.北京：北京大学出版社，2010.

所言，环境保护需要两个 C，即公众共识（consensus）和建立不同利益集团的合作同盟（coalition）（尤金・奥德姆，2017：245），组建公众或私人组织（例如"海湾之友"组织），调动商业集团及能够提供教育和研究的机构保护环境的积极性。生态批评在推进环境保护，注重系列合作同盟层面扮演着重要角色。

第一，调动公众共识的第一步是深入本土生态，了解区域史实，能够为理解现代社会的生命观、宗教观和艺术观提供透镜，借古喻今，师古而不泥古，探寻环境危机的根源。在《集荒漠于城市实验室：规划城市环境人文》（2017）中，亚当森介绍了在菲尼克斯作为城市人文实验室的举措。她探索山毛榉这一具有亚利桑那地域特色植物的食用、药用、观赏价值，阐释这一植物背后蕴含的奥德哈姆印第安传统与主流社会的多向多元审美关系。实际上，单从《集荒漠于城市实验室：规划城市环境人文》（2016）的题目来看，该文主标题结合了盖瑞・那布涵（Gary Nabhan）关于索纳兰沙漠风情及莫哈维族风情的论文集《沙漠集合》（*Gathering the Desert*，1986）及莱安达・里恩（Lyanda Lynn）关于后院物种的文集《城市动物寓言》（*The Urban Bestiary*，2013），是本土生态与正义实践的结合产物。亚当森在文中阐述如何将沙漠的风土人情、人与物种关系落实到现实环境人文实践中去，并总结沟通科学与社会、过去与未来的方法。例如，她以沙漠灌木绿植山毛榉为观察工具，分析古老的霍霍坎文明（Hohokam）①的生命观和艺术观：山毛榉的叶子有雨水的特殊味道，具有神奇的药用和利用价值，成为沙漠居民的晴雨表。

我们可以将古代先哲智慧视为当代世界环境人文实践的星象图，例如玛雅文明、中国古代传统中也有许多符合现代科学规律的先进知

① 从起源来讲，奥德哈姆是霍霍坎文明的现存分支，如今仍生活在亚利桑那州的南部菲尼克斯，紧邻阿纳萨奇文明。亚利桑那菲尼克斯一度被公认为世界上降水量最少、气温最高的地区之一，在现代生活尚未普及的年代或如今的某些地区，人们依旧面临严峻的生存环境考验。

识(Adamson, 2016:107)。基于这种认知,环境正义修正论者开展了系列世界环境人文实践活动,以具有本土特色的物质为观察工具,结合当代先进的科学技术,历时地再现本土生态景观。例如,将有关山毛榉的故事传说,以录影的形式保存下来,上传至网站,以可视化的形式展示历时性的世界科学遗产。在这些古代先哲的叙事中,那些古老年代的先进技术被收集起来,例如,考古学家在现存的普韦布洛格兰德镇发现的建筑的采光设计完全符合冬至和夏至的太阳光线变化,由此发现霍霍坎古文明是具有完备天文学知识的古代文明,且与其他的古老文明相得益彰。

第二,调动公众共识的第二步是重视说服叙事(compelling narratives)的力量,植根自己的社区文化进行环境人文实践,结合本土纪实,创造叙事,使普通民众能够参与到环境人文实践来。人不论富贵贫贱,都与环境休戚相关。亚当森最初在《美国印第安文学,环境正义和生态批评:中间地带》(2001)中详细阐述过说服叙事策略的功用,可以总结如下:所谓的说服叙事,是一种能够将文学写在本土大地上的方法,能够将族裔文学课堂教学与印第安社区现实结合起来的途径。她鼓励那瓦霍部落的年轻学生重视自己创作的纪实性,深入社区,聆听部落的故事和传说,基于地域文化现实进行文学评鉴。由于教育程度、生活习性、认知行为的差异,针对印第安部落居民的政策和教育形式应因地制宜,与所谓的主流社会教育区别开来,发挥其本土优势。亚当森将英美文学课堂教学与本土生态实践结合起来,发挥亚利桑那州立大学校区接近霍霍坎文明(Hohokam)遗址的优势,寓教于实践。通过分析奥菲莉亚·泽佩达等人作品,将其中经常出现的玉米、山毛榉、仙人掌等植物作为观察工具。从一开始,亚当森就以推进社会变革作为开展文学研究和教学的初衷,将自己的理念称为“地方教育学”(Local Pedagogy):根据本土居民的文化、历史和地形学知识,因地制宜地设置课堂教学内容(Adamson, 2001:93)。课堂教学内容多是与亚利桑那和墨西哥边境生态密切关联的文本,诸如西班牙探险家阿巴·努涅思·卡贝莎迪·巴迦(Álvar Núñez Cabeza de Vaca，1490—1560)的自传体回忆录《漂泊》(Castaways，1993)、奥菲莉亚·泽佩达的《海洋力量》(Ocean Power，1995)、图森的作家帕翠西亚·马汀(Patricia Preciado Martin)的《妈妈唱给我听的歌谣》(Songs My Mother Sang to Me，1992)等。

亚当森的课程设置的目的之一是让学生重视具有叙事对环境人文实践的推动作用;叙事存在的意义不在于讲述故事,而在于塑造事实。了解叙事的构造,能够加深读者、政府行政工作人员、政策制定者对正义问题的理解,并最终促进环境正义的实现。从本土的视角看待生态整体,能帮助我们更深刻地了解到制度或机制导致非正义现象的机缘和动因,也即,将尊重本土性视为人类共同体的要义,才能更好地创造我们想要的未来。①

上述一类的环境人文实践活动有着深刻的理论动因及社会背景。一方面,人们开始意识到以实证科学见长的自然科学研究难以应对人类对自然的征服行为。或者说,自然科学在一定程度上助长了人类对自然的征服欲。西方自然观尚人为而废自然,催化了唯物主义一元论思想的滥觞:人一边以天文学识,为朽木顽石访祖寻根远到宇宙天边;一边却反将自家七情六欲的血肉之躯,逼成了无家可归的零余人(刘辛民,2016)。唯物主义一元论承认世界的本源是物质,正如唯心主义一元论承认世界的本源的精神。归根结底,二者数年来争论的核心依旧是物质和精神何为第一性的问题。多元论或多元视角作为一种辩证,可为消解现代科学发展与人文之间壁垒提供新的视角。既注重针对物的实践,也承认人类活动对物质世界的巨大影响力。多元自然主

① 《我们想要的未来》(The Future We Want)是2012年在巴西里约热内卢举行的联合国可持续发展大会上出台的纲领性文件题目。亚当森主持的世界环境人文项目(HfE)中,他们将“我们想要的未来”以电子地图、短片录像等可视化形式立体地展现出来,贯通传统与现代、人文与科学之间的联系。网址:http://hfe-observatories.org/。关于世界环境人文项目八大人文整合平台具体指导思想及研究内容,详见本书附录1。

义为解构人类中心主义提供了一把利刃，它在承认自然主体性的前提下，重视人类对自然的影响作用，为环境人文实践活动提供了理论动因。

另一方面，环境人文实践可以被溯源至正义问题。穿透臭氧层实质是具有社会意义的话语表述形式，而非单纯的自然现象。工业巨头和国家元首们的决策，有着极充实的生化效应，绝非纯属权力或利益关系。也即，生态环境话语是极真实的、极社会的，绝非纸上谈兵那么单纯(Latour, 1991:6)。环境正义修正论者将理论视为将现实抽象化的感知及规律，能够引导主体向好的概念集合。他们将民族传记、史话、纪事等叙事作为观察工具，重视叙事的作用和想象的力量。伴随之，本土生态观存续问题和弱势群体的基本生存权问题开始成为环境人文实践的议题。人文学者诸如劳伦斯・布伊尔开始强调“非人类伦理和环境正义的关系，生物多样性与城市公共空间之间的悖谬关系”(Buell, 2001)，承认自然母亲的馈赠在城市景观中也普遍存在(Bennett, 1999:5)，开始萌发对“人”的概念再定义的意识，以便“将环境研究、文化研究与城市研究联系起来”(马特，2017)。

值得一提的是，城市生态批评的兴起与环境人文实践的主旨归不谋而合。关注“社会人”对“自然人”的影响，即，人承认人类活动对地球的影响，以及自然对“自然人”生息繁衍的给养。伴随着现代化和全球化趋势，解决好城市中的“城市居民”与自然的栖居问题，也是解决好环境与人关系问题的题中应有之义。以 21 世纪的城市生态开始与 20 世纪的反城市化经典分庭抗礼现象为例：宝路的小说《水刀子》(*The Water Knife*, 2015)以想象的形式，预测了未来菲尼克斯、内华达、拉斯维加斯等美国现代城市水资源问题，标志着城市文学开始以一种生态预警的形态登上历史舞台。有趣的是，《水刀子》(*The Water Knife*, 2015)类的当代城市小说与《匙河集》(1915)类的为上世纪反城市化作品之争，与中国上世纪的“京海之争”的核心论点不谋而合。京派作家将乡村作为疗救人性异化的终极彼岸，充满了乡土中国人与自然交相辉映,人性美、人情美的皈依(吴景明,2014:167),海派作家谱写了现代都市的"恶之花",展示了畸形都市文明与商业消费文明,以其激素的节奏与罪恶的诱惑,消解着人性的完整性(吴景明,2014:165)。值得肯定的是,《水剑》(2015)揭露了美国现代都市文明与商业消费文明的弊端和危机,预测了未来美国现代城市面临的水源匮乏问题,并将之归因为资本分配问题:上流资本掌控并截断弱势群体的水源,为获得资本不惜剥夺弱势群体的生存权。

总之,自然一般会引起我们对空间、树木、野生动物、水源的遐想,然而,城市中的自然景观也是自然母亲的馈赠。换言之,我们人类能够奔走在自然生命和物质文明之间,是集"自然人"与"社会人"于一身的存在。当下,环境人文研究学者开始注重从大众文化层面划定城市生态批评的边界,代表人物包括麦克尔·本奈特(Michael Bennett)、戴维·蒂格(David W. Teague)、克里斯托弗·沙奇里科(Christopher Schliephake)等。他们从历史、大众文化视角,针对人与自然物主体性开展了系列研究,例如沙奇里科的《城市生态观:当代文化中的城市空间、物质能动性和环境政治》(2014)将环境正义视角引入城市生态批评,提出文化城市生态观。此外,亚当森集沙漠于城市人文实验室的举措,亦是新时期环境人文研究的典范。此类人文实践活动,在城市与乡情之间流连,在现代与古智之间浮出,在全球和本土之间游走,体现出当代生态学人的特殊生态情怀:一只脚立足于生态审美,一只脚立足于生存现实,正在追求一种正义的生态学。

三、行星视野:生态批评与正义生态学

生态批评关注共性与特性、全球想象与地方意识、文学与环境的关系。多元文化既坚持各文化的独立与平等,又强调文化间的交流与合作;既反对任何形式的分裂主义,又反对对差异不加区分的笼统做法。既承认构成世界文化的各文化相互影响,又反对一切文化敌对与文化压制(戴从容,2001)。亚当森在《亚裔美国文学和生态环境》

(2014)序言中写道,将加莱诺作品中的粉色海豚和鲍尔斯作品中的沙丘鹤作为观察工具,这些简单的物质就会化身为复杂导航系统,教会人们理解人与繁星、动物、土地、植物循环间的关系,环保政策、规章也就顺理成章地走进普通大众的视野和生活(Adamson, 2014)。蕾切尔·萨斯曼(Rachal Sussman)作为世界环境人文项目(HfE)的组织者和参与者之一,其作品《世界上现存最古老的生物》(2014)曾系统介绍了全球生存 2000 年以上的生物,并集中介绍过山毛榉的生长习性、使用价值和文化意义:这种植物能够在 115 华氏度的高温环境中,不用灌溉地存活 2 年以上(Sussman, 2014:19)。亚当森曾带学生走进校园,了解美国西南部和墨西哥一带特有的山毛榉(cresote)、豆胶树(mesquite)、仙人球(prickly pear)等植物的文化意义,尤其是奥德哈姆口述传统中关于山毛榉的叙事对世界起源的阐发(Adamson, 2016)。在亚当森看来,变革生态批评的目的在于"处理概念和传统形式、结构性之间的悖谬关系,使理论联系社会实际,走向一种正义生态学"(Adamson, 1998:16)。全球性的资源匮乏、能源危机、生态污染现象使得生态研究开始消弭学科、物种边界,并尝试建构一种常性规约,这种着力建构理想社会文化结构的状态形成一种具有模糊性、开放性和暂时性特征的阈限阶段。所谓正义生态学,就是这种能够将环境研究、文学批评与现实环境正义活动联系起来的理念。

首先,正义生态学关注民族性与世界性的探讨,以传统生态资源与现代生态观的杂糅为根基,站位于物种与人、人与人、自然与社会的中间地带。北美印第安叙事常被归类为超现实主义叙事范畴,而阈限性是超现实主义文学的本质属性之一(Viljoen, 2007:11)。厄德里克在与查威金的访谈中所言:我听过太多神奇、却也真实的故事(Chavkin, 221)。所以,在以厄德里克为代表的少数族裔作家的叙事中,常有关于主体和转换体共生阶段(communitas)的描写。在这一阈限阶段,人与动物之间的物种边界、人性与动物性,文明和自然之间的关系被重构,主体消亡,以此激发人们对人类中心主义的反思。亚当森早期的研究基于对该类印第安本土叙事的分析，站位于主流白人思维固式和本土生态观的中间地带，了解这些看不见的风景。亚当森曾将纳瓦霍原住民口述传统中对本土景观的情感依托视为游人看不见的风景，将本土景观和位处主流社会的读者比作“观光地”与“游客”，凸显交流双方设身处地、平等言说的重要性。针对某一生态现象或主体的行为作出判断时，她提出要首先假设自己处于对方的恶劣环境，从对方所处的位置做出判断，意识到不同人群和地域面临着不公正压迫问题，是走向正义生态学的第一步（Admason，1998：16）。可见，这种站位于中间地带的态度符合罗尔斯在《正义论》（1999）中的“无知之幕”逻辑①。

第二，正义生态学重新定义自然，将口述传统、文学等艺术形式理论化。土地，并非是一掬可以弃之而去的黄土，而是一个主体的记忆地图。在游客眼中，亚利桑那和犹他州的沙漠和山石可能只是燥热的象征；对于当地居民来说，这些游客眼中的石头、山丘、生灵都有着特别的意义。在奥德哈姆口述传说中，沙漠民族的创造者伊托住在巴博基瓦里山顶附近的一个洞穴里，年轻的挑战者甚至会爬上山洞，留下羽毛、缎带、糖果甚至篮球等心爱之物（Adamson，2001：6—7）。游客登山遵循的是以不同符号和颜色标示着等高线的地图，当地人关注的是这片优美风景背后的意味深长的传统故事。如此看来，不同的文化传统没有了高低贵贱之分，不同地区的本土传统，共同构成了世界生态景观全貌。

生态学是科学与社会之间的桥梁（奥德姆，2017），文学评论家变革文学批评形式有利于文学评论家和教师将多元文化视角应用到研究和

---

①　罗尔斯《正义论》中描述的“无知之幕”（Veil of Ignorance）实验或许对解决这个问题有所启发：“无知之幕”思想实验的参与人员会被告知“进入这个社会的50％的人将会是奴隶”，以确保“任何人都不会在选择原则时由于天然机会的结果或社会环境中的偶然事件而做出只有利于自我身份的判断或选择”（Rawls，1999：118）。由此，大家会基于奴隶而非自由民身份来选择生活方式和对事物做出判断。

教学中,关心种族和阶级带来的压迫问题。马修·亨利(Matthew S. Henry)在《攫取小说和后攫取未来主义》(2019)中,将攫取小说定义为:一种描述攫取资本主义的社会生态影响的文学或其他文化形式(Henry, 2019)。值得一提的是,安·潘可克(Ann Pancake)的小说《如气候般诡异》(2007)和杰妮弗·海格(Jennifer Haigh)的小说《热和光》(*Heat and Light*, 2015)都揭露了阿帕拉契亚地区的能源和环境非正义现象;这种关于攫取资本主义式发展模式对区域生态影像的研究,开始成为生态批评的前沿。

随着经济全球化,水库、蓄水大坝、垃圾填埋场等基础设施建设与社区、种族冲突再度升级。第一世界国家以跨国公司的形式,将对环境损伤严重的化工、有毒制造业等污染源设置在第三世界国家,这些慢性暴力事件的影响以代际的形式缓慢蔓延开来。20 世纪 50 年代前后,美国先后在马绍尔群岛进行过 67 次的核试验,这种核试验的后遗症仍然如梦魇般笼罩着这片西太平洋岛屿,如今,马绍尔群岛新生儿畸形率和早衰、夭折率依然居高不下。此外,不可降解的塑料垃圾、毒性物质源源不断地被运往东亚、非洲,这些不可降解的毒物,不仅会引起销入国的土壤污染、水质酸化,也会不知不觉间回到人类肉身,多元文化生态现象逐渐升级为跨文化的环境正义现象。全球化带来的便利生活往往由第一世界居民享受,所带来的环境危机却由第三世界国家来承担。

环境正义修正论者可以被视为正义的扛旗者:正义素来是他们进行学术研究、环境人文实践的标杆、透镜和准绳。亚当森环境正义思想最初是为以本土印第安裔、有色人种社区发声,其视野逐渐转向全球环境不公正现象的整体关照。种族、政治因素被纳入生态批评范畴;安德瑞·辛普森(Andrea Simpson)在《谁听到他们的哭泣?以美国田纳西州孟菲斯的非裔美国妇女与环境正义斗争为例》(2002)以多瑞斯·布拉西奥(Doris Bradshaw)组织的"田纳西公民委员会",以非洲裔美国人社区中的工人阶级与有毒废物选址斗争的艰难境况:由于社区有毒物质、垃圾的堆积，导致当地地下水源等污染，间接导致当地民众的心肺血液疾病；然而这些问题却被主流官方话语极力否定(Simpson, 2002:82)。类似叙述还出现在纳塔·爱德华兹(Nelta Edwards)的《阿拉斯加波因特霍普地区辐射、烟草和疾病：对污染社区事实的处理方法》(2002)一文中：20世纪50年代，在阿拉斯加波因特霍普附近的放射实验间接导致该地区因纽特人癌症发病率居高不下；但是这种状况同样遭到了官方话语的极力否认(Edwards, 2002:105)。可见，关于环境正义的探究必须超越目前所谓的科学框架和主流官方话语，走出去思考，以事实说话。

小结与反思

环境正义生态批评的萌发、发展、成熟及被转化过程反映了生态批评从荒野走向社会的过程。早期生态批评可总结为人与自然言和的阶段，第二波或修正主义生态批评是人与人的言和阶段。环境正义思想正是修正主义生态批评的核心理念，中间地带、观察工具、牺牲区域分别对应此类言和的态度、途径和内容。中间地带概念模糊了荒野与家园的分野，肯定了印第安社区的原族文化和传统故事的生态价值。中间地带概念尝试打破桎梏弱人类的白人中心主义特权，确立了人与人言和的态度：站位于中间地带，聆听不同声音。观察工具概念体现了是环境正义思想的实践性，是了解本土生态传统的途径，是“窥全豹之一斑”“知秋之一叶”。牺牲区域概念与环境正义运动紧密相关，是环境正义生态思想推动生态批评社会转向的支点。环境正义思想关注人与人、人与自然(种际正义)、人与后代(代际正义)关系，以此为基础的环境正义生态批评更是从宏观和微观层面实现了文学性与实践性的融合，弥合了生态中心主义与人类中心主义的鸿沟(刘娜，2017)。

一言之，环境正义思想关注自然与社会的间性关系，以生态系统的整体利益为尺度，尊重自然及人类的环境权益。“中间地带”概念表现出环境正义生态思想承前性。在对印第安文学原住民作家作品中的阈限性特征研究的基础上，总结了印第安人（文化）在对抗欧裔美国人征服时的反应策略，为放置陆基语言、主体身份和被荒野化的家园提供了空间。“观察工具”概念关照本土生态现象，以具有“地方特性”和“生态独特性”的民族叙事及动植物纪事为观察工具，追溯种族历史、文化根源，发现游客“看不见的景观”，以更好地理解原住民与自然的关系。“牺牲区域”揭露解决弱人类群体生存现状的危机、创伤、痛苦和不正义事实，关乎种际、代际、族际和谐和正义，是环境正义生态思想“启后”性集中体现。环境正义生态思想为探索现实自然形态、伦理道德提供了新的视角，是一种从印第安本土传统文化切入的、对人类世时代人与人、人与自然共处模式的探索。它承上启下，链接自然和社会、传统与现代、本土与世界、过去与未来，为环境正义生态批评生发提供了思想根基。

第三章　环境正义生态批评的地位

环境正义思想经历了生发、发展与转型期，其研究客体从囊括所有人类弱势群体，逐渐转为所有物种争取平等发声权的正义实践。亚当森、里德等学者在《环境正义读本：政治、诗学和教育学》(2002)中对早期生态批评研究对象和方法进行了修正，尝试确立环境正义生态批评研究范式，继续着对二元论主客、本位关系的解构和探索。可以说，环境正义生态批评范式是生态批评社会转向的里程碑，环境正义文化研究的导航仪，也为后续的生态共同体想象奠定了理论根基。

第一节　生态批评社会转向的里程碑

环境正义生态批评可被视为生态批评的一种流派或一种方法(刘娜，2018)。亚当森的环境正义思想超越种族政治现实，重视印第安人、黑人及其他少数族裔人群在历史与现实处境中的权利，引领生态批评走向一种正义的生态学，将生态批评推向了环境人文实践的前沿。环境正义生态批评从种族、阶级和现实环境问题角度对早期的生态批评进行了修正，对于生态批评的社会转向具有里程碑式的意义。

一、崭露头角：环境活动的理论化

环境活动(environmental activities)是与环境运动(environmental movement)截然不同的概念；前者包括人类开展的任何与环境有关的活动，后者往往出于对保护环境或维护正义的目的，进行的一系列环境抗议活动。环境正义生态批评在约翰·缪尔等环保人士所进行的环境活动的基础上，逐渐形成一套以探求全球生态危机动因、走向为目的的文化批评模式。环境正义生态批评与早期生态批评之间的关系不是一种对峙和替代，而是一次修正与拓展。朱利华曾将早期生态批评总结为人与自然的言和，第二次生态批评总结为人与人的言和（朱利华，2013）。的确，早期生态批评的文本对象局限于美国的自然文学，提倡诗意栖居观和放弃的美学；第二次生态批评以环境正义问题为研究对象，将研究的文本对象扩展至不同的艺术形式，提倡一种多元正义文化观。随着族裔文学、口述传统、有毒叙事（toxic narrative）、科幻小说、影视媒介成为生态批评研究对象，自然不再是叙事的背景，而是成为叙事的主体，之后物质生态批评思潮掀起生态批评研究方法论上的哥白尼革命。实质上，所谓的第三次族裔生态批评和第四次物质生态批评，都是环境正义为问题导向，寻找"人与人言和"论据的过程。随着环境活动的理论化，"环境正义理论和实践开始引导我们重新思考所有环境运动的属性"（Reed，2002：157）。环境正义生态批评的崭露头角，推进了生态批评的社会转向。结合里德（Reed T.V）对环境正义生态批评三个阶段特征的总结，我们可以简单梳理下环境活动理论化的进程，了解环境正义生态批评在理论发展史上的地位。

首先，里德将环境正义生态批评发展的第一个阶段的特征总结为：尝试构建种族和环境研究范式，探寻二者之间的关联，追溯种族的历史和隐喻意义，分析野蛮化的荒野或都市丛林隐喻，关注非精英人群受到的阶级、种族歧视现象。具体说来，20 世纪上半叶，美国上层社会的白人开展了许多保护荒野和野生动物的环境保护运动，这类环境保护运动由美国上层精英阶层主导，其真实目的在于确保环境污染问题不会影响到自己户外娱乐运动所需的优质环境。可以说，黑人、有色人种等弱人类群体不仅没有享受到该类环境保护运动的福利，其社区反而成为有害工业废料、生活垃圾的处理场地。

1982 年，美国北卡罗来纳州沃伦地区爆发了著名的沃伦抗议事件。沃伦抗议事件常被视为是美国反种族歧视抗议活动的开端，是美国现代民权运动和环境保护运动的结晶。具体说来，由于沃伦县被作为整个北卡州有毒工业垃圾倾倒和填埋点，阿夫顿社区更是建造了多氯联苯废物填埋厂。针对这种现象，沃伦地区爆发了以反种族歧视为主题的环境正义运动，拉开了美国环境正义运动的帷幕。沃伦事件后，联合基督教会于1987年公布《有毒废物与种族》的报告，以大量实证研究证实环境问题与种族问题的关联。1991年，在华盛顿召开的"有色人种环境峰会"(1991)上确立了"环境正义17条基本原则"，要求平等地对待各种族、肤色、国籍、贫富人群，保障有色人种能够公正地参与制定、执行环境法规，确保美国公民平等地参与环境活动。

美国环境正义运动成为环境正义文学的催化剂，文学评论界逐渐意识到自然环境与种族社会的密切关联。亚当森关注环境危机、毒性物质、攫取资源等环境现象，结合弱势群体参与环境决策的社会现实，逐渐形成环境正义思想，探求弱人类群体实现社会认同和自我实现的途径。与此同时，环境正义生态批评作为一种正义的生态学，开始成为一种鉴赏诗歌、小说、纪实文本的新的理论范式。

其次，环境正义生态批评尝试明确现实自然书写内容，关注超脱白人传统之外的他者的地位，研究小说、诗歌和视觉艺术、喜剧、流行文化等其他文化形式中的环境正义主题(Reed, 2002:152)。所谓的现实自然书写内容，是指关于社会现实中的环境正义现象以及环境活动相关的文艺作品的正义主题。以亚当森为代表的环境正义修正论者，将族裔文学及其他文化形式纳入生态批评研究范畴，以环境正义为主线，重新定义文学经典，变革生态批评研究内容。

早期生态批评具有一种欧美中心主义、男权传统色彩。如墨菲所言，对自然书写的偏爱限制了文学生态批评的范围(Murphy, 2000)，而这种偏爱对于白种人之外的有色人种是不公平的。基于此，亚当森本土口述传统、族裔作家的作品统称为环境正义文学，将之置于自然写作同等位置。顾名思义，环境正义文学多以环境正义叙事为主题的作品，包括少数族裔作家的作品和非虚构现实生态写作，丰富了生态批评的文本对象范畴，例如西尔科的《死亡年鉴》(1991)和马克·雷塞尔德的《凯迪拉克大沙漠》(1986)。值得一提的是，《凯迪拉克大沙漠》(1986)一类的非虚构自然叙事，对后续的生态书写产生了深刻影响。例如，宝路·巴斯格路比的小说《水剑》(2015)多次引述该著中对美国西部地区水权之争的观点，揭露美国政治腐败、政客颟顸的现实，以及这种现象与自然资源分配的关系，挖掘美西水资源匮乏的根源。这两部作品有一条相同的引线贯穿始终：掌权者唯利是图、控制水源，弱人类群体背井离乡、勉强苟活。

再次，环境正义生态批评将政治生态学、文化研究、种族建构和种族批评理论、后殖民主义理论、少数民族文学理论，与生态批评其他流派的理论工具汇通，为环境正义生态批评朝着新方向的扩展提供理论基础，进入将领域内的具体方法理论化阶段(Reed，2002：154)。新时期的环境正义生态批评尝试将实践上升至理论层面，逐步确立环境正义生态批评范式，继而指导环境人文实践。里德还总结了环境正义生态批评关注的主要问题：1)环境退化问题对弱人类群体影响的不平等性体现在哪些方面？毒性物质、焚化炉、铀、油、铅矿污染对社区具体有哪些危害？2)国内(美国)和国际上的环境种族主义现象主要表现形式有哪些？3)美国白人主流精英阶层的自然书写与少数族裔的自然书写有哪些不同？4)种族和阶级视角下的生态批评研究会有哪些流变？5)由多元到贯通，生态批评如何对待第一世界和第三世界国家的正义、可持续发展问题？(Reed，2002：150)

可见，环境正义生态批评与早期的生态批评对荒野哲学概念的关注点有很大不同。环境正义生态批评从荒野中退回，走进文化、自然的中间地带，从种族、阶级视角，概括生态批评理论流变过程。值得注意的是，第一、第三世界的环境正义和可持续发展问题，开始日渐成为生态批评研究的主流。

二、 边界扩展：生态自我的利他化

环境正义生态批评为所有自然物种争取发声权，解构人与他者、社会与自然二元论的主客关系。生态自我概念是亚当森环境正义思想的重要概念之一，重新定义生物、生命、多元世界关系。如此一来，生态批评界开始关注物质的主体性，将树木、真菌、空气、土地等自然物质均视为具有能动性的自我，肯定自然万物的自我运行规律。

随着环境正义生态批评越发重视多元文化，亚当森的环境正义思想日渐走向生态批评新趋势的核心，从学理上对本土性和自然文化进行再思考，寻求生态批评介入并广泛参与公共领域的可能性、益处以及伦理挑战。亚当森环境正义思想中的生态自我概念，既是一种放弃的美学，又体现出“部分”利他意识。之所以说是“部分”利他，是因为利他性常常伴有一种自我牺牲和损耗，是一种与利己性相悖的概念。自我生态概念不同于单纯强调利他化的深层生态学，而是主张以一种不损己、又利人的部分利他意识，走入中间地带，实现人类与自然的和谐栖居。我们并不比其他物种低等，却也不比其他物种高贵。我们需要不以人类意志来设定的伦理界限，既要放弃部分自我，又要保留部分自我。生态自我概念跨越了人与自然主客二元论的鸿沟，由人到物，由物及人，是催化生态批评方法论变革的酵素。生态自我概念以平等和正义为基本原则，促使环境正义生态批评以更开放的姿态，接纳各种文学理论和跨学科研究方法，催化了生态批评的社会文化转向。

亚当森生态自我概念的利他性的特殊性主要体现在其吸纳人类学的多物种民族志方法，反映了一种去人类中心主义的生态整体主义观念。简单来讲，动物、植物、真菌和微生物曾一度被放置在人类学边缘，被视为人类的食物、符号、可杀戮的对象。从生态整体主义立场，与人类中心主义分道扬镳，将各物种甚至是信仰中的森林之母、大地之母等意象纳入研究视野。在《生命之源：阿凡达、亚马逊与生态自我》(2014)中,亚当森梳理了亚历山大·冯·洪堡(Alexander Von Humboldt)、弗朗茨·博厄斯(Franz Boas)、爱德华·萨丕尔(Edward Sapir)、露丝·本尼迪克特(Ruth Benedict)、佐拉·尼尔·赫斯顿(Zora Neale Hurston)在内的系列人类学家的思想承继关系:博厄斯将洪堡的科学理论与实践称为宇宙学,自称宇航员,培养出萨丕尔、本尼迪克特、赫斯顿等系列民族志学者(Adamson, 2014)。多物种民族志是在洪堡和博厄斯等人工作基础上建立起来的新的研究方法,它汇集了查尔斯·达尔文(Charles Darwin)、克劳德·列维-斯特劳斯(Claude Lévi-Strauss)、格雷戈里·巴特森(Gregory Bateson)、唐娜·哈拉韦(Donna Haraway)及布鲁诺·拉图尔(Bruno Latour)多人的观点,通过与不同的族群人类进行对话,开展了一场关于生物、生命和多元世界关系的讨论。从多物种民族志视角,世界是由多元自我组成的生物王国,是人类社会和自然景观互相影响的嵌合体,并不存在孤立的自我和单一的世界。

从生态自我视角来看,本土口述传统中的大地之母盖娅、森林之母萨科玛玛等折射出森林、树木、山川、动物的拟人形态,实际上是在提醒人类作为生物共同体中的普通公民的身份。人们只有约束自我,才能与世间万物和谐共存,才能保持社会与文化、环境与生态关系的平衡。人类与自然很难划定明确的界限,臭氧层空洞、土壤沙漠化等问题既是自然环境现象,也是人类不当行为导致的结果。与奈斯深层生态学观点不同,从生态自我视角,人类毋需毫无底线地让度生存空间,但是,人类作为普通的自然物种的一员,也不可肆无忌惮地将其他生灵视为可以屠戮的劣等生物。

环境正义生态批评探寻科技与人文、自然与社会的中间地带,生态自我的利他性体现在包括人类在内的自然万物的相互给养和帮扶关系。人类学家玛格丽特·米德(Margaret Meed)在回答关于什么是文明的最初标志这一问题时,给出了“股骨被折断继而被治愈”这一答案。米德解释到,在自然界,动物一旦摔断了大腿骨,就很难存活下去，因为这股骨折断意味着丧失行动能力，也不再能够规避风险，需要别“人”的长时间帮助才能存活下来。所以，从某种意义上说，互助和利他是文明的起源。

利他和互助是一种社会性的活动，与梭罗避世式地欣赏自然有着本质差别。生态自我概念将玉米、大豆、人类等视为无差别的世界公民。亚当森曾质问梭罗式隐居的后果：任土地荒芜后，焦黄颓败的豆苗田怎么办？（Adamson，2001：56）。人类的不作为也会引发一系列环境问题。但是，谴责不作为，并不意味着要胡作非为，而是需要遵循新的生态伦理规则，开展有益于生态整体的活动，遵循规律不逾矩。当然，值得肯定的是，在文学批评领域，梭罗、布伊尔等生态学人打破人类中心主义桎梏，使自然书写跻身文学经典，堪称自然文学研究的先驱。自然不再限于作为叙述的背景，而是开始成为叙述的主体。

“生态自我”是环境正义修正论挑战人类中心主义的一把利剑，它重审自然与社会、荒野与家园的关系，探索人类之间、人类与动植物的关系，扩展了生态批评的研究边界，这种边界扩展，并未止步于强调非人类主体的“自我性”，而是开始以“利他”为标准衡量人类所进行的一切能够改造自然活动的科学性。霍华兹在回答自然科学研究者质疑文学的科学性和事实性时写道：（即便是自然科学研究者口中的）事实，也只是一种等待被发掘或被创造的表面现象而已（Howarth，1998）。也就是说，人类永远不要狂妄自大地以为，自己可以穷尽某一事物的所有原理，人类有限的一生，与浩淼星河相比，不过是沧海一粟。我们所能知晓的有限原理，不论是社会的，还是科学的，都应该是利他的。直白地讲，社会科学可为自然科学研究提供伦理支撑，自然科学研究可为生态批评提供研究现象的方法论，扩大研究边界才能互助共生地更好发展。如今，全球环境危机可以比喻为一种需要人类共同攻关的痼疾，具有跨国别的全球传染性。相应地，人文和科学对应着中医和西医，只要能够对症下药攻克疾病，没有必要非要横刀立马争个高低。

按理说，扩展生态自我的边界，人类与自然的关系脉络似乎已经清晰了：人类作为宇宙公民（cosmo citizen），既有享受自然给养的权利，也有"利他"地保护自然的义务。然而，现实情况是，随着人类社会的发展，生态整体主义中所谓的"整体"，其组成部分都开始发生质变。第一次、第二次、第三次工业革命产生了许多人造的"怪物"（拉图尔，2018：64），这些拟客体增殖现象成为研究自然与社会的核心命题，这种自然与社会之间的纠葛（entanglement）开始召唤一种能够超越人类中心主义或自然中心主义的生态伦理观。环境正义生态批评将社会与自然之间的拟客体（quisi-objects）纳入研究视野，生态自我的边界再次扩展至这些拟客体物质。伴随之，生态自我的利他性为审视"那些社会化的事实和自然化的人类世界，以及处于不断发展中的自然和社会的中间王国"（拉图尔，2018：66），提供了新的视角。

三、 本土叙事：人文实践的在地化

环境正义生态批评重视"将政治生态学、文化研究、种族建构和种族批评理论、后殖民主义理论、少数民族文学理论，与生态批评其他流派的理论工具汇通，为环境正义生态批评朝着新方向的扩展提供理论基础，进入将领域内的具体方法理论化阶段"（Reed，2002：154）。这种扩展理论基础的需求主要源自本土叙事的价值、本土性（indigeneity）的回归以及生态批评的跨文化走向，表现为重视本土叙事，推动环境人文实践的在地化，下面依次论述。

第一，本土叙事往往是原住民哲学观和历史观的集合，为我们了解正义或非正义现象提供了途径。以南非的本土叙事为例，它打破人类与非人类、文化与自然的本土论区分，蕴含着许多超自然的认知，人类中心主义思想甚至缺乏滋生的条件。例如，人类与土地的关系不仅是一种社会和经济发展状态下的需要与被需要关系；土地成为孕育万物的温床，人类、动物、野兽、鸟类、植被和谐相生。也即，林非采伐之木，泉非可饮之水。林、泉是独立于人类存在的非人类有机体，是共享社会的一分子。环境正义生态批评对本土叙事的重视，使我们重新回到地方，逃离市场理性以及工业时代的异化危机。本土叙事中的地方不再只是满足人类情感需求的场所，相反，地方正是因为人类破坏平衡的活动，才导致一种去地方化(displacement)现象，也即环境污染和生态破坏现象。

亚当森主持的电子“世界环境人文项目”(HfE)中的“南非环境人文整合平台”即为了解南非环境状况而建，关注去地方化现象。在南非的民族叙事中，以此类叙事为参照，有利于我们摆脱工具理性的羁绊，重建与自然的亲密关系，维护生命和文化多样性。南非本土叙事中还包含系列关于殖民主义对现代性的破坏、压制和转化现象的描写；关注南非本土民族叙事，探寻殖民、后殖民环境中原住民生态文化系统，可促进“三个有利于”的实现：有利于理解南非地区当代生态、政治、社会状况；有利于理解非洲本土人民的土地观念与后殖民的生态现实，有利于理解全球化背景下的毒性废弃物安置、环境风险转移等发展问题。概言之，以本土叙事为观察工具，我们可以了解各区域本土居民影响环境的行为心理、内在动机和社会背景，为国家决策、民间机构和资本分布决策提供理论依据。

第二，环境正义修正论者关于本土性(indigenerity)的再思考，促使他们开展了系列在地化的环境人文实践，其实质是一种对地方性(locality)的复归。可以说，环境正义生态批评是参与式生态批评(engaged ecocriticism)的代表，旨在用本土居民能懂的语言来阐述生态危机的紧迫性。这种新型的批评模式接近一种重视空间维度的跨文化阐释：它类似倩女离魂，暂时放弃自己的文化立场，设身处地地考虑对方的文化处境、理论场域，利用对方的“前理解”，用对方的语言或用对方听得懂的语言来阐述、解释自己的思想意图，从而达到沟通理解的目的(李庆本，2018)。环境正义修正论者支持公众参与和民主施政，主张促进代际和代际公平，承认主体的社会责任，呼吁公平分配环境负担和设施。他们认为经济商品仅仅是一种社会商品，把经济、社会和自然纳入地方规划范畴，不否认技术创新在缓解环境危机方面扮演的重要角色，也不避讳谈西方资本积累时期造成的生态负债。而实现环境正义的前提，都需要先承认生命和文化的交互性(mutuality)，理解对方的前理解，站位于中间地带，从而达到被对方所理解、从而达到沟通甚至宣传自己的目的。

环境正义生态批评虽是新兴学问，却有着可预知的旺盛生命力。2014年10月，乔尼·亚当森以北美亚利桑那菲尼克斯社区的未来食品为观察工具，将北美膳食计划纳入了科学、历史、文化的考究范围之内，别出心裁地推进了"2040年未来食品项目"①。这一项目的实施实际上暗合了李庆本对"强制阐释"概念场外征用特征的进一步阐释：正如伽德默尔视为了构建他的哲学解释学而转向文学的，其目的是用文学丰富和扩大哲学，用艺术解释证明哲学解释。孔子为了说明他的伦理注重而转向文学，使用文学丰富和扩大伦理学，用艺术解释证明伦理学解释(李庆本，2018)。亚当森为了说明她的生态观转向实践，其目的是通过现实实践丰富和扩大生态观范畴，使用现实解释证明生态观解释。

"2040年未来食品项目"旨在加强人文学者和社区合作，呼吁公众参与设计2040年亚利桑那州凤凰城膳食结构，以维护美国西南部地区生态文化传统的完整性。该项目以亚利桑那地区特有的食物椰枣(Date)为例，探究纳瓦霍原住民饮食结构的可持续发展性，为世界各地不同地区的环境人文实践提供方法论借鉴；同期，结合对所得材料的质性研究，阐述那瓦霍印第安本土社区叙事的蕴意，将之整理成数据档案，探求可持续发展和社会正义原则的关联。值得一提的是，亚当森正在进行中的"从亚太到菲尼克斯：世界食物圈正义研究"(2019—2022)延续了该项目的食物正义主题，并将"本土"的范围从印第安部落延展至亚太乃至全球。新项目基于亚太和北美的历史、文

① 该项目是电子世界环境人文项目(HfE)的前身，详见附录1。

化、区域研究中的食物正义主题，探究保护当地文化元素多样性及环境整体性的途径，考量食物正义、环境正义和社会正义之间的关联。

综上，亚当森、里德等环境正义修正论者超越对人类与非人类一元论关系的静思，将“讲故事叙事用于文学分析和学术研究”（Slovic，2005：28），将学术引入讲故事的人统治世界。[①]在他们看来，叙事或讲故事一般并非对事实的简单叙述，而是通过话语塑造事实。也即，叙事或讲故事的过程存在一定的程式，目的并非是单纯地为了说明真相，而多是为了强化特定的价值观。叙事内容源自现实，是理论和实践的基础。本土叙事往往包含民族文化、生活习惯、精神信仰，口口相传，代代传承，与本土的地方风情交相辉映。本土叙事往往萃取了受众对现实理解的精华，包含当地居民对自然文化、本土性和安全性等关系的认知。环境正义生态批评重视本土叙事的举措及关于本土性的再思考，发展了生态批评的块茎性特征。它推进了生态批评的“德勒兹转向”，认为世界以一种无等级、异质性的无线连接状态存在。可以说，德勒兹影响下的人类学是一种形成中的人类学（anthropology of becoming），而环境正义和本土叙事影响下的生态批评是一种形成中的生态批评（ecocriticism of becoming），一种跨文化的生态研究范式。

第二节　环境正义文化研究的导航仪

威廉·鲁柯尔特的《文学和生态学：生态批评实践》（1978）素被认为是生态批评作为文学研究术语登上历史舞台的投名状。顾名思义，生态批评的实践性是其与生俱来的特征之一，也是区别于其他文学批评流派的重要向度。环境正义生态批评关注从本土与全球的生态现

① 可参见，张慧荣的《后殖民生态批评视角下的当代美国印第安英语小说研究》（2017）在内封部分对印第安部落口述传统的具体引介。

象，实践性开始成为其重要特征之一。环境正义文化研究是“关于种族、阶级、殖民主义、性别和自然交叉地带的经济、社会正义问题的研究，为环境正义/社会正义提供理论依据”(Ziser，2017)。

一、 思想背景：关注跨文化对话

新时期的生态批评更具世界主义、跨文化性质，在生态批评、生态女性主义、对话理论、道家天人合一说之间，乃至在中西宏观的文明发展道路之间，寻求共性与传承的线索，不是没有可能，而是大势所趋(韦清琦，2014)。环境正义生态批评在认同民族和国家差异的同时，也超越民族与国家的界线，探索人类经验的各个方面(Adamson，2009)。早期生态批评具有浓厚的西方中心主义色彩和浓郁的白人/男性中心主义色彩；环境正义思想引导生态批评研究走向多向交流，生态批评也逐渐从西方独白发展为多民族文化多声部合唱。然而，相比印度学者古哈在跨国别和全球化的背景下关注“穷人的环保正义”问题，美国生态批评家的研究关注环境种族主义的视角和范畴略微有些狭隘(Adamson，2017)。

环境正义生态批评关照全世界范围内的文艺理论现象，考量不同民族文学之间的影响和共通的世界性文化特征，力求实现包括中国在内的东方文艺界与世界民族文艺观念有机融合，这种坚持以复调对话形式消解一言堂的努力，具有一定的社会、历史原因：

第一，跨国性的国际资本主义贸易盛行，导致人类对自然的认知失位及无处所意识(placelessness)。跨国性的国际资本主义贸易的一个明显例子就是西尔科在《沙丘花园》中描述的植物贸易现象：主人公爱德华和他的雇主参与西方资本主义国家植物抢夺的行径，在维多利亚花园中养着许多上流社会男性从世界各地走私来的稀有花草，包括原产地为巴西的拉力亚·兹纳巴瑞纳(Laelia Cinnabarina)兰花。爱德华为了牟利，不惜通过行窃或直接掠夺原住民部落的珍贵植物品种，将自然看作是一个“研究的实验室”(Silko，1999：73)。为牟取高额利润，跨国性的植物抢掠活动使得植物原产地自然环境和土地遭到严重破坏。《沙丘花园》中，为抢占凯特亚洋兰（Cattleya Labiata）市场，跨国公司不惜摧毁原产地的兰花，以垄断兰花市场价格。可以说，土地、自然在人类的贪婪和国际资本主义贸易市场性面前一文不名。（跨国资本势力）抢掠弱势群体、摧残植物原产地植被生态，从经济和政治上盘剥弱势族群的资源。欧裔美国人将无人居住的风景地貌视为没有意义的地方（Owens，2001：8），从而为盘剥自然的可耻行径正名。这种无耻行径直接导致当地原始地理风貌消逝、物种灭绝和环境恶化。换句话来说，环境问题本身具有世界性和跨文化普遍性，环境正义视角的介入，使得类似不尊重处所意识和生态整体性的行径无处遁形，如薇恩・德拉瑞亚所言：印第安原住民与土地诗意地共栖，而（欧裔）白人却在毁坏这种平衡关系，并将最终导致地球毁灭（Deloria，1970：186）。

第二，多元自然主义对物种、性别界限的解构趋势。环境正义生态批评基于地方本土民族叙事中的文学观察工具概念、中间地带概念，论证环境的多重自然属性，人类与自然物并非是主体和他者关系，"人但物中之一物耳"，对人类中心主义做到了釜底抽薪式的彻底结构。在对性别界限解构层面，"经济边缘化和社会排斥之间的相互关系或贫穷和暴力对女性的影响确实更为严重"（Birte，52），所以以排除机制对社会中不平等的性别关系进行重估、重组，"根据两性之间的社会不平等来讨论改变性别制度的可能性和必要性"（Birte，53），而非单纯地遵循一种男尊女卑的男权社会思维固式进行反向解构。

第三，跨大西洋本土化轴心话语（transatlantic axis of nativism）和跨太平洋本土化轴心话语（transpacific axis of nativism）研究的兴起。从地域上来讲，跨大西洋轴心话语就是古欧洲与美洲原住民文化呈旋风式、或有交汇点的纵横交叉关系。跨大西洋本土化轴心话语主要表现为印第安原住民民俗传统与古欧洲异教的阈限关联："并非二元对立关系，欧洲花园反映了伟大女神神话和以土地为本的早期基督教，反写了基督教关于女性、黑色和蛇的象征意义。这说明欧洲人也曾创作了他们自己的神话故事，欧洲早期基督教与印第安宗教构成跨越大西洋的本土化轴心。”（张慧荣，2017：169）仍以《沙丘花园》为例，小说力图表明西方文化中存在以土地为根基的西方宗教传统，印第安人对土地、自然和宇宙生命的尊重，与欧洲前现代文化之间构成跨越大西洋的本土化轴心（张慧荣，2017：156）。英迪戈欧洲大陆一行发现了中古世纪的欧洲具有许多与印第安传统中颇为巧合的文化印记，与现代基督教一统下的欧洲当代文化不同，英国古城巴斯也有商店在“兜售猪皮上的跳蚤、药酒浸过的焦炭、红珊瑚粉、蟹螯的爪等被巫师和医生用来治病的商品”（Silko，1999：251），同时，印第安人与古代欧洲居民还有着相似的“石头崇拜”情结。可以说，在基督教尚未一统的中古欧洲之时，人与土地、动植物有着密切关联，是传统基督教割裂了这种关联。

英迪戈欧洲大陆一行实际上是一场跨大西洋的文化交流之旅；她将一路见闻与小时候听来的印第安本土传说对照，发现其中的契合之处。她将植物种子带回家的表现，也是一种全球化的生态交换过程，因为“种子一定是最伟大的旅行者”（Silko，1999：293）。透过平等的交流、聆听，英迪戈不仅收获了“种子”，还系统了解了基督教的一神教义（monotheism）对土地与人关系的剥离过程：启蒙运动时期对玛丽亚与蛇的驱逐；后续的发现美洲大陆和美国早期“昭昭天命”行动对基督教一神教义的推行，使得基督教思想与资本主义社会发展及殖民利益一致，最终驱逐了大地女神，达到压迫原住民、攫取自然资源的目的。而在此过程中，西方哲学和现代科学思想都起到了推波助澜的作用。

跨太平洋本土化轴心话语研究与跨大西洋本土化轴心话语不仅是地缘政治的区别，主要是指“从更宏大的角度、更多元的路径探讨两岸诗学交流的各种模式和渠道，它摆脱了文本研究的狭隘空间，以互文旅行、翻译、历史、反向诗学、虚无等方法对美国文学进行阐释”（姚本标，2011）。跨太平洋本土化轴心话语反映了美国文学超越了文化和语言的范畴，扎根于跨国主义、跨语言实践的民族文学研究形式，民族志、翻译和互文旅行策略为其主要研究方法。

二、 物我吊诡：关注自然的复魅

复魅是相对于祛魅而言的现象。①随着科学理性的发展，人类对自然的物化和去神秘化导致了自然的祛魅现象。祛魅向人类许诺了前所未有的物质与文化成就，孕育了资本主义精神，创造了巨大的物质财富（吴承笃，2015）。自然祛魅直接缘由在于人类以为自己是高于自然的万物之主，从生态整体观中将自我分离出来。关于自然的复魅，有一个很经典的意象：罗马斗兽场和那些战胜过猛兽的勇士们的坟冢上都布满了苔藓。归根结底，人与自然本为同构，自然祛魅思想不过是膨胀的个体欲望，辅之以工具理性和科学力量，为索取更多的资源而去征服他者的过程。

自然复魅“不是要回到远古落后的神话时代，而是对主客思维模式统治下迷信于人的理性能力无往而不胜的一种突破”（曾繁仁，2015）。环境正义生态批评持本真性的诗学态度，完成人的审美理想与社会环境现实结合，颂扬人类与自然、大地的亲缘关系，赋予以北美印第安原住民为代表的本土世界主义观以现代语境意义，弥合了生态批评建构之初自然的祛魅现象，逐渐完成自然的复魅过程。本真性的诗学态度主要是指对自然真实性的探索，包括探索自然物质和现象的起源、属性等存在的真实性，强调人在自然中存在。环境正义生态思想将自然从形而上的认知中解放出来，不再只将人视为在自然存在和世界空间和时间中相关联的客体，人与自然关系开始被升华为相互的审美体验。

---

① 祛魅，又言去魅，例如吴景明在《生态文学视野中国的 20 世纪中国文学》（2014）中将复魅和祛魅分别称为返魅和去魅。本书认为，复魅有复苏（resilience）和复兴之义，更接近自然意识重新觉醒过程；祛魅能够更鲜明地突出自然主体性和人类主体性的博弈过程，故本书使用复魅和祛魅说法。

从环境正义生态批评视角看待自然的复魅现象，其意义主要在于：

第一，关注吊诡的人与复魅的自然对于“主体性”的让渡过程。文学叙事是由故事物质组成的故事世界的集合过程。在文学想象中，特别是一些灾难叙事中，暴风雨、雷电、雪崩等场景和自然现象通常被赋予一种自我意识，用以惩戒人的不合规矩的行为。悄悄地将无可名状的地方索回，重新赋予它意义，将之复魅（张嘉如，2013：57）。《灵力》(1998)中描写了飓风过境、水漫四野的自然“发怒”后状态；阿玛猎豹后，一只身态矫捷的健壮豹子又出现在部族，成为新的守护者。印度生态小说家英德拉·辛哈的《据说：我曾经是人类》中废弃工厂又被花木覆盖，自然又将之赋予新的意义。这种将人类与自然放置成一种刀俎、鱼肉的位置，拆解人类惯有的自我中心意识，并非只是简单的移情，而是为达到自然与人类之间共情的手段。自然的祛魅是人类中心主义的表征，自然的复魅是社会转向后的生态批评与早期的生态批评的根本区别。本节主要结合霍根的《灵力》(1998)，论述生态批评实现自然复魅的方法和目的主要为超越二元对立，接纳来自不同世界的真理。

《灵力》(1998)打造了一幅自然暴虐的后人类空间，风暴、鸟蛇等非人类自然物成为具有自我意识和能力的行为体，解构了人类中心主义理念，为不可忽视的存在与无可否认的能量和力量正名。随着自然中心主义思想的盛行，自然概念的复魅现象愈演愈烈。《灵力》(1998)中的自然较之人类是更强有力的存在：飓风过境、水漫四野，天堂坠落、地覆天翻。在霍根的笔下，美国原住民与家园是一种平行关系，泰伽族已成为濒危人群，而他们奉若神灵的豹也只剩三十来只。欧裔白人不断侵犯泰伽部落，甚至危及了濒危物种豹的生存，生态平衡的古老法则被废弃，几近严重到了生态及种族文化灭绝的地步。霍根注重发挥物质的话语实践能力，以此来对抗人类文化叙事的中心地位，这种让自然物他者自我命名和言说的策略，不仅仅是拟人化，而是将自然物放置在了一个与人类主体平等对话甚至高于人类的位置，这种表征可称为自然复魅叙事的反话语策略。自然不再是被认知和人类附属环境的组成部分，而是具有自身自在性和主体性的独立言说体，拥有独立的话语言说能力和意义符号。狂风起时会说自己的名字叫做欧尼，豹子成为造物主的特质，赋予人类生命，赠与人类药物，教导人类狩猎，《灵力》(1998)描述了一个从风、豹的视角为自然言说的世界，这些非人类物质具有人类所未知的知识、能量，自然力量和人类文化不分伯仲，营造了一方独特的伦理空间。

第二，从后人类视域看来，身体和自然都是物质的组成部分。①人类与非人类自然都存在于一个充满可能性的场域中，可以通过具身象征链接人类和非人类自然。《灵力》(1998)将肉体的内在性与非人类的生命过程相连结，想象出一个躯体交互的认识论时空。主人公奥米西托、阿玛和豹的气韵相通，人类身体被具象化成一种有生产性、创造性的具象空间。豹女虔诚的猎豹过程也是为了使病豹身体得到解脱，为病豹和自己创造了一个自我治愈和救赎的空间。阿玛因为猎豹行为而被部落驱逐的过程，正好印证了病豹涅槃获得自由的预期。

第三，通过文学想象，人类与非人类自然具有伦理共情的能力，人类身体与非人类自然关系具有无限延展性。印第安部族外的人很难理解印第安部族所信奉的传说，诸如发生猎豹事件之后，阿玛在校园遭到了霸凌。《灵力》(1998)将共情发展为伦理，让读者与一个虚构的世界中的居民进行情感上的融合，从而想象出一种更好的生活方式，在真实世界中有所行动，将美好的愿景化为可能实现的真实。《灵力》(1998)透过文学想象的力量创造了一种自然伦理空间，透过"以自然为上"的叙事技巧，为读者和非人类自然之间搭建了一种想象关系的桥梁。作者霍根以文学想象展现了非人类自然自在性和物质话语实

① 20世纪60年代后，随着信息社会的到来，科学技术与审美意识的结合使得人类个体通过技术模拟和建构、基因重组、改造美化，形成新的社团、群体。人不再是单纯意义上的自然人，人工智能、赛博格等后人类个体由此产生。

践的能力，让非人类自然得到了正名和“复魅”；她借助文学想象的再生之力，营造了内在交互的跨躯体伦理时空，以此追寻共情的关怀以及后人类的生态伦理：拒绝任何形式的暴力，不应为一己之利益而攫取自然、破坏生态的和谐之美；而要打开共情的伦理空间，呵护自然，参与到自然的生命过程当中。可以说，厄德里克、西尔科、霍根、奥费利娅·塞佩达和谢尔曼·亚历斯作品的口述传统、悲剧智慧、遣造新词方式，表现出族裔文学正义主题体现出的临界性、异质性、混杂性特征，可看出社会和自然环境问题本源，以及人们追求环境正义和民族对话的基本诉求。新时期的环境正义研究视野不再局促于民族内非正义问题，而是开始聚焦多元文化背景，为生态平衡谋求出路。

综上，环境正义生态批评对于自然的复魅显现过的关注，实质上是从文化研究的角度挑战人类中心说的表现。例如，从环境正义视角，将人类个体与动物、植物等自然生命体等同视之；为更突出化将人类与动物的冲突前景化，使其相互争辩，而又不分伯仲等。至此，从环境正义视角来看，自然书写中的自然复魅描写的目的清晰可辨：以颠覆人类与非人类自然物质施事能力的种际正义叙事，挖掘造成环境危机的深层历史矛盾，将理论上升至实践层面，控诉环境不公正事实，以期改造非正义现象，展现社会本土传统景观全貌。人类肉体作为自然物质与空气、水、食物之间存在规约关系，在生态圈中不可避免地通过消费有毒物质形成有毒肉体、生物和自然最终融合。

三、 方法变革：关注民族志书写

环境正义生态批评开始将领域内的具体方法理论化（Reed T. V 2002）。不同于后结构主义文学理论“把人置于语言和文化组成的文本网络中进行自我解构，生态学认为人更属于远远大于语言和文化的自然的网络中”（韦清琦 2003），人是故事的编写者、实践者、推翻者，民族叙事反映了人所在的地域的地方性，却也督促人们走出去思考，投身社会做有意义的事，享受生活并品味起最为浓情的时刻，进行出世实践。民族志书写包括描述与诠释两个部分，描述部分分为深描(thick description)和浅描(thin description)两个部分，诠释部分的重要方法为参与观察法，得到土著观点(emic)，属于一种质化的研究方法。概言之，民族志书写是一种混合文学与人类学的互文体裁，不仅了解现象或仪式的表象，更要懂得现象和结果产生的过程。于是，民族志书写做质化研究的前提是深入田野后，再将记载地方观点的民族志书写放置在广大的多元历史背景之中，从多元视角审视风俗民情、地方仪式等心理归属感与公民行动之间关系，了解仪式、习惯等现象背后的深层原因。可以说，民族志书写可为生态批评的在地化和实践化提供重要参照。

环境正义生态批评与多物种民族志书写密切相连。科恩基于对亚马逊盆地上游的露纳人(Runa)及其与处于梦境中的狗、致幻性植物的相互作用的研究，主张在超越人类与非人类二元论的表象系统中重塑人类与非人类“沟通”关系，开启自然文化之间的连字符空间，形成一种始终与物质过程纠缠在一起的生物符号学(Adamson，2014：258)。文学与文化人类学的跨学科研究并非一定要去厘清学科的制度、传统、界限，然后再试图去打破这些界限。民族志研究恰好能够“表述一个主体性的我如何在不同的制度、结构和规范中穿越，从而诗意地呈现自我在面对这些规范时所体现的困惑、妥协以及整合的仪式过程和能动性”(刘衍，2012：100)。亚当森主张以民族叙事为观察工具，贯通文学研究与实践活动，关注人与自然、人与人、代际之间关系以及不同族群对环境影响的欲望、动机和行为，与民族志书写旨归殊途同归。同样，民族志书写不仅展现了人与地、个人与集体间的密切关系，也与生态批评研究方法颇有渊源：

首先，民族志书写以区域民族传统和现实生态现象的纪事和传说为重点，在保存民族传统文化基础上充分保证了生态文化研究的多元化。元具有归元、归一之义，词缀多元(Multi)一词从词源层面具有多重空间含义，泛指事物发展到一定境界后出现的多种分类，万物生长、生态持续不可能由单纯的一元论来支撑。从多元物种、多元文化视角研究本民族纪实往往以土地为中心研究文学与物理环境之间的关系，体现族群、地方的集体归属意识，并在将之转化为一种保护环境意识的公民行动层面扮演着重要角色。萧亮中对于生态环境的关注是他进行人类学研究的动因之一……他所进行的田野考察让他认识到藏民与其环境关系正在发生变化，于是激发出对于环境及生态问题的思考，并最终促成他的环保行动(陈红 2018)。

第二，将民族志书写研究方法引入生态批评，有利于关照生态整体现象，凸显社区凝聚力，从而影响群体性生态实践活动。作为民族文化纪实的民族志书写具有人地亲和的生态智慧，披露全球化语境中的环境不公正现象；以特定地区动植物纪事为文学观察工具，有利于追溯种族历史、文化根源(Adamson，2016：136)。亚当森曾以印度孟买的海豚城(dolphin cities)的相关纪事为文学观察工具，分析环境问题本身的世界性和跨文化性，指出环境的多元自然主义性(Westling，2014：172)。司各特·斯洛维克在《你的话里有种我听不见的东西——环境文学、公共政策及生态批评》(2005)中从区域民族传统和现实生态现象的纪事的特殊性说明生态批评、环境文化、公共政策的关联，说明进行出世实践的重要性。本土特色和风情不会被全球化消灭、吸收或者摧毁，相反，本土生态观往往为全球环境污染、病毒蔓延现象提供别出心裁的观察视角；而且这种“通过讲故事和叙事的研究方式，能够使我们文学研究者脱离枯燥无聊理智游戏”(Slovic，2005：28)。

第三，民族志书写贯通传统和现代，过去和未来。它帮助人们认识文化和环境中的传统和现代因素，以客观理性的眼光看待固守和改变(陈红，2016：11)。地方民族志研究对象包括丰富的传统生态思想，为实现社会、经济和环境正义提供重要视角和理论支撑。萧亮中的代表作《车轴：一个遥远村落的新民族志》《霞那人家：一个藏族家庭的百年故事》均以云南金沙江河谷一带的少数民族人群为研究对象，涉及许多与社会实践密切联系的问题。地方性知识和地方身份聚合成一种集体感，对环保行动的实施有举足轻重的效用。值得一提的是，学者詹姆斯·E.汉森(James E. Hansen)曾将科学家通常不会对社会上诸如气候变化等具有争议性的议题发表意见的现象称为科学沉默(scientific reticence)，而关注民族叙事，为人文研究者提供了一个打破科学沉默现象的工具，通过摆事实讲道理，主动承担起环境研究的责任，将理论视为一种将现实抽象化的感知及规律，引导主体向好的概念集合。以讲故事的形式说明：臭氧层穿漏有极深的社会意义和话语表述，绝非单纯自然现象。工业巨头和国家元首们的决策有极充实的生化效应，绝非纯属权利或利益关系(Bruno Latour, 1991:6)；面对物质文明居上的物质一元论(materialist monism)思想的滥觞，以实证科学见长的自然科学研究也再难单独应对人类对自然肆无忌惮的征服行为。

第四，民族志研究将个人的学术活动与公众性的环保行动相结合，为生态批评提供了一个更加开放、合理、科学、传统的环境正义研究视角，加速了一元论的终结。民族志书写在促进世界生态诗学研究呈现多元行动主义和跨文化转向层面具有举足轻重的意义，是本土世界主义思潮的兴起和环境人文理论与实践的结合的表现。自然在社会层面与等级有着密切联系；若是个体不接受的你的特征——例如同性恋者或是平均主义思想，那么就会将这种现象贬斥为“非自然”现象(Pepper, 1993:8)。不论对话双方历史上是殖民、被殖民还是强强争霸关系，对话的首要前提都是互相了解。人与自然关系互为改造和被改造的主体和客体，人类改造自然，自然也制约着人类的发展和生命活动。社会不公可溯源至人类进入阶级社会以来面临的社会不公问题，各种社会革命和阶级斗争的动因和目标均为了实现某种预设的正义。

多物种民族志基于某一本土文化传统的语言、文化、社会和历史，探究人类与多物种间的互动关系。多物种民族志研究方法并不单属于人类学方法论或认识论范畴，这种跨学科研究范式得到生态批评界普遍关注和借鉴。多物种民族志为生态自我概念的发展提供了方法论支持：在多元文化背景下，归属不同种族的科学家、人类学家及人文学家撰写多物种民族志的努力是基于"人类或非人类主体诸如树木、根和真菌均可能是拥有清晰的记事和行为准则的自我"(Kirksey, 545)。自爱德华多·科恩提出的生命人类学观点激发了后续关于构建生态自我诗学的相关研究,都是首先确定其研究对象、理论依据、研究方法,渐而形成一种思维认知模式。

生态批评不拘囿于某一文化、民族范畴。黄新雅的跨太平洋想象、西尔科的跨大西洋轴心书写,均是生态批评及环境正义文化研究的互文旅行意义加强的表现。过去十年来,美国研究中最引人注目的现象之一出现跨国别转向,"无论是在提问题层面,还是在为解决这些问题而部署资源层面,在更国际化的框架下考察美国文化的研究日益多了起来"(Heise, 2010)。黄运特在《跨太平洋位移——20 世纪美国文学中的民族志、翻译与互文旅行》指出,想象他者的文化可以通过三种策略来实现:民族志、翻译和互文旅行(姚本标,2011)。从本体论、认识论层面,民族志是一种地区的文化、语言的文化迁移成品,往往夹杂着民族志书写者的感知和文化立场。从这个角度来看,民族志书写在一定程度上也属于翻译重写现象,包含文化意义层面的异置和变化,只是其研究对象是民族、地区的本土文化,而非单纯的文学文本。以民族志书写记述的史话等为观察工具,可推进环境正义生态实践的进程,可在生态批评与环境人文实践关系中扮演润滑剂角色。

第三节　重塑生态共同体的必经阶段

生态共同体(eco-community)是濒危的现实世界基础上,对理想未来的一种想象。①利奥波德借用生态学的"共同体"概念,将现代智

① Community 的字面含义是"社区",张嘉如的《全球生态想象》(2015)、苗福光的《文学生态学:为了濒危的星球》(2015)中均将 Eco-Community 译为"生态社区"。我认为,共同体侧重主体间的同质性,就 Eco-community 在中国批评界和社会大众层面的接受度而言,Eco-community 译为生态共同体更易懂。

人(homo sapiens)从大地共同体的征服者改变为普通成员和公民(Leopold，2001:204)，提出构建生命共同体(biotic community)的设想。亚当森曾多次提及本土共同体(indigenous community)一词，认为多个本土共同体又构成生态共同体。①生态共同体不以地域划优劣，而是以群民福祉为先，将利奥波德关于"生命共同体"的研究核心从人与自然转移到人与社会关系层面上来。

一、破而后立：处所意识羸殆与重建

处所意识(sense of place)是个体从对生养自己的自然、土地、空间中得到的一种满足、愉悦的归属感，进而形成一种对自我身份、文化的认同意识。与土地相比，处所并不局限于肉眼可见的外在景观，而是包含精神和思想状态的存在，是传统文化和故事的集合体。土地重其形，处所重其魄。段义孚的《处所意识：环境感知、态度和价值》(1990)将处所意识视为人们对环境的感知和情感依赖，将人们对于地方土地的情感从生存条件上升到更纯粹的恋地情结层面。然而，人们与处所的联结(place-attachment)关系很快受到挑战。随着世界经济全球化，区域范围成为一张互相连接的网，经由诸如金钱货币类的象征符号链接起来。全球资本主义迫使遥远的地区距离拉近，也促使地方同质化和异化(Heise，2008:51)。人类的处所意识不再胶着在一个固定的地理学区域，人类自我与熟悉的外部自然世界距离拉远，出现处所意识羸殆现象。

人的处所意识的羸殆现象主要表现在两个方面，肉身与地方的剥离以及精神层面的疏离。前者主要表现为人类社群的迁徙现象，诸如早期欧裔殖民者为抢掠土地和资源，对四角区的印第安人进行了驱逐

① 亚当森在《探寻玉米之母：北美本土文学叙事中的跨国别本土组织和食物主权》(2013)中以美墨边境的"母玉米"叙事中体现的跨国别现实，结合环境恶化现状及主体的身份认同危机，强调生态共同体建构过程中，应尊重本土景观。第六章将进一步详细论述。

或屠戮。[①]劳拉·托赫宰诗歌《什么染红了地球?》中记录了这段印第安人被迫迁徙的血泪史。19 世纪末,美国主流历史中的英雄基特·卡森(Kit Carson)率军摧毁了纳瓦霍人的畜牧业和种植园,驱逐切尔利峡谷的纳瓦霍人。随后在海耶尔迪(Hwééldi)建立集中营。在驱逐印第安人的途中,老弱病孕常因拖慢行军速度而惨遭杀害。这些印第安人的鲜血染红了地球,铺就了欧裔白人完成资本积累的辉煌大道。他们背井离乡,离开了世代劳作的家园,在新的保留区建立新的家园。

相较于因族群的迁徙或是外出谋生而产生的肉身与地方的剥离现象,人与地方在精神层面的疏离对人类族群认知的损伤更为致命。没有人能够在丧失自身根源的情况下得到救赎(Mark, 1988:266)。在印第安孩文学中有许多关于印第安年轻一代与地方疏离的现象的描写,美国政府在印第安部落设立公办学校,印第安孩童接受白人文化教育的现象开始普及。多年之后,当这些经过主流社会洗礼的印第安年轻人携带着他/她们的丈夫或妻子回到故土,会发现祖先的文化和传统对于他们而言只是书上的铅字。这种印第安年轻人最终失去了与土地之间链接的纽带。

地方是可被感知的地带,是族群意识、形态、认知、社会关系结构和集体认同感的容器。地方(place)与空间(space)的根本区别在于一种共同体式的领地归属感。按理说,人生百年一瞬,都如匆匆过客,地方和空间可能都是暂时能让我们冥想或放松的一席之地,具有同等价值。但是,空间如可供我们肉身栖居的宾馆,可以置换和取代;地方与一种领地归属感意识相连,是“我”的处所和领地,可以带来一种不同

---

① “四角区”(The Four Corners)是指美国西南部一个犹他州、科罗拉多州、新墨西哥州和亚利桑那州四州交汇的区域。印第安纳瓦霍部落(Navajo,或 Diné,在纳瓦霍语中具有“人民”的意思)从公元 1400 年开始,就生活在横跨四角区的红岩沙漠和深峡谷中。实际上,在纳瓦霍人进入该地区之前,北美的普韦布洛人、霍皮人、特瓦人(Puebloans, Hopi, Tewa)已经居住于此。他们以狩猎为生,以南阿萨巴斯卡语(即丁比扎德语)为母语。

于宾馆的亲密体验和灵魂共鸣。简单来讲，地方具有物质和精神双重属性，而精神属性是赋予人们一种处所意识和归属感。如上文所述，欧裔白人对印第安的屠戮或肃清活动，驱走了他们的肉身。但是，真正的毁灭是消灭他们的处所意识，拔根抽芯。

布伊尔曾从五个维度将地方依附感解剖为：同心圆式、群岛式、想象式、时间维度、历史性维度(Buell, 20:72—74)。居民若固定地生活在某个地方，会逐渐产生地方依附感和群体认同感，为生态共同体意识提供了前提和基础。环境正义生态批评重视地方依附感(place attachment)，从代际正义、种际正义和文学理论化角度重塑处所意识。具体说来：

首先，环境正义生态批评采用逆向思维，回溯同心圆式地方依附感被冲击流散的历程。详细来讲，同心圆式的地方依附感是最传统和常见的形式，例如小农经济社会的小农场主或店主，他们终其一生在家园附近工作、生活。随着现代化进程，群岛式的地方依附开始取代同心圆式的地方依附模式，人们开始出门工作，地点往往远离家乡甚至远离祖国，此时人们可能会对多个地方产生地方依附感，拥有多个第二故乡，且对第二故乡的依恋往往并不少于第一故乡。群岛式的地方依附关系由线程和轨迹组成的，居民与地方的关系呈现出射线形的“海胆式”形象。如此一来，每个地方都似一个有边界的枢纽，而这个枢纽可以此为中心，向外辐射，连接成“面”，形成一个互相纽扣的生态整体系统(Parkin, 2007:206)。值得一提的是，同心圆式处所意识的消散，除了现代化的冲击，还与社会发展的正义问题关联。现代的纳瓦霍印第安原住民开始在景区设立商铺，卖苏打水和巧克力热饮，甚至背井离乡做工。艾比批判当代印第安的这种商业行为，数落他们是颓废和数典忘祖。然而，在亚当森看来，艾比对印第安年轻一代的批判实际上是在否定其合法的发展权，无视这代年轻人为脱贫而付出的努力。艾比们不需要剥削自然来获取物质，反对消费自然，选择归隐山林的前提是，社会早已完成了对印第安人或之前居民的驱逐(Adamson, 2001:47)。

其次,环境正义生态批评关注"第三自然",即文学想象的力量。布伊尔将想象式地方作为地方依附的中腰维度质疑,突出了文学想象的力量:人们往往并未直接接触这些地方,但是通过了解文学或其他媒介的虚拟现实,产生了一种对"第三自然"景观的依附感。这些景观可以是现实世界真实存在的地方,例如,莫言笔下的山东高密,马克·吐温笔下的马里库帕县(Maricooper, Arizona),西尔科、厄德里克、芭芭拉·金索尔维(Barbara Kingsolver)笔下的四角区和图森城(Tuson, Arizona),加莱诺笔下的秘鲁海豚城等。也可以是完全虚构的地点,比如霍皮印第安人传说中的心灵原地(Tuwanasavi),阿拉斯加荒原的北坡等。文学想象的力量往往是巨大的,与政治意识紧密相连,甚至可以影响一个民族的意识形态和认知模式。环境正义生态批评重视文学想象的力量,且扩大了文学批评的研究对象,将可视化艺术、戏剧和流行文化等其他艺术形式纳入研究范畴(Reed, 2002:152)。

再次,环境正义生态批评探索地方依附的时间维度和历时维度问题。地方依附的时间维度是指地方连接着过去和未来,是指一个人过去的地方经验/记忆对日后生活的影响。地方依附的历时性体现在地方自身会经历发展变化,例如,孩童记忆中的小溪,在 20 年后的现在可能会干涸。环境正义思想重视本土自然观的作用,主张吸纳地方的传统信仰,致力于探寻一种与古老的性灵传统交流的新形式。这种形式往往蕴藏在人民的心中、血中和有生命的石头中(Hogan, 1994:108)。古代先哲的智慧,地方的发展史共同构成了地方生态的整体面貌。例如,英国小说家斯威夫特(Graham Swift)、新西兰生态学家吉奥夫·帕克(Geoff Park)和美国环境作家约翰·米歇尔(John Mitchell),他们各自追溯了东盎格鲁沼泽之地的发展史、新西兰被殖民以来的自然景观、美国东北部城区地带的发展史(Buell, 2005:74),通过探索地方过去的历史,了解当下现实的来龙去脉。

环境正义生态批评从历史语境审视地方(place)和空间(space)关

系，突破边界和范围，其目的是实现全球在地化，是一种本土再疆域化的尝试。①随着国际间文化和经济交流更为便捷，弱势团体的权益就像沙滩上张开的蚌壳，蚌肉任人宰割。我们当前生存的世界虽然开始形成新形式的边疆和藩篱，但仍是一个移民的世界（Opperman，2017）。人类和其他有生命的物种，连同病原体、细菌、微生物、病毒等，一些出于进化途径的驱动，另一些会因为政治或经济原因，都在不断地移动着。宗派冲突、区域战争、生态危机，迫使这些主体离开特定的地方和空间，在全球范围内飘零。例如，安切诺基印第安人，最初被从美国东海岸驱赶到阿巴拉契亚山以西，又被驱赶到新墨西哥、犹他和得克萨斯州一带，随之，印第安部落以碎片式地圈形式，形成孤岛式的保留地。这些"移民"现象背后，实际上隐含着深刻的环境危机和非正义现象，体现着地方、民族、认知的博弈关系。

一言之，环境正义生态批评是探寻文学、文化研究、环境研究的中间地带，推进理论研究学者和环保实践行动派持续对话，关注弱势群体面临的环境正义问题，修复了主体的处所意识，使个体形成新的归属感，达到一种新的生态共同体共识。环境正义生态批评视角下，地方是令人心安的"故乡"，是主体对话的"中间地带"，是人们成长记忆中的"乡情"。随着处所意识的羸殆，如何实现再疆域化（reterritorialization），如何重建处所意识，如何保证弱势群体的基础利益不受其害，如何构建生态共同体，在未来很长时间内会一直是生态批评的热点问题。

二、生存策略：中间地带与共同体

西尔科在《死者年鉴》（1987）中描述了一个欧裔贵族塞罗（Serlo）建

---

① 全球在地化是与全球一体化相对的概念。以美国的荒野国家公园为例，这种国家公园式环境保护主义在一定时期对自然环境保护确实产生过一定的积极作用。但是，这种荒野国家公园模式并不适用于所有国家。若是强行以单一标准，推行全球统一化的环境政策，难免会导致全球北方对南方的道德绑架和政策压迫。总之，将环境与社会正义关联并置于更深层的历史语境中，因地制宜，才能实现深层次的环境正义。

造“替代性星球联合体”(alternative earth units)的场景：当地球不再宜居之时，替代星球体将会整合地球上未被污染的土壤、水源和氧气，通过运载火箭升空，按地球自转规律继续绕着太阳转，以确保植物能继续得到光合作用，保持人类的能源供给(Silko, 1987:542)。当然，替代性星球不可能承载地球现有的所有居民。所以，塞罗及其拥护者紧锣密鼓地按照血统和职业标准确定选民，他们认为自身的欧裔“蓝色血统”比拥有棕色血统的人种高贵，并打造了一个供“高贵”物种生活的人造天堂。它通过将一条巨大的管道伸向地球，吸走地球的新鲜空气和水源(Silko, 1987:728)，确保这些具有“高贵血统”的人类和物种后代能够远离地球环境危机，在世外星球继续着歌舞升平、骄奢淫逸的生活。“替代性星球”在现实世界的原型是美国亚利桑那州图森市的“第二生物圈”(Biosphere Ⅱ)生态工程。1987年，美国富人艾德·巴斯(Ed Bass)和约翰·艾伦(John Allen)斥巨资在亚利桑那图森建造“第二生物圈”，网罗世界上稀有动植物，尝试打造现有地球生物圈外的第二个生态系统。“替代性星球”虽是西尔科虚构出来的文学镜像，但其关于实验和运行模式的描述仍触目惊心，令人不寒而栗。它奉行“某”人种利益至上主义，迫害少数族裔人群，将地球视为实验室和垃圾场，为自身的福利和极奢生活提供资源。西尔科以对“替代性星球”的描述，映射美国弱人类群体现实生存境遇，控诉欧洲国家和欧裔美国主流社会对少数族裔家园的破坏行为。她笔下的塞罗具有欧裔血统，所以他搜集“高级种族”的基因，肆无忌惮地迫害少数族裔人群。现实中，欧裔白人主流社会驱逐、剥削印第安人，导致数百万印第安人在迁徙途中死亡，幸存者也面临失去社区、文化、语言和家园的挑战。“第二生物圈”就是这种白人至上和某物种至上思想大行其道的结果。作为一场欧裔美国中心主义话语主导下的武断行为，是白人精英至上和人类中心主义的秀场。他们主观臆断地划分污染者(contaminants)和濒危物种，暴露出美国阶级、种族、族群与环境危机的关系。印第安人的生存策略，对当世的环境正义现象具有一定启发意义。

第一，印第安口述传统中体现的共同体意识对现代社会有一定参考价值；环境正义修正论者重视口述传统，发挥文学叙事的力量。例如，西尔科从印第安人的现实抗争史中汲取素材，在《死者年鉴》(1987)中设想了一个名为“国际整体修复者工会”(International Holistic Healers Convention)的未来社会共同体。在这个组织中，不同种族和文化背景的人们汇聚一堂，致力于建设一个更加美好的世界。西尔科笔下的塞罗(Serlo)将有色人种(尤其是棕色人种)视为“不名一钱的主体”(insignificant beings)，在现实中，印第安人一直被区别对待，经年累月地处于美国社会边缘。1946 年，美国成立印第安事物管理局(Indian Claims Commission)，该组织曾提出一种共同体式运动模式，反对主流社会将印第安人的家园作为实验区。于是，印第安人整合口述传统中关于古老的圣地、家园、田地、猎场和其他工作场地的描述，以此作为论据开展土地诉讼，拒绝将自己的家园双手奉上作为“牺牲区域”，尝试发出自己的声音。

第二，印第安口述传统中常有恶作剧者形象，可以说，借恶作剧者之口发声，堪称是印第安人的又一生存策略。美国考古学家和民族学家丹尼尔・加里森・布林顿(Daniel Garrison Brinton)1885 年首次使用恶作剧者概念，简尼・雷瑟・史密斯(Jeanne Rosier Smith)在《描述恶作剧者:美国族裔文学中的神话嬉戏》(1997)中提出恶作剧者美学。柯林斯词典中对 Trickster 一词的释义是骗子；常指诈骗钱财的人。在文学批评领域，恶作剧者一般指存在于神话、宗教、民间故事中的角色，拥有常人无法比拟的智慧，打破世俗与传统的规制。他们或以一种蓄意破坏者的形象示人，或以一种智者老叟形象处世，通常还具有一种救世情怀(Plooy, 2007:39)。亚当森将恶作剧者作为审视印第安人生存状态的一面透镜，视之为变革动物主体(Adamson, 1992)。印第安作家通常采用类似魔幻现实主义式的创作手法描述恶作剧者，记述具有多义性、多神论特征的印第安口述传统，厄德里克也曾借笔下的人物表述过将口述传统变成文字时可能遗失某些声音的担忧(Adamson, 1992),但是却十分肯定口述传统中的真实性和科学性。如厄德里克所言,“当我还是个孩子的时候,我就听过了许多神奇却真实的故事”(Chavkin, 221)。

恶作剧者看似荒诞、奇幻,却是印第安传统故事的载体,例如具有巫性思维特征的奇帕瓦族异人形象及许多游离于动物和人类间的阈限怪物(liminal monsters)。恶作剧者具有一种超人类(superhuman)和附人类(subhuman)形象(Smith, 1997:39)。他们以一种变革主体形象表达着印第安人和其他少数族裔人群的正义诉求。作为反叛智者,他们以一种反讽语调与主流文化和宗教权力抗衡,嘲笑旧社会,创造新世界。恶作剧者是印第安人控诉社会不公的发泄口,为改造社会现实提供了一套行动纲领。《痕迹》(1987)中的恶作剧者弗勒能够跨越人类和动物边界,兼具水蛇的狡猾和熊的智慧:她的皮肤滑如海草,瘦削的身材配个绿绿的裙子和斗篷,留着像动物尾巴一样的辫子(Erdrich, 18)。她有皮雷杰家族保护神“熊”的特性,熊在印第安文化中是医术的图腾。她所属的雷杰家族是熊氏宗族,继承了古老医术,了解百草功效。印第安作家西尔科和厄德里克等笔下的北美郊狼(coyote),华裔美籍作家汤婷婷笔下的美猴王(monkey king)等。恶作剧者处于少数族裔和主流社会的临界区域,穿越边界,以轻松诙谐的语调,嬉笑怒骂、控诉不公。他们是位处中间地带的正义鼓手,具有多元性、复杂性和模糊性特征,挑战单调的、阶层的、乏味的主流社会秩序,尝试聆听不同的声音(Smith, 1997:xii)。

第三,将印第安人的生存策略推而广之,多元文化思想为人们规避危机提供了避风港,走向中间地带、开展平等对话打造了平台。人们在遇到危机之时,往往会转向外部源头寻求解脱。结合美国多元文化现实,“人”的生存策略体现在将社会关怀、道德关怀、审美情趣与生态关怀结合,以环境正义为透镜,站位于中间地带,凝视深渊。具体来讲,白人作为主流种族,他们曾将不熟悉的印第安文化视为反科学的落后、野蛮或粗俗的代表，并尝试对其进行教化和提升。这种文化霸权主义思想将白人族群文明视为社会运行的规则，将自我放置在家长的位置，逐渐受到了文化多元主义的猛烈抨击。从环境正义修正论者视角来看，美国现代社会的暴力事件和正义运动，实质上就是社会不公正现象长期积压的结果：美国主流社会曾为了“发展”而大肆掠夺自然资源，使得少数族裔群体产生与社会的疏离感，而这种文化的疏离感正是美国当代社会枪击、大屠杀等暴力事件产生的根本原因。西尔科的《死者年鉴》(1987)探索近现代科技的发展与人们与土地疏离感产生的深层原因，体现了一种因果报应说(chickens coming home to roost)，与前些年欧裔白人对屠戮印第安人和抢掠自然资源的现象对应，当代欧裔白人开始成为美国社会暴力事件的主要受害者(Adamson, 2001:178)。退而观之，这种现象是由美国当代的社会发展史决定的。自美墨战争以来，美国西南部原属墨西哥的得克萨斯、新墨西哥和加利福尼亚开始并入美国版图，随着自然景观和地方文化的消散，印第安人与其他的少数族裔与生养他们的土地产生疏离感，随之产生系列伦理及政治问题。

从环境正义修正论者视角，美国当下的白人主流社会开始意识到白人后代开始暴露在危险之中，不同文化需要和解共生。事实上，在以亚当森为代表的环境正义修正论者描绘的理想图景中，不同文化背景的对话双方站位于中间地带，将美国社会视为多元文化拼贴嵌合的百纳图，而非大熔炉。相应地，印第安文学与墨西哥裔美国文学等美国西南部文学开始勃发，族裔文学开始冲破族裔的桎梏，开始合力完成对白人文化霸权主义的合围。少数族裔群体与环境的和谐关系及共同体意识，使他们在经历过种族屠杀、大规模移置等压迫后，仍能不屈地屹立于民族之林。从环境正义生态批评视角可将他们的生存策略总结为：重视口述传统，塑造恶作剧者形象，修正人与环境关系，站位于中间地带，谱一曲共同体赞歌。

三、正义伦理：语言为阿喀琉斯之踵

1879年到1930年间，印第安儿童被强制送至各地寄宿学校，逼迫他们放弃自身的文化和语言，学习英语，接受外来文化和新身份。在二十世纪四五十年代，孩子们有时候能来到离家较近的学校里就读，但是在校园中仍禁止使用当地的语言。奥提斯曾经回忆在阿哥玛部落(Acoma Pueblo)的印第安事务日制幼儿园的受教育经历，学校不准印第安人使用自己的语言，他们只能老老实实地使用英语。实际上，印第安孩子们之所以能够快速掌握一门外族语言，主要是源自所谓主流文化的宰制。的确，一旦你受到惩罚而觉得蒙羞，那你就能很快地讲好英语(Adamson, 2001:117)。

长久以来，所谓的主流文化和异文化就像是看与被看、前景与背景之间的关系(蔡振兴，2019:218)。由于语言、文化、地方生态、经济、政治和社会状况的不同，跨文化的对话双方容易将对方形象野蛮化。在文化交流的过程中，撇开文化各自的优劣性不谈，对话双方难免会因语言不通而产生碰撞和摩擦。随着印第安和白人接触的增多，双方有互相交流和了解的需求。然而，这种现象虽然可以被看作是美国政府强制印第安部落儿童学习英语的原因之一，但却不是主要原因。语言不仅是一种交流形式，更是构成民族思想和情感的历史和文化基础，反映了不同的民族思维和感知形式，可以说，美国政府强制孩子们学习英语的根本原因是为了方便实现对印第安人的内殖民统治。

美国现当代翻译家、文学理论家乔治·斯坦纳在《语言与沉默：论语言、文字与非人道》(2013)中关于语言、文学批评与人道主义关系的论述可以总结为：语言是文化的代表和反映，以纳粹为代表的现代西方反人道主义逆流曾导致语言文化的滥用，一度使西方文化陷入缄默的白色恐怖状态。亚当森在《美国印第安文学，环境正义和生态批评：中间地带》(2001)中曾引述西尔科与劳拉·考尔特里访谈中关于语言与行动力关系的论述：伟大的斗争，无论用什么语言，都要为自己发声。印第安人创造陆基语言的目的是打破英语的垄断地位，保存部落的道德观念，促使原住民承认自己作为全球生态共同体的一份子的身份，并承担责任作出有益的改变（Adamson，2001：117）。亚当森从印第安人创造陆基语言的目的、过程和效果说明：印第安人创造陆基语言反映了他们想要表达（articulation）的欲望，促使他们凝视深渊，打破致命的沉默。哈尔约曾说，转化语言的过程是可怕的，然而，我宁愿活着穿越那个可怕的世界，而不是恐惧地坐在那里，闭着嘴巴卑微地活着……不只是印第安人，其他被迫害的少数族裔也有这种缄默的卑微状态。亚当森引用哈尔约的话，引导被霸权思想压制的人们跳出椰壳碗，留意自己头顶的浩渺苍穹。①

亚当森在《美国印第安文学，环境正义和生态批评：中间地带》（2001）中结合在纳瓦霍保留区的支教经历，强调站位于文化交流中间地带去了解印第安本土文化的重要性。印第部落长辈谈及被强迫待在寄宿制学校的经历时，他们的口述叙事中常夹杂着对白人主流社会意识及价值观的抵制行为，例如逃学。然而，在讲完这些故事后，印第安部落的长辈们往往会提醒后辈要好好学英语。学好英语，才能创造性地使用它。实际上，陆基语言是一种印第安人将英语升级后形成的言述框架，可以视之为一种反抗的“表达”。按照格里门的用字法，“表达”这个概念的外延大于语言的概念，我们除了拥有语言的表达方式之外，还有其他的表达方式，比如行动（郁振华，2003），路基语言就是这种语言和行动的结合体。

霍根和厄德里克作为当代印第安作家中的翘楚，她们的小说中多次强调语言的重要性，与墨西哥裔美国文学的奇卡娜文学有些相似之

① 此处的椰壳碗意象，取自本尼迪克特·安德森的《椰壳碗外的人生：本尼特·安德森回忆录》（2018）中对关于椰壳碗和青蛙意象的使用。在东南亚一带的文化中，椰壳碗中的青蛙与“井底之蛙”有着相似的含义。本尼迪克特·安德森在该著的“跋”中，以“全世界的青蛙联合起来”呼吁被压迫者团结起来。可以说，安德森与亚当森在《西蒙·奥提斯的反击》（2001）中呼吁白人矿工、少数族裔等弱人类群体团结起来的观点不谋而合，二者也都强调语言的重要性。

处:20 世纪 80 年代,少数族裔作家开始转而使用英语创作,以方便进入美国主流文学界;他/她们所采用的路基语言为工具,向读者展现少数族裔文化与美国主流文化的关系。霍根和厄德里克在作品中不止一次强调语言的重要性,强调语言是实现本土与主流文化融合的表征和途径。霍根在《灵力》(1998)中塑造了主人公阿玛,她在遵从泰伽部落传统信仰下猎杀了一头猎豹。[①]依照泰伽部落的信仰,猎豹(尤其是母豹)是一种具有独立人格、能够直立行走的具有灵性的个体,是个体的护佑者,可以获得重生。主人公阿玛所猎杀的正是这样一只在信仰上与自身命运紧密相连的奄奄一息且没有生育能力的病豹。然而,《灵力》(1998)巧妙叙述了两种二元对立关系:一种是印第安泰伽部落与白人环保主义者和白人法庭之间的"二元"对立,另一种是泰伽部落内部族群长老和部分传统泰伽部落人间的冲突。白人法庭不能真正理解印第安人对于动物和灵性传统的狂热崇拜文化,而泰伽部落老人们最终决定驱逐阿玛的直接原因并不是遵循了白人社会对野生动物和资源进行管理的法规,而是由于阿玛拒绝上交猎获的豹子皮。

在《为何熊是思考的对象且理论不会扼杀它》(1992)中,亚当森将"熊"去野蛮化,结合西尔科《仪式》(1977)作品中熊孩子回归人类族群的形象,说明语言是跨物种交流的必要条件。在亚当森看来,语言是跨物种叙事的核心,不论是熊孩因为听到母亲模仿熊妈妈叫声被唤回,还是厄德里克《痕迹》(1988)能够通过爱药自由变身为人类和熊的弗勒,都是因为接触到了并不属于自己族群、种群的语言(才最终获得游走于人类和不同物种间的能力)(Adamson, 1992)。然而,尽管弗勒能够在熊和人类之间自由切换身份,却始终无法被带入任何秩序当中。她的发肤制成的"爱药"有着令人起死回生的功效,但由于部落族人不了解熊的语言,所以尽管他们绞尽脑汁、不择手段地获得了爱药

---

① 泰伽部落为霍根依据自己的部落与佛罗里达州塞米诺部落特征和信仰的结合的虚构体。

配方，但经同样的步骤制出的药却依然没有“爱药”的功效，故而更将弗勒妖魔化为狡诈的白狼。在厄德里克看来，造成这种现象的根本原因是“不知如何(用正确语言)询问使用方法”(Erdrich, 195)。厄德里克以“失效的爱药”来喻指不同族群、物种交流过程中语言的重要性：只有学会对方语言，才能消除误解，建构起真正意义上的中间地带。在印第安传统宇宙观中，跨物种交流是人与自然和谐、平衡、统一的底色和基础，语言是实现跨物种交流的必要途径。

霍根、西尔科、厄德里克关于“语言”重要性的叙述蕴含着两条引线：

其一，美国当代白人精神文明与印第安人本土信仰之间存在隔膜。霍根在《灵力》(1998)中探讨的第一个冲突爆发在美国现代动物保护法代表的生态中心主义思想与印第安部族传统信仰之间，这种显而易见的冲突表现出来的是明面上“显现的语言隔阂”。跨文化式的不同的动物权利制度，美国政府曾为了让印第安人出让土地而签订了一些协约，其中包括承认部落在保留地保存狩猎权，其中包括现实中玛卡部落的捕鲸权。由于美国白人主流社会不懂阿玛所在部落的文化传统，更不用说了解其语言文化，所以在阿玛猎豹之后，她在学校遭受了一系列霸凌：她的储物柜被涂鸦上刽子手等字样，在校园备受指点等等。

其二，部落内部强权声音和弱势群体关于传统思想的态度存在隔膜。在《灵力》(1998)中，尽管印第安泰伽部落族人具有猎豹自由，然而，现实是假设是部落酋长发生了猎豹行为，他就可以堂而皇之地以自我族群信仰为由为自己的行径开脱。印第安族群中大部分人正如阿玛一样，是由于种族和阶级地位而更易受到环境危害和迫害的弱势群体。霍根提出了是我们究竟应该像动物一样思考，还是像与动物生活在同一片土地上的人一样思考这一伦理问题。像动物一样思考，按理说，印第安族人是知道阿玛猎豹行为的合法性的；然而，阿玛因拒绝上交豹皮而被驱逐，实际上是一种对生活在这片土地上的族群内部矛盾的控诉。值得褒扬的是，霍根身为印第安本土裔作家，尽管她深谙印第安部落传统信仰，特别是某些仪式上猎杀动物行为的合法性，但她也同样指出这种不管出于什么目的而杀野生动物的行为也会导致无法逆转的物种灭绝危机，所以亟须寻找一种新的环境伦理形式，一种介于印第安人和主流社会思想、传统性和现代性之间的中间地带。霍根对于这种印第安原住民与白人主流社会之间语言、文化居间性的探讨并非个例。

厄德里克的《爱药》(1984)中，部落其他人即便是有灵药配方在手，但是由于不懂得问询灵药具体配置形式的“语言”，所制成的药剂毫无药力。同样，《痕迹》(1992)中能在熊和人双重身份中穿梭的弗勒，也正是因为既懂得熊的语言和生存形式，又懂得人的信仰和语言，所以才有了双重身份和双重视角，才能不受任何一种意识形态、政治态度、文化传统的影响，从自我的视角独立地看待环境问题。这也是当代环境正义文化研究在生态批评跨文化转向浪潮下亟待解决的问题之一。

陆基语言是印第安人将英语与本土传统杂糅，产生一种类似“洋泾浜英语”的特殊言述框架。可见，印第安人并未被另一种不同的语言系统征服，其本土语言和自身认同早已转化成这种种新的言述形式。考究原住民的语言史不难发现，原住民在被殖民化之前就不光会说他们的母语，也懂得邻国的文化和语言，被殖民化后的他们将英语、法语和西班牙语添加到自己的语言体系当中；美国犹他州界内的纳瓦霍族印第安原住民也仍延续和保留着原本的生活和表述方式。印第安人从最初抵触，到阈限阶段的糅合，学习并使用英语一直都是被殖民的创造性反应策略。陆基语言作为一种本土传统与英语杂糅的产物，是默会语言(tacit language)和英语语言符号的混血儿，使美国本土裔传统民族文化很好地传承下来。可以说，陆基语言是对话双方跨越鸿沟、解决问题、交流互通、实现正义的阿喀琉斯之踵。

小结与反思

亚当森环境正义思想为环境正义生态批评的生发提供了思想根基。本章阐释生态批评从荒野回归社会的途径，从复调对话、自然复魅、民族志书写层面说明新时期环境正义生态批评的研究方法。它从根源上重述了生态主义内涵，将种族、阶级和国家特权等因素都纳入了考量范围(Reed, 2002:145)，反思与地球同栖的意义，推动了西方生态批评研究的社会伦理转向，实现了文学性与实践性的结合。详细说来，早期，环境正义生态批评修正了生态批评的研究视角，使之回归到关注人与自然交汇的中间地带。通过吸收环境伦理学和社会生态学相关观点，以变革生态批评范式的姿态登上历史舞台，推动了生态批评的社会转向。中期，环境正义生态批评关注跨文化对话、自然复魅和民族志研究，开始成为环境正义文化研究的导航仪，开展了系列环境批评实践，尝试规划本土共同体发展蓝图，丰富了生态的种族维度。当下，环境正义生态批评继续反思人与地球、人与人同栖的途径，探索处所意识与星球意识的关系。它倡导人类超越自身局限，进行一种“倩女离魂”式的跨文化阐释，走入对话双方的中间地带，注重本土性的回归，利用对方的“前理解”，垒筑本土共同体。

人类若自以为是地享受着作为高级物种的荣光，蓦然回首，我们会发现自己处于十分危险的境地，而不知沦入这步田地的缘由。环境正义生态批评关注人与非人、自然与非自然、主体性与他者、正义与非正义之间的边界问题，重视自然的主体性和人类主体性的论证。环境正义修正论者所尝试修正的不仅是人类与其他动物、植物、真菌、微生物的服务与被服务关系，也包括人类社会的二元论主客、本位关系。他们为弱人类和弱自然物种环境发声，关注人与自然物的交互主体性关系，倡导超越自身利益，将利他思想上升至“利生态整体”。环境正义生态批评从生态整体主义的角度，说明应对生态危机需要全球通力合作，跨越种族和民族的边界，开启了多元文化生态批评的新时代。

第四章　从环境正义生态批评到多元文化生态批评

在环境危机肆虐的时代，我们亟须重新确立一种具有现代价值结构的新型生态伦理(Bate, 1991:11)，环境正义生态批评为构建这种新型生态伦理准备了前提条件。悟以往，知来者。生态批评历久弥新，以环境正义思想为导向，环境正义生态批评开始走向一种多元文化生态批评。澄明由正义向多元的内在逻辑，有利于重申生态批评的初衷和旨归：促进环境正义，推动人与自然关系的修复；重视文学想象的力量，缓解生态危机，建设生态文明。

第一节　从正义向多元的内在逻辑

环境正义生态批评以变革传统生态批评的姿态出现，消弭人与非人类他者、文化与自然等主客二分界限，探究环境不公正现象的思想文化根源。环境正义生态批评将美国印第安口述传统及其中的本土元素作为观察工具，站位于自然与社会、不同主体、不同文化的中间地带。从学理上来看，环境正义生态批评奉行本土世界政治(indigenous cosmopolitics)理念，尝试丰富生态视角的文学研究，追求本土传统文化的共生共荣，探寻缓解人与自然的对立、消除生态危机、建构本土共同体的途径，开始走向一种多元文化生态批评。

一、牺牲地带：与官方景观对峙的本土景观

印第安人的本土景观(vernacular landscapes)面临着官方景观

(official landscapes)的挑战,也即,印第安人作为美国的边缘群体,通常面临严苛的自然和社会环境的双重挑战。主流社会往往会充分发挥叙事的作用,塑造异文化野蛮形象,继而以正义、文明教化之名,突出自身地位的合法性和不容侵犯性。然而,本土景观把过去与现在相连接,记载着部落的文化,融合自己的叙事,傲娇地与官方话语对峙着。亚当森曾以芭芭拉·克里斯蒂安(Barbara Christian)关于多元世界的重要性的表述作为题注,重新定义"理论":有色人种的理论常以叙事形式呈现(Adamson, 1992)。简单来讲,本土景观记录着体现生命价值的生活方式,联结过往历史与当下现实,尝试打破官方景观对意识的禁锢。在特定的文化语境下,以印第安为代表的本土景观与以白人主流文化为代表的官方景观的对峙经历了漫长的过程。

第一,官方景观对本土景观的肃清现象。①现代化常被认为是官方话语肃清本土景观的表现。此处的本土景观,主要是指以美国印第安原住民部落为代表的原始风土民情和作为家园的外部自然环境,这是一种鲜活的、亲密的、具有生命原力和文化的景观,比如奥德哈姆族的巴托奎瓦里峰或南图森的一个天主教堂。此处的官方景观主要是指是攫取式(extraction-oriented)资本主义思想引导下的人造景观,通常由政府、企业等主流构造的文化载体……对于印第安原住民学生来说,当他们步入棕榈成荫的校园和商场时,这些政府或公司建设的基础设施是他们经常接触的"官方景观"(Adamson, 2001:89)。攫取式官方景观通常与攫取式资本主义粗放型的发展模式关联,以无限消耗自然资源的形式,完成的生活基础设施建设。在当代美国,有一个关于官方景观压制本土景观的典型例子:墨西哥裔美国人曾在靠近圣克鲁斯河的亚利桑那图森市河岸种植参天的白杨,来遮蔽沙漠赤热的阳光。现如今,图森市的地下水多用来维持由官方建造的游泳池、高尔

① 约翰·布林克霍夫·杰克逊(John Brinkerhoff Jackson, 1862—1920),美国历史学家、作家、文化批评家。他将风景文化诠释为包括停车场、拖车营地和高速公路等人类设施活动在内的官方景观。

夫球场、校园的正常运行，地下水位急剧下降，河流和棉树林也随之消失。印第安奥德哈姆部落也不能以在旱谷中种植的玉米为生，墨西哥裔美国人的住宅地和种植园也已被迁走，取而代之的是高耸的图森会议中心和盘桓的州际高速。

这种现象有着深远的社会及教育渊源：自笛卡尔始，欧美教育系统普遍支持官方景观建设。受过教育的文明人似乎必须将本土景观与官方景观区别开来。这种官方景观对本土景观的肃清现象不仅局限于现代生活基础设施对边缘人群“原生活”空间的挤压，其深层原因存在于美国主流社会对于边缘本土文化的肃清现象，以官方叙事或官方话语，彰显自我文化不可比拟的特权。

第二，本土景观价值的“失位”与再现。顾名思义，失位是指未能享有其应得的声望和地位，由于各种原因，身份被错置的现象。区域民族传统和现实生态现象的纪事和传说具有与人类活动紧密相连的文化特性（Adamson，2001：70），将本土裔文学作为文化批评的对象来解读（Adamson，2001：94），可以发现官方景观作为主流的思想，以绝对社会地位剥削着少数族裔的话语权，导致了本土景观的失位现象。在《本土文学，多元自然主义和阿凡达：本土世界主义的诞生》（2012）中，亚当森曾详细介绍了 2006 年发生在秘鲁的原住民抗议运动：该运动以山、矿的主体性为由，反对当局开设矿山进行资源采集活动。在原住民看来，他们赖以生存的“山野”并非简单意义上的土地、山林资源，更是一种圣灵和精神支撑的存在。的确，地方不仅是人的避难与呵护场所，还是血缘关系及其他社会关系的纽带，是人心灵的栖息地（段义孚，2017：38）。

以此模式，本土景观是人们生态无意识的体现，既是承载主体处所意识的自然风景和区域自然景观的反映，也是风土人情和人类精神的庇护场所。然而，在强势的官方景观发展势头下，印第安人从被驱逐出家园，到被迫学习英语。所谓的正统教育最终阻断了他们与传统文化的联系，直至本土景观彻底失声。《狼歌》（1995）中吉姆舅舅被隔离在寄宿学校的成长经历，与他在临终之前向开发家乡土地的跨国公司的机器“开枪”这一极端的表达，就是对主流官方景观对本土景观肃清活动的极端反应。然而，吉姆舅舅作为时代之流中的个体，在反抗伐木、采矿等官方活动时，已然感到力不从心，他将希望寄予下一代，却遗憾死前没能“传授给侄子汤姆更多的知识”（Owens，1995：5），汤姆承载印第安人重塑本土景观的期冀，充当着部落文明的保护者，却不得不以一种近乎“恶作剧者”的滑稽姿态苟活世间。或许，能够缓解本土景观与官方景观对峙现象的解药在于“中间地带”，如《狼歌》（1995）中拯救汤姆的白人巡逻员所言：这是你的原野，但是它同样也属于我。白人和印第安的区分并没有那么鲜明，就像部族之间的区分一样，并没那么紧要（Owens，1995：173）。

二、 两可之间：被恶作剧者挑战的正义规则

法有可采，勿论官方或本土、主流或边缘。生态批评直接介入并广泛参与到社会公共领域，关心起环境正义问题，以及自然和文化的边界问题。学界开始意识到“人类与非人类、文化与自然的本体论区分是有问题的”（郑少雄，2013）。多物种民族志学者（Multispecies Ethnographers）秉持人类、动物和性灵（Spirits）同属一个世界的认知，认为这些感官、外形各异的物种与人类构成了多元自然世界（Adamson，2014：173）。然而在现实生活中，异文化他者常被视为一种离经叛道的主体。然而，所谓的离经叛道，是离了谁的经，叛了谁的道？从多元文化视角审视地方与全球、自然与文化的关系，我们肉眼所见的自然风景，以及本土礼仪、人情等看不见的景观，就都有了意义。

亚当森在《为何熊是思考的对象且理论不会扼杀它》（1992）沿袭着传统文学分析方法，尝试打破人与非人类物种界限。她批判地继承了列维·桑特劳斯所说的“思考的对象”（good to think），将思考的主体从“人”转移到“熊”，将熊上升为“恶作剧”主体。值得一提的是，在

结构人类学图腾研究范畴，动植物是作为人类的思考对象而存在的，即桑特劳斯称之为“思考的对象”。然而，从多物种民族志视角来看，人类与其他物种之间是一种共享生态和社会空间的关系，侧面反映出人类对如何认识自身以及对生态环境变化的焦虑(郑少雄，2013)。

在特定的文化语境下，恶作剧者形象体现了一种主体从正义到多元的诉求变迁过程。在美国西部文化中，北美郊狼一直作为一种典型的恶作剧者形象出现。作为一种在美国西部常见的大型食肉动物，郊狼狡猾凶残，却又充满智慧，它一方面给人类带来象征智慧和光明的火种，另一方面也使野火四起、森林毁灭。现实世界中，北美郊狼面临严峻的生存处境危机。20 世纪 20 年代，资源保护主义运动在全美盛行。资源保护主义者把灭绝大型食肉动物当做保护人类利益的手段之一(刘蓓，2006)，北美郊狼一度濒临灭绝。[①]北美郊狼的形象和处境与现实中的印第安原住民有着共通之处：主流文化为肃清地盘，驱赶、杀戮这些弱势的生灵，间接造就了一批玩世不恭、不畏权势的蹩脚智者形象。这些恶作剧者在历史的浪潮中踽踽独行，在跨物种的自我化和超现实性之间进行着博弈，最后形成一种世人笑我太疯癫、我笑世人看不穿的阿 Q 愚智生存哲学。他们在苦难、暴力和戕害中无畏地反抗着，追寻真相和美，而世界也开始成为他们表演的舞台。

恶作剧者之所以引起人们的重视，是因为在面临压迫之时，恶作剧者利用出奇的智慧，争取着生存的权利。在美国印第安文学中，恶作剧者的抗争史对应着印第安人争取平等生存权的抗争史，例如，欧文斯、杰拉德·维兹诺、琳达·霍根都曾在作品中刻画过狼的形象，它们集智慧、狡猾为一体，从不逆来顺受，却也避免正面冲突，它们不是历史的幸存者，而是用手段谋生存的形象代表。生存(survivance)补充了幸存(survival)的内涵：较之幸存，生存多了份承受和抵抗(邹惠

① 资源保护主义是从人类文明出发，以人的利益为标尺，制定与环境相关的政策。曾任美国国家总林务官的平肖(Gifford Pinchot)是“资源保护主义”思想最坚定的拥护者和践行者。

玲，2013）。印第安本土叙事中的恶作剧者形象实际上是对文明凋敝、正义消散、秩序岌岌可危景象的一种反讽，让人压抑地品咂出主体抗争社会不公和压迫的坚守和努力。

欧文斯的《狼歌》（1995）中的汤姆虽然不是典型恶作剧者，但是他布置炸药采取极端方式试图报复侵犯家乡圣地的荒野开发者，具备恶作剧者集智慧和桀骜等典型特征。然而，这种报复行动最终以灰溜溜地告别“赐予他性灵”的土地、开始流亡生活而告终。在汤姆布置炸药时，北美口述传统中常见的典型恶作剧者——乌鸦，“就落在离他不远的地方，呱呱地叫着，嘲弄着汤姆”（Owens，1995：3），当汤姆取出炸药时：“乌鸦歪着头看着他，黑溜溜的眼珠子透着智慧的光芒，也透着一丝丝疑惑”（Owens，1995：3），等汤姆放好炸药的时候，“七八只乌鸦激动地盘旋着，俯冲下来，嘎嘎地叫着”（Owens，1995：129）。在汤姆寻找“性灵”的过程中，乌鸦一直也扮演着引导者的角色。小说末尾，在汤姆放置爆炸物并逃入野外之后，一群郊狼由远及近，又由近及远，并不时地发出阵阵的嚎叫声。汤姆凭借力量和决心，摆脱追捕者，跨越通往加拿大的冰川峰，到达安全地带后，得到了狼性灵，重建了身份（张慧荣，2017：21）。

恶作剧者游离在不同文化的交界地带，以常人无法比拟的智慧，打破世俗与传统的规制，其反常态的行为模式是人们在重压下的反抗策略。它/他/她不遵守传统意义上的道德标准，具有反社会的人格且有进攻性（Barbara，1985：162），它/他/她搞恶作剧，却也是恶作剧的牺牲者。这些具有进攻性的恶作剧的实质可以概括为，为自下而上式的压迫，而产生的规避冲突的抵抗活动。在欧文斯的《狼歌》中，吉姆舅舅眼中的白人游客形象十分滑稽，他们穿着好笑的靴子钓鱼，而且仅仅是为了钓鱼而钓鱼，钓鱼却不吃鱼。白人游客将自然视为消遣的对象，贪婪地享受自然和边缘人群的服务。与之相对，对于祖祖辈辈生活在这片土地上的印第安人来说，人类离不开自然。人类作为万物生灵的一员，持一种“索取却不贪婪”的态度从自然中获取生存所需的物品。用吉姆舅舅的话来说，万物生灵只有四条腿、两条腿、天上飞、水里游的区别。也就是说，从朴素的印第安传统生态观视角来看，人类与自然确实是需要与被需要的关系，人类需要自然的给养，需要从自然中获取食物，人类与鸟兽虫鱼并无二致。印第安人所面临的最大威胁并非来自严峻的自然状况，而是攫取无度的人类资本积累模式。直白地说，自然有其运行规律，地球上每天都有不适应环境变化而灭绝的动植物，人类作为生态链中的物种之一，生态圈并不会因为人类的灭绝而崩塌，缺了人类这一环，只需要找出新的物种链接起来即可。换句话说，人类中心主义或白人至上主义价值观是狂妄自大的痴人之梦。正如《狼歌》(1995)中救过汤姆白人森林巡逻员格尔德所言，印第安人和白人的区分仿佛真的变得无关紧要，大家都是早出晚归操持着一小家的衣食住行，这片土地上的风景既属于印第安也属于白人。

透过上述论述，我们可以再次回到这个命题，何为正义规则，何为离经叛道？文明打着正义的旗号，肆意攫取自然资源，是遵循谁的经和道？客观地说，印第安本土口述传统中的恶作剧者迂回地为生灵抗争，尝试打破所谓的人类文明规制，甚至具有一定攻击性。但究其原因，这些恶作剧是主体面临着家园失守、传统凋零的残酷现实之时作出的反抗策略。在美国犹他州纳瓦霍印第安原住民保留区外，在旅行车上边赏景边擦免洗洗手液的游客，与成年累月居住在有毒废物安置区的印第安原住民，恐怕是现代社会中关于正义和多元的最好注解。随着现代商品经济走入印第安封闭式生活圈，纳瓦霍年轻一代操着不太流利的英语，向游客们兜售着低价的巧克力热饮。游客们乘着旅行车，一边享受自然风光，一边将喝完的空热巧克力盒扔进垃圾桶。在所谓的现代文明转筒的两侧，一侧的游客眼中的纪念碑谷风光美轮美奂，另一侧的印第安人承受的贫穷和污染如蛆蚀骨。于是，恶作剧者作为能够暂时超脱规章之外的形象，代表着一种别样的正义。恶作剧者以一种“扭曲”的形象表达着正义的诉求，试图以自我的方式，表达自己的思想意图。这种与"利整体正义"相悖的主体确实在现实世界真实地存在着。如何做到利用对方的"前理解",用对方的语言或对方听得懂的语言来表达交流的诉求,才能达到交流沟通的目的。也即,我们需要一种多元的视界,理解不同的声音。

三、全球地方:与本土视界汇通的多元视界

环境正义生态批评关注弱势人类群体在现实中所受的不公正待遇,环境问题诸如毒性物质、焚化炉、铀、油、铅矿污染等对弱势人类群体影响更为剧烈。当下的环境正义生态批评关注美国白人主流精英阶层的自然书写与少数族裔的自然书写的异同,探究种族和阶级视角下的生态批评流变,以及第一世界、第三世界国家的正义、可持续发展问题(Reed, 2002:150)。其研究客体从对个体、社区的环境正义现象的关注,逐渐开始扩大到国际环境种族现象范畴,逐步实现了本土与多元的视界汇通。

此处的"多元",首先意指印第安族群内部之间的文化多元性,又有泛称意义上的印第安文化与主流白人社会文化的多元局面。从泛印第安主义化视角,"多元"既包括印第安与白人社会的正义关系问题,也包括印第安族群内部不同主体间的正义关系研究。例如,在《灵力》(1998)中,主人公猎豹行为违背了主流社会的动物保护主义思想,在混合制学校遭到同学霸凌和抨击的现象比较容易理解。但是,主人公后来由于拒绝上交豹子皮,而遭到部落长老们驱逐的现象,说明环境不公现象不仅存在于不同文化之间,也存在于同一文化背景下的不同个体间。所以,亚当森的环境正义思想虽然起源于对印第安原住民所遭遇的不公正对待,也适用于世界范围内环境不公问题的分析。如亚当森所言,"可以将原住民的口述传统叙事作为一种观察工具,分析现代化社会的环境污染、人性泯灭、物种锐减、环境与社会不公现象,重新定义世界公民(world citizenship)概念"(Adamson, 2016:5)。

本土与多元视界的汇通具有重要意义,主要体现为:

第一，跨本土(trans-indigenous)研究的兴起。在《环境的想象》一书中，劳伦斯·布伊尔的重要论点之一即：环境危机涉及想象的危机，我们需要找到更好的方式来想象自然与人类的关系。依循这一逻辑，作家、教师就需要寻找富有想象力的环境作品，这些作品不仅应该囊括那些对自然概念有既成想法，更需要具有挑战既定的自然传统和公约的话语(Adamson，2001：19)。对于亚当森来说，在纳瓦霍的教学经历，使她明白：为什么美国印第安作家把他们富有想象力的作品放在充满神话和历史的嘈杂、有争议的景观中，而不是放在白人既定传统中的社会中；以及美国印第安作家关于"环境的想象"的重要性：在纳瓦霍族教学实践活动中，亚当森意识到，对于印第安学生来说，亚历斯、西尔科、厄德里克作品中的北美印第安人文化传统比其他主流白人作家的作品更易引起共鸣："在他们所写的文章和日常交谈中，经常将课堂所学与日常见闻结合起来"(Adamson，2001：25)，由此，亚当森意识从多元文化视角的重要性，并在接下来的近 20 年文学批评及环境人文实践中不断践行和完善这一原则。亚当森参与美国研究会(American Studies Association)环境文化研究分论坛(Environmental and Culture Caucus)创办之时，参与制定的第一条原则即："每一个小组必须有一位女性、有色人种，环境和文化研究需要聆听多元的声音"，这一原则历经数年，一直延续至今。[①]在理论和实践中，种族与环境相互关联，对种族或环境的压迫不可只谈其一(Curtin，2005：145)。

亚当森之所以重视本土文化生态，其根本原因在于"本土文化中包含的宇宙论、故事和符号等，是世界上现存等最古老的文化之一"(Adamson，2016：5)。而关于跨本土的相关研究，也是多元文化研究新的表现形式。维客·艾伦(Chadwick Allen)通过对比看似毫不相关的本土区域文化，论证"跨本土研究视角有利于远离白(男)人至上

① 美国研究会环境文化研究分论坛：https://www.theasa.net/communities/caucuses/environment-culture.2019 年 12 月 23 日。

论、昭昭天命论等论点"(Allen, 2012),实际上,所谓的跨本土研究,即在多元视角下对本土和世界之间的联盟和合作关系可能性的探索。

第二,"走入有争议的区域"(into contested terrain)(Adamosn, 2001:26)。随着全球化趋势的蔓延,亚当森所言的"有争议的区域"的边界和范围都在延伸。"中间地带"概念强调改变世界的前提是聆听来自不同世界的声音,发掘看不到的风景。美国主流社会以一种内部殖民式的形式威胁着印第安人的家园:忽视原住民生活方式、宗教信仰等传统遗产,以主流景观来定义他们眼中的景观,将其家园荒野化。于是,以印第安部落为代表的多个少数族裔社区成为有毒废物的安置点:美国北卡罗来纳州卡伦社区的环境正义运动,反对在黑人社区倾倒有毒废弃物;然而,却鲜有人质问:这些有毒废弃物最终又流向了哪里?毫无疑问,经济不发达的第三世界国家。可以说,种族压迫和征服自然是相互关联的(Bate, 2000:89),环境种族主义的本质并未改变,只是环境正义现象已经转化为一种国际性的环境不公正现象。

多元文化生态批评以"多元"为透镜,提倡走进有争议的地带,探寻治愈生态帝国主义的良方。将"有争议的区域"的范围延展开来,历史回溯至后殖民主义时期:英、美、法等发达国家曾借助发展之名,在落后的非洲国家开采自身经济需要的石油和天然气,在太平洋岛屿建设核电站设施,在加勒比海地区的捕猎活动等,严重影响到当地生态现状(苗福光,2015:80—81)。土地、动物以及其他资源是主要被争抢对象,掠夺来的动物和土地资源成为帝国主义和种族主义意识形态生发的物质基础。这么说来,"人类世"作为形容人类对环境造成恶劣影响的说法,"欧洲世"(europocene)较之更为贴切。可以说,当今环境问题是攫取式资本主义发展的结果,第三世界居民深受其害的同时,也未能享受到其物质成果。以印度为例,就人均消费量和碳排放量来说,印度居民的自然消费基数远不及欧美发达国家的几十分之一,但是印度的自然和生存环境十分堪忧。确切来讲,除却印度人口基数大这一原因之外,他们面临的严峻环境问题实际上与西方发达国家的发展密不可分:以印度博帕尔市毒气泄漏事件为原型的小说《据说,我曾经是人类》(2008),其主题之一即控诉跨国公司在印度的"先污染、不治理"的可耻行径。

综上,亚当森从对西蒙·奥提斯、厄德里克、琳达·霍根关于自然荒野的书写,考察以阿克玛印第安人为代表的本土生态思想关于传统劳作和荒野关系的定位,提倡"从白人/印第安人,社会/荒野的传统思维固式中退出来,用心去感受文化与自然的中间地带,与反剥削的环境保护者一道建立保护弱人类和环境的权益同盟"(Adamson, 2001: 53)。从环境正义视角对生态批评完成修正之后,环境正义思想开始以未来生态批评理论前沿的姿态占据鳌头(Reed, 2002: 145)。藉由此,跨国别、跨文化的种族主义现象作为新的环境非正义形式,开始引起人们的关注,生态批评出现跨文化转向,亟需本土与多元视界的汇通。

第二节 多元文化生态批评的根基

粉色的海豚/柔化了人们眼中的愤恨(Galeano, 55)。这是美国当代诗人卡洛斯·加莱诺《粉色海豚》一诗中的句子①。亚当森曾以此诗作为开篇,分析环境正义、世界政治和生态危机的关联:尊重多元物种的平等正义诉求,关注多元文化背景下的环境正义现象,秉承本土世界政治观,对缓解生态危机应有裨益。概言之,本土世界政治观和多元自然主义共同构成了多元文化生态批评的理论根基。

一、 本土世界政治观

本土世界政治(indigenous cosmopolitics)是环境正义生态批评的

① 胡安·卡洛斯·加莱诺(Juan Carlos Galeano),诗人、制片人,佛罗里达州立大学教授,研究方向为拉丁美洲诗歌、亚马逊流域文化。文中涉及加莱诺的诗歌均来自其诗集《亚马逊河》(*Amazonia*, 2003)。

精髓。世界政治(cosmopolitics)拆分成两个部分:世界(cosmos)和政治学(politics)。亚当森在《环境正义、世界政治与气候变化》(2014)中,结合对加莱诺的诗歌《粉色海豚》(2003)中海豚意象以及纪录片《树木有母亲》(2008)中森林之母帕卡妈妈意象分析,阐释了本土世界政治观的概念内涵及与环境人文实践的关系。一方面,本土世界政治观关注世界的组成形式及文化间藩篱的消解现象,本土即世界,家园即世界。另一方面,本土世界政治中的"政治"强调本土世界观与实践的关联,即本土世界观对现实人文实践的影响作用。

印第安人通常将人类自我、森林、土地均视为生态整体的一部分,反对统一性、一元论、一致性、自我至上的资源保护主义式思想。①实际上,"故事"作为本土世界观的载体,为人们提供了约定俗成的道德规范和行为准则。不仅限于北美印第安部落,世界其他地区的本土口述传统或神话中关于动物、植物、半人半物的叙事均具有现实意义。对于当代原住民和少数族裔群体来说,这些反映他们本土世界观的叙事,既是他们祖先与家园的生存和发展史,也潜移默化地塑造了本土居民的世界观和价值观,进而影响他们的行为方式。通俗来讲,一方水土养一方人,一方人有一方故事。值得一提的是,在北美印第安部落、拉美亚马逊原住民的本土世界观念中,文化、法律、经济和生态并非界限分明,而是相互渗透的关系。

此外,本土世界政治观基于本土、又不局限于本土;解构人类中心,又不矫枉过正地走向生态中心。观察工具概念与本土世界政治概念紧密相连。在本土世界政治观指导下,生态批评家和活动家以区域民族叙事为观察工具和参考档案,将记载着地方风土人情的区域民族叙事作为观察工具,全面了解人与繁星、动物、土地、植物间联系。区域民族叙事往往记录着全球范围内在地化的环境现象,让人类得到了

---

① 资源保护主义(Conservationaism)思想仍认为自然物质的主要价值在于能够为人和经济发展而服务,所谓的"保护自然",其根本目的在于延长森林、土地等资源的服务寿命。

此生没办法真实经历的历史跨度,延长了人类的时间视域(Adamson, 2014:174)。

实际上,本土世界主义观与本土世界政治观是两个截然不同的概念,前者是本土裔居民看待世界的视角,后者源自法国当代著名哲学家、社会学家、人类学家拉图尔提出的针对“世界主义”(cosmopolitan)的“世界政治”(cosmopolitics)概念。世界主义源自 Kosmopolitês,希腊词汇原意为世界公民,追求整体、统一,强调走出世界的局限。世界政治概念表现全球政治区域划分和国际政治关系。以“世界政治”概念加之对本土性的强调,合成的“本土世界政治”概念,注重世界各区域传统文化的记载对当下环境人文实践的影响作用。多元文化视域下,亚马逊口述传统中会变身的海豚、“水域之母”的萨查妈妈、“大地之母”的雅库妈妈均有着特殊的含义,可谓是承载着乡土记忆的磁盘。可见,记录本土传统的口头或书面研究材料,自然可以作为关注某一区域生态状况的档案,从历时维度记录了原住民的本土世界主义观。

上世纪末,美国人类学研究中心曾在北美、南美、拉美和加勒比地区大量搜集此类“档案”,为后续的文学创作和批评提供了大量素材。厄德里克、西尔科等人的作品常借鉴有关于此类报告中所记载的事件的叙述。值得一提的是,时至今日,美国高校图书馆中仍可检索借阅此类报告。这些关于本土世界生态的地方档案为公众参与了解部落发展史,争取环境正义权益提供参考,例如美国印第安部落甚至藉此在美国国家法院和州法院提起过土地诉讼(Adamson, 2014:173)。

在近几年的研究中,亚当森注重世界不同文化背景下的本土传统生态观对比研究,例如,在《古老未来:美洲土著和太平洋南岛作品中的流散生活与食物知识体系》(2015)中谈及其在“(中国)台湾本土美国文学研究小组(NALT)”活动。她与黄新雅一道,基于对北美当代印第安本土裔文学作品与台湾南岛族部落诗人和小说家的现当代文学作品的分析，以食物正义为主线，深入南岛部落了解居民面临的食物正义问题。在《集荒漠于城市实验室：规划城市环境人文》(2017)中，亚当森系统介绍了在菲尼克斯以椰枣为文学观察工具构建"城市人文实验室"的具体举措，尝试通过挖掘"椰枣"这一具有亚利桑那地域特色的食品社会文化内涵，文学、文化研究、环境研究的"中间地带"，推进理论研究学者和环保活动家之间的持续对话，关注去地方化后弱势群体的正义问题。

环境正义思想弥合了生态中心主义与人类中心主义的鸿沟，弥补了深层生态学对人类与自然关系的"矫枉过正"的弊端。①多元文化生态批评追求的是一种嵌合的、多元的、存异的生态共同体，其重点不在于掌控、收编他者，而是强调"存异"和"生态"，克服种族歧视、排除异己的高压殖民思维，探寻解决文化互斥的途径，走向一种多元化的生态文化批评。

二、 多元物质主体性

多元文化生态批评倡导一种多元自然主义观点，强调以对自然负责的态度实现与自然的和谐栖居，站位于人类中心主义与生态中心主义的博弈的中间地带。强调多元物质的主体性，是多元文化生态批评的理论根基。

第一，批判地继承深层生态学。奈斯(Arne Naess)最初结合东西方传统文化精髓，集合传统和现代理念，追求一种生态改良路线：尊重各文化多元性，就人类与非人类的主体性问题与古希腊哲学中的传统

---

① 深层生态学批判人类中心主义，主张将非人类主体的环境纳入考量范畴，尽管在理论上存在缺陷，但其在生态批评领域的地位不容忽视。深层生态学肯定非人物种的生存、繁衍的重要性，维护物种多样性；但是，由于受到激进主义思想(Radicalism)影响，深层生态学陷入从人类中心主义(Human-centred)向自然中心主义(Nature-centred)的逆流漩涡，对人类中心主义的完全批判，忽视具体社会形态、经济发展阶段、人们生存环境等具体问题；甚至将非人类生命体的位置于人类之上，在某种程度上违背了生态中心主义的平等原则。

人类中心主义博弈。①深层生态学的主要观点包括：反对人与环境对立思想，以理性整体意象取而代之；生物圈平等主义；多样性和“人与自然”共生原则；人类的生命福祉与人口数量有关等。深层生态学主张的生物中心主义和保护荒野原则，对人类中心主义的改良几乎回归到了自然至上的原则。深层生态学视为一种激进的环境主义。它“主张生物中心主义、保护荒野、提倡东方文化和鼓吹东方精神生态学”（蔡振兴，2019：8），曾遭到社会生态学和生态女性主义者猛烈的批判。多元化和多元文化主义均是多元自然主义的一个分支，人类是多元自然主义的重要组成部分，而不是对立元素。

第二，关于物质主体性的再探讨。继深层生态学逐渐式微，关于物质的探讨开始成为近十余年的热点，再次将多元主体性推向了生态批评的中心。在伦敦大学“思辨现实主义”国际会议（2007）上，昆汀·梅亚苏（Quentin Meilassoux）、伊恩·格莱特（Iain H. Grant）等一众学者发展出物件（体）导向哲学（Object-oriented Philosophy，简称OOP），尝试从不同视角探索物的形而上学或本土论，探索走出康德（Immanuel Kant）“物质自我”（thing-in-itself）的不可知性的路径，让物或非人的角色、功能、关系和意义的探索能开展出新的向度（蔡振兴，2019：164）。蔡振兴随之将关于“物质”的研究归结为新物质主义（new materialism）、辩证唯物主义（dialectical materialism）、思辨物质主义（speculative materialism）、机器导向本质论（machine-oriented Ontology）、行动者网络理论（actor-network taheory）、物件导向本体论（object-oriented ontology）等类别，然而，不管是主张物有能动性的新物质主义，还是以远古论证明物质先于人的感知而存在的思

① 传统人类中心受基督教哲学影响，认为上帝根据人的需求创造了自然界，自然万物皆应为人所用。这种人与自然的不平等二分法为人类掠夺自然资源正了名。15世纪的文艺复兴运动更是将人类抬升到至高无上的地位，认为人是唯一有灵魂的自然主人，其他生命体均是臣服于人类的存在。这种传统意义上的绝对人类中心主义是一种极端利己行为。可以说，传统人类中心是美国资源保护运动的思想根源。

辨唯物主义，其核心都是关于“物”的主体性的探讨。亚当森曾在《玉米之母一类的集合物：北美推想小说和电影》(2015)中分析了小说《沙丘花园》(1999)和微电影《第六世界》(2011)中的纳瓦霍母玉米意象，探讨物质先于人类感知而存在的思辨唯物主义观，尝试重构人与非人之间的多元存异、各表一枝的关系，就像纳瓦霍未受转基因玉米污染的原生玉米一样，有着脱离人类的自我存在性和价值。

第三，将“弱人类群体”的主体性缺位视为多元文化间的环境不公正现象的根源。20世纪以降，资本主义以自由和进步为名，换了一种剥削自然和压迫边缘人群的形式。从明目张胆地对以印第安人为代表的边缘人群进行驱赶和抢掠，摇身一变为以文明之名实现共荣。对自然的主宰不可避免地涉及对人的主宰(Horkheiber，1974：93)。于是，主流社会通过强制教育摧毁他们自身的主体身份，一面强迫印第安少年进入寄宿制学校，学习主流语言与文化；一面在他们的土地上开发铀矿、煤矿，将其家园视为文明缺席的荒野。乔伊·哈尔约(Joy Harjo)在诗歌《致埃尔瓦·本森和那些已经学会说话的人》(1985)中控诉了欧裔白人对于印第安文化、传统和生活方式的约束和困索；无独有偶，托赫(Laura Tohe)的诗歌《什么染红了地球?》(2005)中描写了白人抢占印第安人土地对他们粗暴的杀戮和驱逐。如今，资本主义生产方式以发展之名，更换着新殖民主义的伪装形式，仍服务于西方的经济、政治利益(Huggan，2015：27)。

欧美第一世界国家主要是通过攫取式资本主义发展模式完成早期的资本积累，在他们进行采矿、石油开采、天然气开采、伐木、垃圾倾倒等有不可持续的活动时，往往“忽视了以印第安原住民为代表的弱人类群体的土地权益、传统文化、宗教信仰、生活习惯甚至本土医药知识和社会结构；忽视了生物多样性、原住民的健康权，最终毁灭了原住民赖以生存的土地、水体和家园环境”(Bakker，2007：317)。

亚当森以区域本土叙事中反映的民族传统为观察工具，分析弱人类群体的主体性缺位现象。然而，从多元文化视角关注“弱人类群体”主体缺位现象可以发现弱人类群体也有许多危害自然的现象。例如，西尔科、厄德里克、霍根等人的作品中有许多关于印第安部落“猎豹”“捕鲸”特权的描写；阿莱诺的纪录片《树木有母亲》(2008)中关于秘鲁亚马逊地区居民猎杀海豚的场景，说明原住民既是工业污染的受害者，但也扮演着破坏环境的刽子手角色。在中国电影《可可西里》(2004)中也有关于弱人类群体危害生态的场景：捕杀藏羚羊的盗猎者有一群集狡猾和质朴于一身的藏民帮凶。然而，靠天吃饭的藏民帮助盗猎藏羚羊的根源是气候不佳、牧草不长、牛羊不肥，不杀藏羚羊，人就得饿死。国家在可可西里设置了藏羚羊保护区，对当地住民给予经济扶持政策；从多元文化生态批评角度来讲，该类扶持政策即重视自然物和人类主体性的表现。

三、 争议地带多元性

亚当森采用叙事学术写作方法，以讲故事的形式，践行变革生态批评的思路，走入争议地带(Adamson, 2001:26)。她曾结合在圣西蒙和塞尔斯一带遇到北美郊狼和在美西四月氤氲的山毛榉气味中冥思的经历，论证文学想象的力量，关照自然与人类社会的交互关系。生态危机可以说是一种由于想象匮乏而导致的时代危机，人们由于缺乏对自然的敬畏，才会肆无忌惮地行尽自毁之事。亚当森所言的“走进争议地带”，实质上也是一种摒弃自我执念、了解不同主体正义诉求的主张：从代内正义层面，人们在改造自然之时应该尊重同代人的环境权益；从代际正义层面，要尊重子孙后代的环境权益。在白人与印第安人、主流社会和原住民思想的争议地带，将伦理共同体范畴延至“大我”，将环境正义触角伸至非人类自然物。这种对争议地带多元性的强调，既是对利奥波德(Aldo Leopold)、汤姆·雷根(Tom Regan)、阿尔伯特·史怀泽(Albert Schweitzer)、阿伦·奈斯(Arne Naess)关于人类和自然关系论断的延展和补充，也表现出一种新的尺度并置伦理。①

印第安文学是以自然为导向，与人类生活经验结合，是饱含生活和自然气息的文字，展现了文化和自然交融的中间地带景观。亚当森曾以泽佩达的诗歌《海洋力量》(1995)主题为例，说明印第安原住民能够通过空气中雨水的味道，联想到采摘仙人掌果的活动，以及丰收庆典上的仙人掌酒的美味。沙漠，是印第安原住民的家园；妇女们采摘仙人掌果的杆子，在印第安人的想象中成为将其拉下云层的工具。他们在沙漠中出生、劳作、求学、采摘仙人掌果，他们也在这里死去，然后葬在铺满山毛榉的墓穴中。②印第安作家将具体环境现实与古代神话传说、民歌和叙事结合；他们脚下的土地确保他们可以从人类活动中退出来，得以细致观察动植物和人类活动的地方。他们的写作体现了一种交错式(chiasmus)跨越疆域的思想：文化中有自然，自然中有文化。

正义和多元的视角是主体走进争议地带的前提，他能够确保我们社会向满足人类基本需要和提高人类生活品质的目标前进。也即，设身处地地拒绝让任何群体承担毒性物质、焚化炉、铀、油、铅矿污染等危害。因此，多元文化生态批评关注美国白人主流精英阶层的自然书写与少数族裔的自然书写的差别，丰富了生态批评的种族和阶级维度。第一世界和第三世界国家的正义、可持续发展问题，以及具有本土性和异质性特征的生态元素，开始成为在争议地带讨论的重要主题。垒筑“本土共同体”，构建适于各表一枝的本土生态话语对话平台，成为多元文化生态批评的基本诉求。聆听不同民族文化间的声

---

① 关于尺度并置，除上文简介外，可以参照本书附录“施朱莉访谈”中关于“尺度/范围”(Scale)的论述。更多详见施朱莉在亚当森主编的《环境研究关键词》(2017)中的章节“尺度”(Scale)。

② 沙漠中数十米高的仙人掌树，通常需要人擎着数米长的杆子采摘果实。仙人掌果成熟的季节，恰逢沙漠雨季，由此，印第安人常从采摘仙人掌果的活动联想到“拉下云层”。参见上文中关于泽佩达在诗歌《拉下云层》(Pulling Down the Clouds)中对印第安原住民古老饮食文化、生活及丧葬活动的叙述。

音，重视文学想象辅助完善社会制度和法律规范，减少霸权论述对边缘群体声音的消解现象，成为走入争议地带的根本旨归。具体说来，尺度并置是在环境正义思想指导下走入争议地带的根本旨归，主要体现在注重民族性及阈限性元素层面：

首先，民族元素是“尺度”，重视民族元素是实现尺度并置的基础。传统民间传说惯用有乡土感语言，由点及面，辐射全局，地方概念并不只是与地理学相关的概念，它与光线、声音和人类本土文化经历紧密相关，是人文化的地域空间。采用由地方到全局的生态叙事弧，以地方化的本土区域语言为特色，将处所意识融入叙事，形成承载着本区域文化、历史印迹的语言风格。随着人类世时代到来，全球化语境中的各民族的传统思想和生活方式虽然会面临巨大挑战。当经济思维和工业文化攻城略地之时，垒筑本土共同体有助于继承和保持传统民族文化的优势，避免现代化带来的负面影响。不同于生态世界主义思想构筑普适性理论同时兼顾民族文化差异，“本土共同体”是在分析少数族裔民族元素的基础上，注重生态整体性。以生态整体性的目标进行自我族群文化传承活动。

其次，本土文化间的阈限性要求尺度并置原则。尺度并置概念是对阈限思辨的升华，关注区域文化、民族传统介于之间和居间的状态，探索文学批评理论对现实生态实践的导向作用。尺度并置有利于超越区域文化、民族传统介于之间的“阈限”关系，用眼睛适应黑夜的意象形容这一过程最为适合：深夜若位处光亮的室内，如黑洞般漆黑室外不免会令人悚然；但是，若能够保持适应不同尺度的心态，穿越明暗交替的中间地带，等眼睛适应黑暗之后，斑驳树影和月光亦会有一番韵味。

尺度并置是到达阈限、实现共通的途径。然而，人类文化与环境紧密相连，与现实世界之间是影响与被影响的交互关系（Glotfelty, 1996:78）。实现本土与世界的对话、汇通而不融合，是多元文化生态批评的基本旨归。亚当森在《环境正义、世界政治和气候变化》(2014)一文中，曾以加莱诺的《树木有母亲》(2008)中的原住民叙事说明本土文化与现实的关系：原住民男孩失踪事件，在原住民叙事中被视为自愿选择去往海底与粉色海豚共同生活，还给母亲送来一袋金子。亚当森从文化分析视角，将"以金子换儿子"作为控诉资本主义生产方式搜刮亚马逊资源的叙事原型：现代人贪婪地开采亚马逊地区的矿物、森林、黄金、可卡因和橡胶，掳走地球母亲最珍贵的"孩子"，并以"黄金"来慰藉她。概言之，失踪男孩、粉色海豚的本土故事为审视环境提供了新的尺度，再现了化学物质投放，过渡渔猎，水源污染，贫穷而引发的多元文化、多元民族、多元物种间的复杂关系(Adamson, 2014:180)。

第三节　多元文化生态批评的价值

多元文化生态批评为我们提供了一种跨学科、参与型、跨文化的学术研究典范，将美国研究、种族研究、生态批评和环境正义研究等联系起来。生态批评不要纠结于不同文化中关于 Environment 的词义是否对等的问题，而是开始跨国别合作，弥合分歧(Buell, 2011:107)。多元文化生态批评提倡多元主义(Plurialism)，致力于将本土文化置于国际框架中，探索重建人与自然和谐关系的途径，标志着本土世界政治时代的到来。

一、幽暗环境的多元之光

多元文化生态批评中强调的"多元"，其第一层含义即人与自然互相给养的交融关系。莫顿曾提出幽暗生态学(dark ecology)和环氛诗学(ambient ecology)，他认为，正确的伦理行为是去爱这个世界本来的样子，而不是去证明所谓的自然性和本真性(Morton, 2007:195)。幽暗生态学批判浪漫主义者对自然纯粹性的追求，但它过于注重人与自然之间的天然间隙，以至于认为人无需为自然言说，最终指向一种人与自然各自安好的无为思想。

多元文化生态批评以环境正义思想为基础，从多元视角看待深层生态学和幽暗生态学对人类与自然的关系问题：深层生态学常因对人类中心主义矫枉过正而为人诟病，因此我们需要小心处理人与自然之间的间隙，不然很容易走向深层生态学的另一个极端：过分自然和人类之间间隙，陷入反对自然精神化、审美化、人文化，产生对自然物能动性和神秘性的盲目崇拜。深层生态学夸大了人对自然的影响力，将生态裹挟至人类社会生活，倡导人对自然的人为关怀，甚至牺牲人类人口维护所谓的生态平衡，将人类放在了自然之外，倡导一种“去人化”的自然。这种生态观容易夸大自然自身的言说性和能动性，认为人类对自然的侵害大于人类权益。与之相对，莫顿的幽暗生态学认为，人看或不看，自然就在那里。对蟾蜍和天鹅进行的所谓美与丑的定义，都只是人的审美折射，人类制造的垃圾，也是自然的一部分。

当我们联想垃圾/排泄物最终走向的时候，我们的世界也跟着颤抖(Morton，2007：1)。莫顿以环氛替代环境，强调在自然中保持自我与自然的距离。这么说来，华兹华斯、雪莱、梭罗的回归自然实际上都是客体化自然的行为，他们关于自然的浪漫描写，实质是一种人类一厢情愿地巴结自然以保持亲密关系。这种将自然浪漫化与荒野化自然的做法有何二致？荒野化将享乐主义和消费主义奉为圭臬，为消费主义披上自然本真性和神秘性的外衣(Garrard，2004：71)。深层生态学过分强调融入自然，以至于放弃了自我。幽暗生态学确实有的放矢地击中了梭罗式浪漫自然派的要害，重视“自然而然发生在主体身边的事儿”(Emmanouil，2014)。但过分地强调“去自然”，容易忽视自然主体性和人类主体性。我们需要一种更具建设性的生态立场，而非流连于激进的生态乌托邦(张进，2018)。

多元文化生态批评在处理人与物的正义关系层面更为小心，更具理论系统性和反思性。正义，既是自然的正义，也是人的正义。人与自然最理想的关系，是如中国水墨画一般，炊烟袅袅入云端，行云流水入村落，你中有我、我中有你，和谐共存(Adamson，2019)，既承认物的施为能力,又承认人能够通过劳作与自然建立关系。多元文化生态批评从"劳作"视角切入人与自然,为幽暗的环境燃起了一缕烛光。幽暗生态学不避讳谈及环境氛围中的污秽、肮脏的阴暗面,以及不同疆界间重叠的灰色地带或有悖于人伦文明价值观的现象(Morton, 2007:157),幽暗生态学视角下的世界如佛家所言:成住坏空,生老病死,不断轮回。光怪陆离的人类废墟,罗马斗兽场上的苔藓,都是环氛的一部分。从幽暗生态学视角来看弗兰肯斯坦式的科学怪人:既然他不可能像神话故事中青蛙一样变成王子,那我们就只好承认他作为神秘他者的存在物。幽暗生态学的本质是忧郁,而忧郁的心理学动因实质是拒绝接受。所以,幽暗生态学虽承认包括毒气、毒物、垃圾(废弃的电子产品)在内的贱斥物的存在,却拒绝将它消化,然后排出体外(张嘉如,2013:50)。不同于昆德拉对 Kitsch 一词汇的积极解读,莫顿将 Kitsch 归类为排泄物和令人作呕的物质,严格遵守其德语字面意义"垃圾""艳俗"[①]。与朱莉・克里斯提瓦(Julia Kristiva)的贱斥(adject)概念类似:"一种对认同、系统和秩序的扰乱,是对界线、位置与规则的不尊重,是一种处于之间、暧昧、掺杂的状态"(Kristiva, 4)。对于莫顿而言,生态艺术可以被理解为将贱斥物呈现出来的一种方式,艺术有责任将贱斥物暴露出来(张嘉如,51)。幽暗生态学呈现贱斥物并与之共存的思想不同。

多元文化生态批评从"正念"角度看待幽暗生态学定义的肮脏物、贱斥物现象,思考这些贱斥物的来源和去向。从正义视角,观察边缘弱势人群与这些污秽、垃圾共处的生存状况。1984 年 12 月 2 日,臭名昭著的印度帕博尔毒气泄漏事件震惊了世界,美国联合碳化物跨国公司(Union Carbide Corporation,简称 UCC)杀虫剂原料厂房发生毒气泄漏,导致 3000 多人死亡,另有 17 万人受到失明或呼吸道感染等永

① 昆德拉在《生命中不可承受之轻》中将 Kitsch 从其德语字面意义中解脱出来,认为 Kitsch 是对人类社会所有不被接受的东西的深恶痛绝之感。

久性身体创伤，20 多万人成为环境难民迁离家园。大街小巷尸横遍野，尸体腥臭久久不散，数十年后，仍有数十万人受毒气泄漏的后续遗留问题的影响。然而，美国政府对 UCC 公司总裁沃伦·安德森（Warren Anderson）和其他公司高管实行特殊保护令，当地居民投告无门，只能继续生活在这片被毒气污染的土地上。多年来，帕博尔新生儿畸形率和居民患病率居高不下。这起事件被印度当代生态作家英德拉·辛哈写进了小说《据说，我曾经是人类》（2008）。在受毒气侵染的“考普尔市”（以帕博尔为原型），从第一人称视角，以名为“动物”的印度底层毒气泄漏事件受害者的口吻，讲述了跨国化学公司对印度人民生活的影响：“动物”是一名出生在毒气泄漏事件前日的婴儿，由于刚出生就遭遇了毒气侵害，他的脊柱无法伸展开来，长大后也只能像动物一样爬行，经年累月，臀部成为全身最高的部位。“动物”虽然作为“人”这一个体，但由于本身的爬行姿态，受尽屈辱；“从人类的世界，本应从眼睛的高度来观看，可是当我抬起头，我却直视着某人的胯下”（英德拉·辛哈，7）。不同于幽暗生态学与贱斥物共处的心态，多元文化生态批评倾向于从环境正义视角挖掘这些现象的成因，揭露现象背后的环境种族主义事实。

幽暗生态学也关注空间和地方的关系，以及区域间的环境不公现象。小说的另一主人公扎法尔（Zafar）原是一名大学生，在民众中颇有威望：他偶然间了解到毒气泄漏事件，随后决定来到灾区代表居民向美国跨国公司讨说法。爱丽（Elli）是一个具有环境正义思想的美国女医生，扎法尔最初误会爱丽是美国跨国公司派来搜集情报的人员，所以竭力阻止民众前往爱丽的免费诊所就医。最后，在爱丽的帮助下，“动物”得到了去美国接受治疗的机会，可能终有一天能够像人一样直立行走。《据说，我曾经是人类》的叙事主轴围绕在跨国官司，考普尔市是一个被第一世界跨国资本体系排斥在外的贱斥空间，毒气泄漏事件发生以后，管理层人员都在第一时间逃之夭夭，剩下的毒剂污染了水源，几乎所有的居民都因此受害。扎法尔作为环境难民的发言人，最初拒绝接受来自美国白人医生伸出的援手，拒绝建构能够有效交流和沟通的中间地带，其根本原因在于当地人对美国主流社会的排斥心理。多元文化生态批评关注“争议地带”中的“争议”，既包括最初论述时所讲的野蛮与文明、荒野与家园，也包括不同的社会现实和价值观；而多元文化生态批评的“尺度并置”视角，不仅适用于印第安人和白人社会、本图景观和官方景观矛盾的调和，也为重新审视第三世界和第一世界、印度与美国环境争端问题提供了新的视角。

在《据说，我曾经是人类》(2008)中，辛哈描述了一个美国律师团队在考普尔市谈判的场景：当大家在饭店斯文儒雅地应对群情激愤的民众诉讼时，一个伊斯兰教女子将臭气炸弹药水放入冷气机，随着类似毒气的味道传出，那群道貌岸然的跨国公司高管、政客和律师一个个吓得屁滚尿流(辛哈，428)。从环境正义视角来看，环境也好，环氛也罢，在面临威胁生命的污染和毒性物质时，主体的立场是非常一致的：规避伤害。然而，单从心理上接受贱斥物的存在，无法真正解决贱斥物的根本问题。只有找到引起这些问题的根源，才能从根本上解决这些问题。众所周知，这片土地已经被污染，为何人们不迁出这片土地另谋生路？考普尔市(帕博尔为原型)的跨国化学公司为何在此设厂？究其原因，在跨国公司的利益集团(包括第一世界的政客、经理人)的眼中，“考普尔市”多是像主人公“动物”一样的人。他们是廉价的劳动力，他们的生命权和健康权微不足道。一旦发生污染事故，跨国公司可以将损耗降到最低，并且以最快的速度撤离现场。他们选择性地忽视这片“贱斥地”是许多生灵赖以生存的家园的客观现实。辛哈笔下的考普尔市(现实中的帕博尔市)，正如尼克松政府称呼美国西部“四角区”为“为国家牺牲的区域”，是为全球攫取资本主义式发展而牺牲的区域。

二、 幽暗环境的正义之光

多元文化生态批评不仅承认贱斥物/空间的存在，还以正义为透镜，挖掘导致这些现象的根本原因。从多元文化生态批评视角来看，帕博尔、四角区的原住居民并非执意守着被污染的土地而拒不迁出，而是迫不得已地被禁锢在了这片土地上。举一个通俗的例子：当身上泛着尸体腥臭的科学怪人弗兰肯斯坦来到了人们赖以生存的土地，从幽暗生态学视角，大家可以接受这个贱斥怪物只是一个与人类个体不同的存在物（Emmanouil，2014）。从多元文化生态批评视角来看，若是有能力和机会，生存在这片土地上的居民还是应该探索如何和弗兰肯斯坦共处的途径。多元文化生态批评在意识到世界幽暗地带的前提下，为幽暗的环境带来了一缕正义之光。

解决环境非正义现象的当务之急是唤醒弱人类群体的保护环境权益意识，多元文化生态批评为弱势群体表达正义诉求提出路径，维护美国印第安本土居民的环境权益，捍卫第三世界的边缘弱势群体的发声权。由于受教育条件、经济发展程度的不同，并不是所有的弱势群体都能意识到自我环境权益受到了侵犯。例如，在《本土景观的入世学术：乔尼·亚当森与大卫·纳吉布·佩罗的对话》（2014）中，亚当森谈及她自己年少时在垃圾场做分拣工人的经历，直言道："在那个分拣垃圾的孩子心中，捡垃圾并不是为了保护地球环境，而是为了挣够学费"（Adamson，2014）。同样，《据说，我曾经是人类》（2008）的故事原型所在地印度帕博尔市，因毒气泄漏事件，近 20 多万人环境难民迁离家园，剩余的数十万人经历了不同的身体创伤。余下的环境难民不离开帕博尔市，不是因为他们具有地方意识，或与生养他们的土地有着多么深厚的感情，而是缺乏迁出条件，缺乏在新的环境生存的能力。

亚当森以本土叙事为观察工具，进入中间地带，实现对话主体间的有效沟通，其宗旨在于"为低收入人群发声，改善低收入社区承担的大比例有毒污染现象，减轻弱人类群体承担的超负荷废物污染和生态破坏负担"（Adamson，2016：100）。多元文化生态批评以代际正义、种际正义、性别正义、南北正义等视角，将种族、性别、殖民和物种等因素纳入人类与自然关系考量范围，致力于实现环境正义。以小说《据说，我曾经是人类》（2008）理想化的结尾为例：有美国律师团队来到考普尔市进行谈判，有美国具有正义感的女医生免费义诊，印度主人公“动物”也被送到美国接受治疗。然而，现实的帕博尔市民却在毒气的侵害中凄惨地死去，正义不仅仅迟到，而是从未降临。而正义缺席的根本原因在于：由于以印度为代表的第三世界国家与以美国为代表的第一世界国家之间在经济、社会、人种、意识形态方面存在很大差距，考普尔市居民并不具有有效的发声权。换句话说，欧美第一世界国家在决定将生产剧毒化工物质的跨国公司设置在该地时，该地原住民群体迫于经济或社会发展压力，表现出一种集体噤声状态。

多元文化生态批评关注慢性暴力现象和隐形的跨肉身性现象，将环境正义作为审视南北正义和代际正义的基本尺度。罗伯·尼克森在《慢性暴力与穷人的环境主义》(2011)将慢性暴力解释为一种正在慢慢发生却又看不见的暴力现象，是一种会在时空中扩散延迟的毁灭暴力，一种根本不会让人觉得是暴力的耗损性暴力。习惯上，慢性暴力被视为一种事件或行动。时间上，它具有即时性。在空间上，它爆发起来十分强烈且骇人听闻。这种慢性暴力一旦触发，就会引起严重的危机(Nixon, 2011:2)。例如，外来生物入侵(海藻封锁海面)、森林砍伐、核污染、气候变化等环境问题都具有渐进损耗性特点，属慢性暴力事件。慢性暴力事件是一种不断增强、不断累积的灾难性暴力现象，与海啸、雪崩、战争等立竿见影的暴力事件相比，慢性暴力事件更易为人忽略。但是，当慢性暴力事件积聚到一定程度后，就会产生惊人的破坏力，弱人类群体一般首当其冲地成为其主要受害者。

代际正义问题与慢性暴力有着密切关联。值得注意的是，由于慢性暴力事件的延时性和间接性等特征，一旦爆发，就会造成严重的种际和代际不公现象。例如，《据说，我曾经是人类》(2008)中的主人公“动物”，就是由于出生在毒气泄漏事件的前两天，直接导致脊柱停止生长；由于身体上最高的部位是臀部，他遭到了非人的凌辱和攻击。还有一个典型的案例是哲夫的《毒吻》(1994)，小说中的主人公 23 号天生身体剧毒，凡是他接触过的花草虫鱼无一能够幸存：由于他父母是化工厂工人，其母由于生产有毒婴孩而难产身亡，其父不久也因污染物犯病离世，最终，当他亲吻挚爱导致对方死亡后，他无助地坐在半山坡，一口口嚼食自己的肉死去。生态叙事中反映此类代际非正义的叙事不计其数，表达着一个相似的主题：我们需要见微知著，来"处理不明显的暴力现象，为应对这些暴力事件将会引发的风险（做好预案）"(Nixon, 2011：2)。

种际正义是多元文化生态批评的重要主题。阿莱默"跨肉身性"概念与种族正义问题关联密切。跨肉身性概念表示人类与自然系统的啮合(inter-mesh)关系，将人类身体、动物身体和环境间的自然界物质交换过程具象化。人类与其他物种并非主客对立的主宰与被主宰关系，而是以肉身性存在于世的普通物种，不可能离群索居地存在于纯粹无机物世界；环境是由肉身组成的肉之世界，人类身体处于与其他有机体共同编织而成的生物网内。从多元文化生态批评视角，《据说，我曾经是人类》(2008)中的主人公"动物"的名字本身就是一种际不公正现象。在这里，动物为主人公边缘化身份和被排除系统之外的贱斥指涉物而受尽歧视。与此同时，主人公"动物"将他的黄狗朋友命名为嘉拉（意味吉卜赛人），借以表现主人公"动物"、流浪黄狗和吉卜赛人在社会中的边缘地位，"创意地颠覆了人与动物之间的界限"(张嘉如，2013：61)。

从多元文化生态批评视角来看，人类居高临下行使特权的行为所导致的后果，最终会以吊诡的形式反蚀到人类肉身。例如，杀虫剂和塑料制品经过自然有机系统循环后，又以有机物的形式回到人类及其他物种体内的现象，体现出生物政治主体的跨文化、跨种族特性。2002 年，亚当森与教育学家特蕾莎·乐欧(Teresa Leal)访谈中谈道："空气、水、排泄物、污染物、有毒物不需要护照就能跨越边界，由于持久性有机污染物(POPs)的超标，全球物种、穷人和富人，都将面临患癌的风险"(Adamson, 2002：54)。在此态势下，持自扫门前雪态度的人群，也只能像《据说，我曾经是人类》(2008)中的政客、律师一般，闻风丧胆。

一言之，多元文化生态批评将正义之光投射到幽暗的风险社会[1]，看“洞喻说”中的群魔乱象[2]。它承认我们所面临的环境或许仍然幽暗，但只要循着正义之光，通过发展教育和践行环境人文等途径，必定能够为解决当下面临的环境问题寻得一丝转机。环境问题带有全球性，全人类共临；单个群体的努力必是杯水车薪。多元文化生态批评的主要目标是以正义为透镜，挖掘导致环境不公现象的根本原因，建造多元、和合而又不同的本土共同体。

三、 重拾文学想象的力量

多元文化生态批评最初是以一种正义生态学的姿态出现，为印第安人的本土宇宙观发声。人的寿命不过百年，谁又能够对地球生命发展史、灭绝史、地壳构造史、古代景观和宇宙影响论了如指掌？人们需要学会用尺度并置的强大认知能力去理解这些（关于宇宙/世界）的高度抽象的概念（Adamson，2014：178）。当我们仰望星空时，来自四万光年前的那抹星光，终于穿透了今时今日的云层，你若能静下心来品味它所承载的本土故事，基于此去想象未来，这些本土宇宙认知，就延展了你的生命。

多元文化生态批评重拾文学想象的力量，从对生态文学文本的分析入手，结合现实的生态现象，从全球公民的视角去思考和行动（Adamson，2013）。文学想象力量主要体现在两个方面，其一，重视本土传统智慧，持一种“古老未来”思想：取古籍之精华，解当下燃眉之急。其二，从地方到全球，从全球公民的视野去思考和行动，又充分尊重本

---

① 此处的风险社会，取自贝克关于风险社会的定义：现代性和工业社会之间存在许多慢性危机（Beck，1992：3）。贝克创造了“第二现代性”概念尝试解决“第一现代性”所产生的生态危机（蔡振兴，2019：133）。

② 柏拉图“洞喻说”：哲人并非一开始就拥有真理，而是要通过不断地“去蔽”接近真理。柏拉图是在讲哲人与哲思的关系，此处强调多元文化生态批评实现“正义”诉求也会经历漫长的“去蔽”过程。

土地方性，变革生态批评，推动世界环境人文实践。相比倡导从自然中退出来、放弃自我主体性的“放弃的美学”，多元文化生态批评更强调参与其中的入市实践，非人类与人类、不同文化、种族背景的人类之间互为主客体，将环境视为包括人类、非人类在内的全部主体共同劳作、学习和娱乐的地方。

也就是说，多元文化生态批评的中心思想是环境正义思想和本土世界政治观。它尊重本土文化传统，尝试进行一种入世的环境人文实践；它强调身临其境，尊重、理解、消化并内化本土风景，走入跨文化交流的中间地带，去除民族中心论，强调文化差异性，发掘文学想象对公共卫生、环境及社会公共服务决策的影响。

亚当森在《古老未来：美洲土著和太平洋南岛作品中的流散生活与食物知识体系》(2015)中通过分析托赫(Laura Tohe)、塔波洪索(Tapahonso)、奥菲莉亚·泽佩达(Ofelia Zepeda)等人作品，说明艺术、诗歌、小说等叙事形式等与原生态食物和环境公正的相关问题之间的关系，探索文学想象对公共社会变革的影响。世界各地原住民人民积极组织保护原生态食物主权活动，从古代叙事中汲取智慧，对处理当今社会和环境问题具有重要意义(Adamson, 2015)。生态批评具有块茎性属性，与跨学科人文实践关联密切。多元文化生态批评的价值还体现在重拾文学想象的力量，挖掘本土生态元素，以此为观察工具指导环境人文实践，进行本土景观下的入世学术研究(Adamson, 2014)。

从多元文化生态批评视角，我们当下进行的环境人文实践活动以及进行生态文学批评的尝试，实际上是在探索进入中间地带的途径。我们需要进入中间地带，锤炼世界政治，探寻引发气候变化、威胁地球结构、体系变化等问题的成因(Adamson, 2014:181)。在秘鲁亚马逊原住民关于粉色海豚的描述中，当地原住民关于粉色海豚的认知以及对现实偶发事件的认知均是建立在祖祖辈辈生活认知模式之上。这些流传在民间的文化传说，诸如失踪的男孩、金子、粉色海豚等意象相结合，都是该族群人们对环境的独特认知的表现。这些口述传统和认知模式并非对欧美白人主流文化的变异，而是生于斯、长于斯的个体对那片土地的传统元素的集合。它不需要对称、整体、一致，也不需要被认同、肯定或收编。

多元文化生态批评并非一味地袒护本土生态元素，而是倡导从客观的视角审视本土生态传统的影响。一方面，原住民是攫取式资本主义发展模式和跨国公司不择手段牟取暴利行径的受害者：水源污染、新生儿畸形，森林被砍伐、土壤沙化。另一方面，原住民也是破坏环境的刽子手：在秘鲁，由于对粉色海豚生殖力的迷信，当地原住民大肆捕杀海豚，导致当地海豚数量骤减。基于该现象，秘鲁甚至推出了海豚保护法案。

生态批评与美国研究、公民意识、环境历史和全球研究密不可分(Adamson, 2013:xiv)。我们现在亟需建构游刃于文化、经济、政治和技术的、具有共同体性质的理论，催化生态批评自身的跨国转向(Heise, 2008:159)。很明显，与这种认知不同，多元文化生态批评强调一致性、统一性共同体思维的同时，更重视本土文化间的相异性，从本土视角对生态世界主义思想进行修正和补充。换句话说，生态世界主义更倾向于从整体性视角看地方文化，而多元文化生态批评强调基于地方性特色谈整体。多元文化视角下的生态整体是由多个各不相同的地方组合而成，体现一种本土世界政治观。由地方到全球，根植本土生态话语，推进全球环境人文实践。

正如伯林特探索环境感知和体验对人类生活的意义和影响，主张环境不仅是人类的环境，而且是与我们完全融合的连续体的集合(程相占，2012)。多元文化生态批评将环境视为主体连续体的集合，注重人与环境/自然的相互影响和互动关系。人类面临的环境危机诸如石油泄漏、反应堆燃料熔化、水力压裂等问题，实质是气候变化、能源地缘政治和环境/社会不公现象的集中爆发(Adamson, 2013:xiv)。例如，宝路·巴斯格路比的作品《水剑》(2015)聚焦美国西部内华达、拉斯维加斯、菲尼克斯等城市的水资源短缺的根源,并出其不意地将菲尼克斯一带的水资源匮乏问题归结为人为的隔断,能源匮乏问题实际上是地缘政治、环境、社会不公问题。《水剑》(2015)是一部关于人类未来社会的想象,在这个社会中,一面是名为“太阳”的先进生态城,以及担任截水工程操盘手被称为“水剑”的掌权者;一面是来自中国、美国中西部地区和墨西哥裔需要排队买水喝的劳工。可以说,气候小说正在跨越想象与现实、审美与实践鸿沟,更新生态批评的研究视野。多元文化生态批评是对生态批评研究对象的一次革新,将涉及人与环境、地缘政治、社会不公现象的想象纳入研究范畴,正式拉开了多元文化和跨文化对话时代的帷幕。

小结与反思

世界是共生的整体,是叙事的容器,是多元的复调交响。本土传统文化一般都有着自身的逻辑和法则,吊诡的是,任何一种文化、思想或事件,我们总能在不同的时空、空间中找到相似物。从学理上来看,多元文化生态批评体现了一种自然情怀、社会责任和时代担当,为传统景观与本土话语、宇宙与地方、学院与叙事、理论和社会实践搭建了一个中间平台。多元文化生态批评通过从生态批评的角度探讨环境正义问题,其最终的落脚点在于推动人与自然关系的修复。亚当森的环境正义思想及其多元文化生态批评是一种倡导超越自身局限的理念,以问题为导向,将剑拔弩张的对立主体引导至中间地带,倡导对话双方超越自身利益、自身价值。亚当森代表的环境正义修正论者不同于悲观派的生态主义者,他们认为,我们在面临生态失衡、资源耗竭、物种灭绝、自我迷失等危机之时,我们仍需要付诸十分努力,谋事不谋人,用心不用兵:以具体环境问题为导向,发挥文学想象的生态启示录作用,探索解决危机的途径和方法,站位于中间地带,聆听来自不同主体的声音。在和解、多元、融洽的氛围中,推进人与人、人与自然的和解，个体与集体、本土与世界的融合，这不仅是实现环境正义的途径，也是生态批评的终极理想。

文述至此，可以说，环境正义生态批评是多元文化生态批评的初级阶段：前者以正义为导向提出问题，后者以多元为导向提供解决路径。前者指明了生态批评的文化转向，关注人间的公平公正问题；后者确立了生态批评的根性和内容，为人与自然的关系而批评。多元文化生态批评结合社会科学和自然科学、政策研究和文学批评方法，强调多元主义，将本土传统置于国际框架中，探寻解决全球环境危机的对策。多元文化生态批评为我们提供了一种跨学科、参与型、跨国别的学术研究典范。本土景观作为链接人们与家园和地方亲密关联的枢纽，与官方景观存在冲突又互补的关系；游离在不同文化的交界地带的恶作剧者所表现出来的玩世不恭及狡黠也不过是为适应社会压迫不得已而为之的策略；本土景观与官方话语的磨合及冲突，本土与世界的对话趋势，不禁将我们引至跨文化生态批评建构是否可能的诘问。

第五章 多元文化生态批评与跨文化生态批评

“生态批评”是个偏正词组，“生态”修饰“批评”。“生态的”聚焦文学与自然的关系、人与自然的关系问题，文学与自然是生态批评不变的重心和基础。

多元文化生态批评以环境正义思想为主线，以本土世界政治和多元自然主义理念为基础，历时地考察生态危机的思想文化根源，为跨文化生态对话提供了平台。本章尝试论证未来生态批评的跨文化走向，以此来推进中西生态批评理论研究的对话历程。引介西方文论，引发独立思考(张隆溪，2014)。

第一节 从“多元”向“跨文化”的内在逻辑

文学阐释和研究不同于实证归纳和抽象演绎，其本义是对生命意义的直接澄明。不同的个体之间之所以可以相互理解，是因为存在着一种共同的本土论基础，即共同的生命体认(李庆本，2018)。随着美国地缘中心地位的消解，空间维度也开始介入生态批评研究。跨文化、跨学科研究视角有助于解决多元文化共存局面下出现的新问题，跨文化生态批评态势开始形成。中国的生态学人开始从内心真正承认中国有自己的美学，也有自己的生态美学(曾繁仁，2019)。因此，我们一方面要承认欧美生态批评因理论研究起步早而相对成熟的现状，了解生态批评的研究前沿问题，一方面也应意识到生态批评理论研究的发展机遇，将之与我国本土生态话语进行比对，取之精华，落地生花。

一、“生生”与“多元”拈花一笑

多年以前，有学者曾批判中国的生态批评理论研究处于滞后状态，尤其“缺乏对于中国哲学传统中生态思想的研究与继承”（杨剑龙，2005）。经过数十年发展，中国生态学人对生态批评要义的理解日趋清晰，例如曾繁仁的生态存在论，曾永成的人本生态美学观，袁鼎生的审美生态观以及陈望衡环境美学观等。现如今，国内生态批评研究开始打破学科界限，汲取古今中外生态资源，致力于生态学与美学的跨界研究，试图建构一种中国式生态美学（段沙沙，2017：77）。值得一提的是，生态美学（eco-aesthetics）偏重文化范畴的生态因素研究；生态批评是基于文学文本的生态批判，但并不拘于理论研究、文本细读等向度。“生生美学”作为中国式生态美学的代表，带我们回到中国传统历史审美现场，反思人类文明发展流弊。①巧合的是，生生美学践行着多元文化生态批评研究方法论：将中国传统文化中在地化的景观作为观察工具，淬炼我们本民族生态话语，而多元文化生态批评的本土世界政治观可为中国文论界开眼看世界打开一扇窗；二者各遵本土，口吻生花；却又主义相通，暗相呼应；一东一西，拈花微笑。

生生美学与多元文化生态批评的生发、发展过程存在诸多巧合。亚当森的《走向一种正义生态学》（1998）与程相占的《生生之谓美》（2001）几乎同时问世。随后，程相占在《文心三角文艺美学》（2002）中以“走向生生美学”为题规划了未来学术方向。十年后，文集《生生美学论集——从文艺美学到生态美学》（2012）出版，生生美学脉络已渐明晰。程相占将构建生态美学涉及的哲学本体论、核心价值观、文明

① 2001年10月，程相占在山西师范大学召开的“美学视野中的人与环境——首届全国生态美学学术研讨会”上，宣读了论文《生生之谓美》（2001）。随着《生生美学论集：从文艺美学到生态美学》（2012）的问世，生生美学发展脉络日渐清晰，程相占甚至在专著中戏称“生生美学”在中国美学界有着“非主流”身份。

理念以及审美理想等四个问题，归结为“生生”：第一个生是动词，即化育，第二个生是名词，即生命；因此，生生即化育生命（程相占，2012）。

多元文化生态批评与生生美学最初都是对本土、古典生态智慧的概括基础上生发的生态理念，渐而各成一统。多元文化生态批评对欧裔美国白人信仰、文化的一元论发起挑战，变革生态批评方式，重视“看不见的风景”。生生美学是对中国传统生态审美智慧的概括，以“天地大美”作为最高审美理想的美学观念，从美学角度对当代生态运动和普世伦理运动作出回应（曾繁仁，2019）。二者“一中”“一西”，“一生”“一活”，产生于同一时代的不同时空，在基本内涵、思维模式、艺术特性方面有许多相似及不同之处。

在基本内涵层面，生生美学继承“天人合一”说，对天地、神人关系持“中和”态度。多元文化生态批评遵循一种多元自然主义，强调重塑自我，倡导不同文化背景本土价值观的和谐对话。“生生美学”基于古典生命美学，提出生即生命，关注人与自然的生命共同体。多元文化生态批评挑战白人男性为主的传统荒野自然写作传统，将生态、环境研究视角从荒野与人类活动的分野转移到对都市生态、社区生态、后殖民生态研究上来。在基本内涵层面，生生美学的传统思想基础来自《周易》《道德经》等典籍，多元文化生态批评是结合美国本土裔印第安人传统生态思想和美国近现代社会现实。就其传统性和文化性而言，生生美学汲取的《周易》泰卦“天地交而万物通也，上下交而志同也”、《周易》咸卦“彖曰”等“天地交而万物化生”，《道德经》的“道生一，一生二，二生三，三生万物”等，认为自然风调雨顺则万物繁茂。书法的苍劲柔骨、绘画的晕染黑白、诗文的平仄转合、文辞的比兴韵声、戏曲的起承转合均是中国传统美学智慧的体现。多元文化生态批评以环境正义生态思想为基础，基于印第安本土裔传统宇宙观，提出本土宇宙学思想，认为从家园到自然、从大地到星空，自然和人类社会从来不是左右分疏、非此即彼的关系，你中有我、我中有你的阈限关系，才是自然存在的普遍方式。可以说，在基本内涵层面，生生美学和多元文化生态批评具有相似的“人与自然交互转合”的自然观；而这种跨太平洋轴心的两岸生态学思想的应和现象的背后，蕴含着不同文化背景下生态思维模式对话和汇通的具体路径。

在思维模式层面，生生美学和多元文化生态批评都践行着“由外向内”的思维。在程相占看来，未来的生态批评为了确保自己作为文学批评的身份就必须向文艺美学借鉴理论资源而关注文学自身的审美特性，也就是从原来学术思路“由内向外”螺旋上升到“由外到内”（程相占，2012：164）。生生美学和多元文化生态批评均体现了一种“由外向内”的本土生态观。生生美学基于中国本土古典美学，关注中国古书法、古琴、古园林等文化现象，生发出独特的文艺美学范式，且适用于文学批评实践。多元文化生态批评最初是建立在对美国印第安文学分析的基础上，是一种由内向外的典型生态批评模式。随之，亚当森改变原来“由外向内”的学术思路而螺旋上升至“由外而内”；尤其是近几年，亚当森进行系列关于药食、食物主权的研究，一方面是多元文化生态批评实践性的表现，同时也体现了一种由外向内的生态观。

生生美学与亚当森环境正义生态思想在对生命意义的思忖层面体现出相似的思维模式：迂回交融，无所不在，无所不包。“太极图示”的文化模式是“生生美学”的思维模式……阴阳相依，交互施受，互为本根（曾繁仁，2019）。多元文化生态批评关照印第安部族的传统宇宙观，跳出人类中心主义思想桎梏，沿袭人类学多物种民族志等研究方法对动物、植物生命形式进行研究，认为未被欧洲化之前的美洲大陆与原住民的生命是链接在一起的：人们可以光着脚感受土地的温存，每一株花草都是有生命的个体，水和风是万物的生命之源。生生美学结合中国传统哲学和艺术形式，关注具有生命张力的中国传统艺术形式中所表现出的生命仪式；生生美学视角下的中国建筑讲究的“法天象地”式体现了中国传统文化“天人合一”的传统，以明代所建的天坛为例，作为帝王祭祀皇天的仪式，祈求五谷丰登之所，圆丘与祈谷南方北圆，象征天圆地方，天地相应。生生美学和多元文化生态批评在思维模式角度的相似之处：生生美学是对中国传统艺术实践的总结，从中国的艺术成就和艺术思想中总结中国美学；多元文化生态批评后期基于近现代的社会文化镜像所反映出的问题，对传统历史观进行追溯和描述，推进环境人文实践。在某种程度上，后期的多元文化生态批评引入文化研究元素，实质上更接近一种生态文艺美学。

除此之外，生生美学和多元文化生态批评在生命生存与审美方式方面的相似之处，二者均是自我存在本体论追寻："我是谁"（生命之源的拷问）、"谁是我"（人类、花、草、虫、鱼、兽的自我性）、"我从哪里来"（对土地和传统历史的追寻）、"我到哪里去"（基于本土的未来主义观）。

在艺术特性层面，生生美学注重中国传统文化中的"化意"的分析，更重审美性；多元文化生态批评导向社区生态，更具实践性。这种艺术特性的不同有其哲学谱系学依据：中国的美学论著诸如《乐记》（集乐舞诗一体的）《文心雕龙》《二十四诗品》等重视审美和化境，强调美学/诗学研究的"意"与"境"，象外之象、景外之景，重"情"；西方哲思诸如柏拉图的《文艺对话集》、亚里士多德的《诗学》、康德的《判断力批判》、黑格尔的《美学》、杜威的《艺术即经验》更重描述性审美和思辨方式，重"理"。从对话视角，生生美学根植于中国传统生态艺术与理论研究，多元文化生态思想根植于大西洋对岸本土裔传统宇宙观与概念研究范畴。

生生美学将中国文艺美学研究置于跨学科、跨文化的交互语境之中，淬炼出我们本民族生态话语，以完成和实现新语境下的理论建构。在《生生美学论集》(2012)中，程相占概括了"轴心期"中国文论话语重建成功的标志：在自觉吸收中国轴心期思想的基础上，创造出一种能够有效克服西方现代性危机，并能够与世界一流学者平等对话的理论学说，这种学说在国际上产生重大影响之日，也就是中国文论话语重建成功之时（程相占，2012：90）。中国特定语境下的生态意蕴和伦理趣味，为世界的双向旅行实践提供参照。

二、 新 5Y 本土共同体建构

利奥波德曾将判断一件事情是否正确的标准定为："能否确保生命共同体（biotic community）的完整（integrity）、稳定（stability）和美（beauty）。"（Leopold，2001：224—225）利奥波德关于生命共同体的认知是一种抛弃了传统偏见的新的审美道德原则，"鉴于以上四个关键词都以 Y 结尾，我们不妨将之概括为 4Y 原则"（程相占，2012：136）。相较于生命共同体概念，亚当森在理论叙述过程中提及过的本土共同体概念在保持生命共同体的完整、稳定、美的同时，更强调个体对于共同体的责任。因此，依循利奥波德生命共同体的完整（integrity）、稳定（stability）和美（beauty），加之本土共同体（indigenous community）的责任（duty），本土共同体可被概括为 5Y 原则。利奥波德倡导的大地伦理学（land ethic）的主要价值在于：它改变了现代智人的角色，使之从大地共同体的征服者变为大地共同体的普通成员和居民（Leopold，2001：204）。

亚当森曾反驳梭罗式的浪漫自然观。但是，不同于莫顿将梭罗的行为视为纯粹的消费自然行为，亚当森关注人与自然共处的施为能力，在追求完整（integrity）、稳定（stability）和美（beauty）的生态共同体的前提下，将人对自然的责任（duty）放置在首要位置。无独有偶，莫顿在论证幽暗生态学和环氛诗学时，也曾将利奥波德对生命共同体中的完整、稳定、美归为美学研究范畴："美"实际上是转移了实现完整性和稳定性的注意力，利奥波德的大地伦理对于野性自然的感知实际上是一种没有消费的消费主义，恰恰是一种纯粹的消费主义（Morton，2007：194）。科学怪人弗兰肯斯坦解读为一种可怕的、不幸的主体，是不同人的器官的堆砌的产物，是人的产物……是屠夫案板上眨巴着明亮眼睛的肉。莫顿将弗兰肯斯坦杀人解读为一种荒野式的反抗，是对生活环境、人的异样眼光的抗争，是一种失控的被陪伴和重视的欲望。

在莫顿看来，最接近伦理规范的行为是去爱事物本身的样子，而不是去证明其自然性和本真性。也就是说，与自然共处的最好的模式是爱自然本来的样子，尊重自然主体性，当我们看到一只青蛙，不应非要用一个吻将它变成王子，而是应该接受它本来的样子（Morton，2007：195）。

莫顿认为人与自然之间的间隙并不需要去弥合和跨越，持一种静置和接受、宽恕和仁爱之心爱自然。与莫顿的自然观相比，亚当森更强调劳作和互动，更倾向走入人与自然、人与非人主体的中间地带。同样是对梭罗的批判，亚当森指出，梭罗式欣赏沼泽的浪漫，将人排除在自然之外，那么抛弃的自然最终会发生什么？当一波波杂草和土拨鼠席卷而来，或者开发者肆意地攫取资源时，那可怜的豆田会发生什么？不得已必须留在被（毒物）污染的区域、没有能力迁出的弱人类群体又如何？”（Adamson，2001：56）。从多元文化生态批评来看，完整、稳定和美是共同体的终极目标，而负责任的劳作和努力则是实现这种目标的必要途径。

循着这个思路，相对于生命共同体概念，多元文化生态批评探求的是一种包含多元和正义的共同体。本土共同体的特殊性在于强调个体的主体性，维持多元的整体世界观，把动物、植物视为多元结构中具有共同的根基的独立个体。郁金香花种开出的还是郁金香，仙人掌结的果还是通红的仙人掌果。我们人类所扮演的角色，是对土地报以尊重和热爱去劳作，去播种，去浇灌。比如，奥提斯《花纹石》（1992）中一边耕作一边歌唱的印第安妇女，电影《阿凡达》（2009）中为求生存不得不进食前的祷告。若是没有了互动联系，没有流转在共同体各个肉身间的活动，就不能称之为动态的、平衡的共同体。从多元文化生态批评视角来看，共同体应该是多元物种共同组建的整体，人类的衣食住行等生存本能，与动物、植物的生存需求并无二致。也就是说，在本土共同体的构建过程中，我们既要警惕深层生态学过分强调人对自然的威胁和破坏的思想，又应该持一种负责和尊重的融入心态，将自我视为自然整体的一部分，也将自然内化为自我的一部分，将人与自然看作是一种交错相间的糅合(entanglement)的整体。

霍华兹曾就指出，环境研究需要跨学科。我们自称为生态批评家，我们应该人类及其在生态系统中地位的地球科学史(Howarth, 1998:7)。关于跨学科视角下人类在生态系统中地位的研究，亚当森近些年关于“食物正义”的系列环境人文项目可以作为现成的范例。在《药食》(2011)、《玉米之母一类的集合物：北美推想小说和电影》(2012)、《探寻玉米之母：北美本土文学中的跨国别本土组织，粮食主权问题》(2012)等多篇著述中，亚当森经常使用“母玉米”(Mother Corn)这一意象。玉米在北美是最重要的食物之一，人们种植玉米，食用玉米。在哥伦布一行到达美洲大陆之前，印第安人在这片土地上用尖尖的棍子挖坑种地，培植了最初的玉米、棉花等植物。直至今日，墨西哥人和美国霍皮族印第安人仍以玉米为主食，玉米粉薄烙饼(Tortilla)仍是典型的墨西哥餐品之一。在印第安纳瓦霍部族，玉米之母更是丰收和生命的象征。

亚当森以电影《第六世界》(2011)作为文本，分析人类与自然、本土与世界、科技与人文的关系。《第六世界》(2011)描述了人们对转基因技术胸有成竹，以转基因玉米作为飞船的燃料，执行登陆火星的任务。然而，由于转基因玉米在太空中发生病变，飞船一度处于弹尽粮绝的危险时刻。该电影的叙事有两条主线，一个转折点，整个叙事过程呈一种相交的分子式转换模式。最初，人类科学家用转基因玉米作为燃料，信心满满地驾驶飞船执行登陆火星任务。然而，随着转基因玉米出现病变，经过人类基因重组后的玉米产生了一种未知的病毒，风卷残云，势不可挡，任凭智慧的人类自诩掌控着世界先进的科技，对该类病毒仍无计可施，人类和飞船濒临毁灭。转折点由此出现，未被基因改造的母玉米成为人类的救星。所以，在该片的结尾，女科学家梦见自己身着纳瓦霍传统服饰，手持未受转基因污染的母玉米，哼着纳瓦霍的传统舞曲起舞。这一幕，一则是在讽刺电影开端现代人对现代科技的盲目崇拜，二则是以一种天启录式的暗示，说明人类现代环境和生存危机的解决办法需向内寻：只有回归本土，才能走向世界。

如果说莫顿是在批判早期生态批评过于注重审美，强调以宽恕和仁爱之心爱自然。那么，亚当森的环境正义思想则是承继了利奥波德的生命共同体概念，以自然与人类世界的完整、稳定和美为最高追求，打破静止，行动起来，以“责任”丰富了生命共同体的内涵。利奥波德的生命共同体概念奠定了其美国新环境理论先驱的地位，他并未要求人们彻底退出自然，而是倡导一种规范伦理，规范人类对自然的改造活动，将人类/现代智人的角色从自然的征服者变为普通成员和公民（Leopold, 2001:204），强调规范性。亚当森立足本土和个体，强调个体在自然中的责任，倡导一种正义伦理：于自然，不以万灵之长自居；于社会，不以霸权思想横行。人类与自然紧密关联，是具有能动性的物质之一，强调责任感。多元文化生态批评以本土共同体思想发展了利奥波德大地伦理学中的生命共同体的 4Y 原则，强调“责任”和“利他”：人类通过劳作可以与自然建立同盟关系，关注人与人、人与非人、本土与世界的关系，以实现正义为最高诉求。

三、 跨文化的想象共同体

地域文化和传统无高低贵贱之分。现代人一直自诩是这个星球的主人，实质上却是造成生态危机的罪魁祸首（Yuval, 2014:345）。从生态整体的角度，追踪不同种族矛盾根源和种族主义意识形态的社会历史肇因，能够更好地理解引发了系列环境危机的人类活动。生命共同体概念常被用来探寻“如何确立新的伦理规范以引导人们的行为”（Leopold, 2001:202）。关于生命共同体的想象超越了文化和国别边界，一种去疆界化的文化潮流开始盛行，一种跨文化的想象共同体并立局面逐渐形成。

从结构上来看，生态批评可分为理论研究和社会环境现实。理论研究的元命题是“环境是什么”，社会环境现实研究的元命题是“如何解决环境危机”。晚近理论研究的代表人物莫顿在《去自然性的生态学:环境美学再思考》(2008)倡导去自然性的生态学,探讨“动物、植物和气候的关联,思考到底什么是环境”(Morton, 2007:3),可以说,北美生态批评界的理论研究热点相当明确,即关于人与自然/生态、自然科学与人文悖论关系的思忖,使生态批评研究以一种更负责任的姿态,走向一种跨文化的研究范式。如霍华兹所言,生态批评天生具有多元视角,大地的生机是生灵存在的共同基础(Howarth, 1998:7—8)。在理论研究层面,新时代生态批评的三大特征可概括为多元、跨学科、走出去(Howarth, 1998:7)。

21世纪初,环境正义修正论者开始思考文学与政治想象的关系。以亚当森、里德、施朱莉为代表,新一代的生态批评学者开始积极介入环境研究的文化批评语境。环境正义修正论者关注文学想象的力量,修正早期环境研究的内容,探究生态批评的实践性、现实性、种族性和正义性,这与本尼迪克特·安德森(Benedict Anderson)的想象的共同体概念殊途同归。在《想象的共同体:民族主义的起源与散布》(2005)中,安德森将想象的共同体定义为具有相同民族情感与文化根源的群体会想象出一种民族认同关系。①因此,全球各地存在着许多具有不同民族属性的“想象共同体”,正是基于这种认知,环境正义修正论者围绕环境正义主题,关注民族文学的文化产出(cultural production)功能,即小说、影视等文化文本对不同社会的影响作用,探索不同民族文化间的相互联结关系。环境正义修正论者主要探索种族认知、共同体意识等影响人们进行环境活动的心理动因,探索人类心理对环境行为的影响作用,关注跨文化的环境正义问题。

这种现象可从亚当森的环境正义思想窥见一斑。亚当森提倡将

---

① 安德森素来被誉为是同情弱小民族的入戏的观众(Spectateur engage),一是因为他是东南亚区域研究的专家,二是由于他研究民族主义的动机是从世界整体版图了解弱人类群体文化和民族认同感形成的深层文化原因。他关注文学与政治的想象(political imagination)之间的关联,以及这种关联下蕴含的丰富的理论可能。

印第安口述传统和其他文学形式理论化，使远古传奇、口述传统等民族叙事再次鲜活起来。环境正义修正论者关心想象共同体形成的影响因素，诸如民族道德力量的形成原因和过程。在亚当森看来，哈尔约将美国印第安人口语传统的道德力量注入英语，用英语阐述纳瓦霍的历史，形成一种英语与纳瓦霍合体的路基语言（Adamson，2001：122）。所以，以哈尔约、厄德里克的作品为代表的印第安文学常给人一种混杂性和复调感。这种表征的背后，是历史进程中白人对族裔群体的压制现象，催生出的一种反压迫、求生存的反抗策略：以一种狡黠的语言形式，攻击家长式的英语传统。可以说，环境正义修正论者具有优越的社会改革活动执行力。而这种执行力与文学研究的文化"化"、文化研究的"文学化"认知密不可分，如里德所言，环境正义生态批评关注白人传统之外他者的地位以及文学之外的其他文化形式中的环境正义主题（Reed，2002：152）。不过，环境正义修正论者并非不谈理论就赤手空拳披挂上阵的蛮干家。在亚当森等人的编著《环境正义读本：政治、诗学和教育学》（2002）中，施朱莉的章节"从环境正义文学到文学的环境正义"从环境正义视角阐述文学的想象与政治的想象的关联，说明文学的想象为我们审视环境正义问题提供理论支撑。文学想象的力量通常体现在以可视化的意象和比喻，为我们展现了科学数据所不能显现的世界（Sze，2002：163）。①生态批评理论研究和环境现象研究的目的具有同一指向：解构欧洲中心主义以及其他形式的文化霸权主义，发展多元行星视野，以"论"促"行"。环境正义修正论者将民族叙事纳入研究范畴，继而将民族叙事理论化的目的是将自己置身多元文化的经验与理论性的概念阐释活动相结合，编织成一个关照古今东西的"因陀罗网"。不同的民族叙事互相映射，不需削足适履，却能恰到好处地合成一幅美轮美奂的多元民族想象的共同体图景。

---

① 施朱莉作为美籍华人在纽约唐人街的成长经历，造就了她独特的自我认同与他者认同过程，为她审视民族认同过程提供了一个独特的文化逆行视角，更多内容参见附录施朱莉访谈。

民族叙事作为一种典型的文学的想象形式，也是民族构建想象的共同体的重要环节。亚当森和斯洛维克等人凭借惊人的叙事能力，和跨文化的生活、游学经历，规避西方中心主义弊端。他们之所以能够游刃有余地使用叙事学术写作手法，除了高超的文学素养和百科全书式的多元文化、环境理论研究背景之外，跨文化的比较研究视野是完成这种扩散式论证的必备条件。

环境正义思想可以被视为一种更为深刻、平等的大爱态度，以平等协商形式，探寻解决环境危机的方法。它瓦解强调效忠的强权，拥抱来自多元的声音。它尝试以尊重、互助理念为导向，以本土世界政治和多元自然主义为核心，构建跨文化的想象共同体。一言之，实现环境正义是想象共同体的触发点和目的。一方面，不同民族和文化间，具有相同民族情感与文化根源的群体在面临不同来自外力的压力之时，会激发出一种民族认同感。这种施加压力的外力，往往是殖民式剥削、为抢占资源实施的抢掠活动等。面临危机之时，人们互助、理解的想象共同体意识苏醒。另一方面，每个民族内部可能存在普遍的不平等与剥削，民族总被设想为一种深刻的、平等的同志的爱（安德森，2005：7），于是，全球性的环境危机促使人们开始摆脱傲慢偏执的民族中心主义，寻求解决共同的环境问题的途径。这种多元性，使得民族文化成为蕴含不同民族情感的想象共同体间的黏合剂。然而，不同的想象共同体在不同的时间和空间范畴常位处不同的地位。例如，19世纪初，瓦格斯（Pedro Fermin de Vargas）在《评蛮策议》中曾提出针对印第安人的迂回“灭种”政策：应使印第安人与白人通婚，再发给私有土地，将之驯至灭种。瓦格斯所提出的灭绝印第安人方式的方法，相较于之后美国、巴西等国直接用枪炮屠戮印第安人的恶行，瓦格斯的灭种方式可以说是相当柔和了。然而，不管是出于什么目的的灭种，其潜意识均是将对方视为怠惰、愚昧、蛮貊的群体，需要受孕于白人而得到拯救。这种种族主义意识形态的根源是认为印第安人为劣等人种，不配享有和白人同等权利的思想。然而，在奥提斯的诗歌中，印第安妇女曾教导白人矿工如何耕种土地，通过扎根脚下的土地并发自内心地热爱它，接受自然的恩惠并反哺大地，表现出比白人更优越的环境适应性。一言之，种族主义意识形态从其内部阶级之间的道德性便可自攻自破，白人不同阶级之间也有着道德和境界的差别。当然，在印第安种族内部，这种民族内部间的矛盾也比比皆是，例如从霍根《灵力》(1998)中描述的部落长老要求猎豹女孩上缴豹子皮的不公正现象。

既然民族是一种想象共同体，那么，作为构成世界整体基本单位，想象共同体势必会形成一种新的跨文化的本土共同体形态，错落、交融地组成新的世界。在这种跨文化的想象的共同体建构层面，语言扮演着重要角色。如上文所述，语言是实现共同体的阿喀琉斯之踵。印刷术的发明是想象的共同体的胚胎，由于语言的不可统一性，跨文化的民族想象共同体的形成具有必然性。由于印刷术的出现，本来操着不同方言的人们开始拥有能够实现有效交流的途径，揽古今精华，攫东西文明。而知识分子阶层之所以会扮演先锋的角色，是因为他们拥有识字能力和双语能力(安德森，2005：112)。知识分子可将语言作为具有包容性(inclusive)的工具，解读不同文化的知识。①掌握多种语言，有利于反对单一、狂妄的自我中心主义；使想象共同体“来到中间地带，形成一种多元世界政治观”(Adamson, 2014：181)，获得连续性的经验，克服时代性的危机。

亚当森在为张嘉茹主编的《中国环境人文》(2019)作的序“中间地带、自然和环境”中写道：中国作为世界现存的最古老文明之一，它在复苏的过程中面临许多挑战，因此有许多文化和政治经验可供学习(Adamson, 2019)。她也曾感慨近20年中国环境人文学惊人的发展速度，并以中国油墨山水画喻指中国环境人文学和生态批评的基本形

---

① 之所以说语言具有包容性，是因为它不会限制学习语言的人的种族和国别；然而，语言也具有巴别塔宿命，人在有限的生命中也不可能学到所有语言。

态：中国山水画中那袅袅入云的炊烟，山涧溪流潺潺地穿过村庄的景象，正是中国人与自然环境和谐观的映射。环境人文学在中国迅猛发展现象具有以下原因，其一，自然科学研究本身的局限性。自然科学研究虽然可以实现全球监测并改变影响气候变化的诱因，但却不能透彻地揭示影响地球环境的关键因素，例如人类的信念和价值观对外在环境的影响。例如，影响人类行为的因素并不在科学计算的范围之内。其二，环境人文学对探索造成环境危机的深层原因，而自然科学可为之提供方法论支撑。

关于自然科学研究本身的局限性无需多言，关于自然科学为新时期的生态批评及环境人文学提供理论支撑，可以段义孚的文化地理学窥见一斑。可以说，段义孚的文化地理学是一种体悟文化地理学，是关于物质意义表达和人类心理体悟关系的符号学研究。①我们所在的"实践意义世界，实际上是符号与物的混合；带上意义的物，已经取得符号性，所谓能被我们所理解；而在意识之外的物，尚未被人理解，则称为自在的物世界"（赵毅衡，2017）。延伸来讲，我们所不能理解的物所形成的自在的物世界并非不存在，而是由于我们的认知不足而不能理解罢了。位处不同想象共同体的族群交流障碍问题，即物质间的符号表达不畅问题。理解这种物质符号间的认知阈限，即解开多元文化间、国别间交流障碍之锁的钥匙。

一言之，不同的想象共同体交流的前提是理解对方文化的物质符号，这也是从使家园变为世界、从世界回到家园的密匙之一。生态批评理论架构层面的环境伦理、政治设想、共同体想象，与种族殖民、物种压迫、环境污染、家园失所等环境正义现象结合，为别开生面的跨文化的想象共同体局面奠定了基础。

---

① 关于符号学：托马斯·西比沃克（Thomas A. Sebeok）坚持把符号学扩大到生物界，将生物信号看作是符号的一种，后续又出现植物符号学（Phytosemiotics）和对婴幼儿的符号表意活动的研究。段义孚的文化地理学主要阐述人类情感与外在世界之间的关系问题：人类所处的物理环境有许多情感符号，刺激人类能够触景而生情，实现感官交融。

第二节　多元文化生态批评的承续

文述至此，生态批评从多元文化视角向跨文化视角发展的历程可概括为：以环境正义思想为主线的去疆界化的批评范式。那么，多元文化生态批评对我国的生态批评理论有何影响？在新轴心时代，构建一个跨文化交流的理论框架是否可能？①

一、本土世界政治观的继承和发展

多元文化生态批评提倡一种本土世界政治观，以本土传统元素为观察工具，走入传统与当代、文学想象与环境人文实践的阈限地带。从多元文化生态批评视角来看，殖民、征服、奴隶制等社会危机与现实中的环境问题环环相扣，社会环境与自然环境危机密不可分。

理所当明，何分新旧。本土世界政治观将本土传统文化元素与现实环境人文实践相结合，遵循一种"由外向内"螺旋上升至"由内到外"的阐释过程。本土世界政治观关注文化间藩篱的消解现象，本土即世界，家园即世界。随着西方同心圆思想的解体，世界不再是以欧洲、美洲、亚洲某一国家为圆心的同心圆关系，而是开始呈现出一种相互嵌合的交叉契合状态。在这种背景下，本土传承(indigenous literacy)与主体身份呈犬牙交错状态，你中有我，我中有你。"本土传承"蕴含着扎根大地的、正义的、新型的人与自然关系模式，包括地景(landscape)和处所(place)两个维度。地景研究是关于生养人的土地与人类主体互动关系的研究，包括三大元素，其一，地貌景观，即地表的特征；其二，植

① 德国哲学家雅斯贝尔斯将公元前 800 年至前 200 年称为人类历史的"轴心时代"：该时期是哲学思想研究的突破期，人类在此时期创造了系列的精神框架，诸如中国孔子开创的儒学体系、古希腊的理性主义以及印度的佛教；杜维明将二十一世纪视为人类的新轴心时代(程相占，2012：128)。也就是说，未来的几十年间，人类的哲学、思想和文化会产生新的框架，甚至出现新的哲学、伦理体系。

被，即长在地表上的植物；其三，人文结构，包括房屋、土地和社区（Hart，1995：28）。相应地，处所研究通常同时具有社会学和地理学意义：既包括社会关系构成的环境，也包括思想、观念、符号的意义，整合地理与文化，经济与政治等各种人文心理元素。

在一定程度上，本土世界政治观推翻了旷日持久的世界同心圆认知，打破旧泥和新泥。本土传承正是用来塑新像的“旧泥”。将“本土”细分为地景（landscape）和处所（place）后可以看出，地景上的人文景观及地表地貌、植被、社区结构等“我们肉眼之所见”（Hart，1995：28），与“处所”层面的文化观念及符号意义，都体现了人类劳作与土地间交互关系的联结关系。在奥提斯的诗歌《反击》（1992）中，白人女矿工艾达在纳瓦霍地区的大地上撒了些植物种子，却从未获得丰收，于是，她跟印第安妇女玛丽抱怨起这片土地的贫瘠无用。然而，随着玛丽将结块的红土打碎，用羊粪作为肥料，艾达很快在这片土地上收获了生菜、西红柿等果蔬。这段描写反映了印第安人与本土在地景观的关系。从多元文化生态批评视角来看，印第安人在土地上劳作的过程，就是一种人为活动和地面景观的交互作用关系；玛丽敬畏和爱戴这片土地，她甚至会在菜园里为生养她的土地和花木唱歌。人类首先了解所在区域的地貌、植被、社区结构，才能因地制宜地进行劳作，土地也以玉米、生菜等食物反哺着这片土地上的居民。

本土世界政治观重视“看不见的景观”，包括当地人对土地的感情，即本土处所意识。从多元文化生态批评视角，尼克松当局之所以将纳瓦霍和普韦布洛印第安人的圣地视为“为国家牺牲的区域”，是因为主流社会和意识形态对所谓异族文化的疏离感。奥提斯在诗歌《这是我们印第安人所说的地方》（1992）中以主流社会对科所热泉（Coso Hot Springs）的占有为例，说明肖肖尼语系（Shoshonean）印第安人的圣泉科所热泉作为印第安人祷告和冥思治愈心灵的地方，承载着印第安族群的根性和灵魂。然而，由于美国政府在此驻军，美其名曰保护这片自然园林或土地。现如今，当地原住民若想去科所热泉祷告，必须拿到驻守在此处的军人颁发的许可证(Ortiz, 1992:323)。不难看出,只有秉承一种本土世界政治观,真正走进这些有争议的地带,才能真正聆听大地之语,维护文化的多元性和生物的多样性。

地方语言一种典型的“看不见的景观”,是传承本土世界政治观的重要维度。上世纪中叶,美国政府开始强制印第安少年学习英语,并推行寄宿制教学模式。现如今,霍皮(Hopi)、纳瓦霍(Navajo)、奥德哈姆(O'odham)等印第安部族的年轻人鲜有人仍会祖辈的语言。在《大地之语:乔伊·哈尔约和陆基语言之争》(2001)中,亚当森曾论述地方语言和处所意识的关系,并以美国印第安诗人乔伊·哈尔约关于民族失语现象的诗歌为例,说明地方语言与本土世界观的关联。在诗歌《致埃尔瓦·本森和那些已经学会说话的人》(1985)中,哈尔约设想了一种转化性的、能够给殖民语言带来挑战和压力的“陆基语言”:这种语言实质是有关本民族历史的故事和传说。诗歌描述了一个在盖勒普印第安医院中降生的纳瓦霍婴儿,她一出生就与蹲在地上生产的祖辈女性有着不同的境遇,她在由钢筋混凝土建构的现代化城市成长,浸润在英语和纳瓦霍语混杂语境中。但是,与其他白人主流家庭不同的是,尽管她在学校接受着老师们灌输的欧美历史、科学、宗教和文化,但她依然有机会聆听部落长辈们讲述的民族故事和传统,并沉浸于学习和理解与部落的土地相连的各种语言。从长辈们的描述中,她可以想象到都用红色沙石砌成的巨崖,也了解到族群部落特殊的道德伦理和文化传统。这些来自原族地方的故事为她提供了一种不同的视角来看待社群和周遭环境的关系。

这个孩子长大成人生产之时,医务人员将她的双手绑在床上,她在印第安卫生服务医院扭断了金属箍筋。哈尔约戏剧性地将金属箍筋、双手捆绑同土著妇女蜷缩在大地上生产的形象进行对比,来隐喻欧美人对于土著文化、传统和生活方式的约束和困索。哈尔约也在诗歌中表明,无论印第安人使用的是纳瓦霍语还是英语,抑或两者的杂糅语,只要关于大地的故事一直在传承,原族风情就不会消逝(Adamson，2001：122）。时光荏苒，母亲和孩子的生命都会逝去。但是，原族传统却会随民族故事代代相承。

本土世界政治观对跨文化生态批评构建具有一定启示意义。在全球化趋势下，随着文化间藩篱的消解，维持与地方的亲密感和参与性，维护自我身份的认知。保持自我和传统性显得尤为重要。同时，主体和处所是相互形塑的关系：人对本土地景的改造体现在外部景观进行塑造，地景反之亦会对主体产生形塑，即处所会对主体产生影响。蔡振兴曾用“地景形塑”概念分析施奈德的诗歌创作：作为西方人，施奈德在东方的游学经历化为他自身基因的一部分，对其创作产生了明显的影响。基于其自身在东方的经历，“施奈德认为东方与西方是两个不同的文化平台，有跨越边界的可能”（蔡振兴，2019：226）。总之，鉴于主体能够对“地景”产生影响，反之地方民族传统又可以形塑主体，传统本土文化在跨文化的沟通和交流中能够保证主体有故事可讲，而非以一种整体的、一元的、统一的视角，去规制、压迫边缘族群。这些多元的声音，既是跨文化交流的内容，也是实现跨文化交流的途径。

二、 多元自然主义观的继承和发展

多元文化生态批评的最终诉求并非多元文化主义，而是多元自然主义。相较于多元文化主义，多元自然主义更注重本土生态思想中的人与自然的文化互动关系。换句话说，人类与其他物种之间的关系是多元自然主义观的核心内容。人类与自然是相互形塑的关系，主体从自然界汲取能量，却最终以能量的形式返回自然界。亚当森在从多元自然主义视角审视加莱诺的《树木有母亲》（2008）和詹姆斯·卡梅隆的《阿凡达》（2009）中体现的宇宙世界观，将物质视为释能力的自我，是叙事发生的场所、主体和内容的集合。

在亚当森看来，神人同性论/拟人论在某些时候能够作为一种反人类中心主义的策略（Adamson，2014：254）。自然有其运行的规则，己所不欲，勿施于自然。在电影《阿凡达》(2009)中，女主纳美人为保护男主杰克而杀死一只野兽，她将野兽的死归因于男主扰乱了自然运行规则。在纳美人的意识中，“自我”是潘多拉星球上存在的所有物质。那些生活在森林底部土壤和根部的不为人所见到的生物，生态系统、森林、河流都是具有能动性和释能力的主体。它们作为独立的自我，其自身均是一个独立的知觉系统。在《阿凡达》(2009)中，导演卡梅隆将女主格蕾丝刻画为象征希望与正义的阿斯特蕾亚女神。格蕾丝可以通过化身，在智力与身体上跨越物种的界限。借格蕾丝之口，电影说明现代科技破坏作为原生生态系统代表的家庭树后，所有生灵将面临被毁灭的危机。各个生灵和主体之间相互依存，不可分割，共同构成了我们多姿多彩的世界。布鲁诺・拉图尔[①]的《循环参照：在亚马逊森林中取土壤样本》(1999)与卡梅隆的《阿凡达》(2009)都围绕一位女植物学家展开，且都以潘多拉为观察工具(Adamson, 2014)，重提赫西俄德[②](Hesiod)提出的问题：自然是否能够免受人类贪婪之害？(拉图尔，200)

现如今，赫西俄德(Hesiod)的问题仍具有现实意义，归根结底是关于人与自然关系的思忖。梭罗尽管强调退出自然，归还自然性，认为“人类科技发明不过是一堆炫彩的玩具，它分散我们的注意力，使我们丢失最珍贵的东西”(Thoreau, 40)，但是，在许多生态批评家看来，梭罗的观点更接近一种男权主义思想下对女性化的自然优美事物的觊觎和赞赏，他的自然书写是一种对美国田园思想的帝国怀旧，将自然风貌和自然物种作为一种女性化的风景，是从一个男权视角进行了

---

① 布鲁诺・拉图尔的章节记述了他与女植物学家塞塔-席尔瓦(Edileusa Setta-Silva)和两位土壤科学家、一位地貌学家在巴西亚马逊雨林的考察事迹：在科学家们将材料命名为“数据”时，拉图尔写了一本关于人类“智者”科学家与物质交互关系的民族志。

② Hesiod，希腊语 Hesiodos，拉丁语 Hesiodus，通常认为是生活于与荷马同时代公元前 700 年的希腊最早的诗人之一，被称为“希腊教义诗之父”。现存其两部史诗分别讲述了神话中的“诸神”和农民的日常生活。在一首名为《工作与时日》的长诗中，赫西俄德运用以潘多拉的故事映射当年的重大农业危机：天气恶劣、土壤贫瘠，物资稀缺，而希腊殖民者又去贪婪地寻找更优越的新土地。

一场自作多情的凝视，这种所谓的欣赏掩饰了他们对于野性的征服欲望和伤害行径(Westling, 1996:52)。关于退居田园、回归自然就是保护生态的论断，实质是在演绎人类自我想象世界的完美形象，要求人类极致地退出自然的行为，实质上是更接近一种极致的绿色消费主义。

极致的绿色消费主义致力于打造一种理想的人形象。相较于西方基督教义对于超验主义者的影响，以及备受争议的摩门教义中对人的三六九等的分类及天堂的三权分立之说，爱默生和梭罗尝试解构美国超验主义思想中将人作为主宰掌控自然思想的努力还是值得肯定的。换句话说，早期自然书写中对美好的"人"的想象，起码使"人"站在了欣赏和保护自然的角度，开始追求具有与自然一样的美好的人的形象。

相较之，多元自然主义观可用两个词概括：尊重和独立，这也是亚当森"走进争议地带"所要实现的终极理想。尊重自然主体的前提是承认自然的主体性，将之视为一个独立的个体。乌士库(Jakob von Uexküll)在《到动物和人的世界一游》(2010)中关于动物的感官世界(merkwelt)和效果世界(wirkwelt)的论证中，曾反对用"刺激—反应"关系表述动物和环境的关系，提倡用讯息控制(cybernetics)来表述动物感官世界和效果世界的关系，说明动物和环境的互为主体关系。以虱子为例，又盲又聋的虱子寻找寄主的过程并非一个简单的刺激反应过程，而是一种接收信息后又蓄谋的主动出击行为。虱子长期潜伏在树叶末梢，当有哺乳动物靠近，它会马上从叶片上伺机落在动物身上，若未命中目标，它会再次爬到叶片上继续等候时机。乌士库邀请读者走进一个既看不见、也不可知的非人世界。尽管这是一个连动物学家都不想承认，但他认为这个世界(真实)存在着(蔡振兴，16)。

在《生命之源：阿凡达、亚马逊与生态自我》(2014)中，亚当森分析了加莱诺的《树木有母亲》(2008)、詹姆斯·卡梅隆的《阿凡达》(2009)中非人类主体自我性，论证了多元自然主义对自然主体性的重新界定。简言之,我们生活在一个多姿多彩的多元自然世界,所有生命体都是具有独立主体性的独立个体。从多元自然主义视角,我们可以尝试回答赫西俄德(Hesiod)关于“自然是否能够免受人类贪婪之害?”的问题。人类若能将自我视为自然的一部分,将世界万物视为具有主题性的自我,承认我们所存在的世界是一个多元、交叠的整体,既考虑如何“更好地生活”(living better),也考虑如何“和谐地生活”(living well),便能将对自然的危害降至最低。亚当森在《环境正义、世界政治和气候变化》(2013)中论证了“更好地生活”向“和谐地生活”认知转变的具体途径:以亚马逊地区的环境保护运动为例,当地将本土口述传统中的森林母亲和粉色海豚作为观察工具,遵守《地球母亲和气候变化的全球宣言》,保护土壤、空气、森林、河流、湖泊、生物多样性(Adamson, 2013:181)。可以说,多元自然主义承认多元、坚持共享,挑战人的单一主体性,强调生物多样性。从多元自然主义观世界,世界是具有主体性的多元物质组成,是一个单元楼式的整体。人与自然具有本质相同的主体性,具有协商性和居间性。多元自然主义不以追求大一统为旨归,而是强调个性与尊重。多元自然主义观视角下的世界,接近一种以拼贴法(collage)打造的全球想象模式。

在人类世界正义论争层面,多元自然主义关注族群(白人与少数族裔)、人类活动对自然的影响,诸如攫取式资本积累活动对生态的破坏现象,探索减少人类贪婪对自然破坏的方法和途径。实际上,如今,在多元自然思想指导下,世界范围内已经出现多个跨文化的环境人文项目:雪莉·费什金(Shelly Fishkin)的“深层地图:电子重写地图项目”(DEEP MAPS, 2011)、亚当森的电子世界环境人文项目(HFE, 2015)等,均致力于联合世界学术力量,集合全球多语言电子档案,以地缘为门户,收集同一主题下全球各地生态文化的特殊表达,以电子形式展现跨国叙事的现实意义。跨国界、跨语言、跨大洲、跨学科的环境人文合作如火如荼地开展起来。

三、本土共同体设想的继承和发展

本土共同体和利奥波德的大地共同体在主体和旨归层面明显不同。本土共同体设想遵循一种本土世界政治观，挖掘从本土到全球乃至宇宙间的多元物种关系，反对统一性、一元论和一致性，强调特殊性、多视角、尺度并置。相较于利奥波德的生命共同体概念将人视为大地共同体的普通成员和居民，本土共同体将多元物种视为普通成员和居民，包括北美郊狼、粉色海豚等恶作剧主体的文化意义。可以说，生命共同体以生态整体论为旨归，从伦理范畴规范、限制人们的行为，而本土共同体继承和发展这一旨归，发掘生态本土性，更强调因地制宜，在主体范畴和研究旨归层面都进到了更具体的程度。

在主体层面，本土共同体以本土传统作为"识解方式"和"理论化模式"，将本土传统视为一种理论化的文化模式，联通文学研究、文化研究和环境人文实践，为揭示人类与其它生物的关系提供了一面透镜。亚当森曾追溯洪堡思想对玻利瓦尔的影响，探究本土文化与世界政治的关联，认为本土知识、部落文化不应被简单地浪漫化，而应将其视为一种"识解方式"和"理论化模式"（Adamson，2014：175）。本土共同体强调生态研究的本土文化性，立足于本土景观，以原族民情和家园的外部自然环境为单位，既重视生态的地方性，又强调全球视野；既有综观世界的视角，又重视个体对地方的情动力。①亚当森曾将"阿尼什纳比地区（Annishannabe）的关于熊、狼等动物变身的口述传统故事视为一种识解方式和一种特殊的理论，用以审视现实中的环境问题"（Adamson，1992）。无独有偶，加莱诺曾将亚马逊海豚作为观察

---

① 情动力（Affect）主要表现主体与所在环境之间的关系。贝奈特从情动力发展出概念情动身体（Affective bodies），阿莱默发展出概念跨肉身性（transcorporality）代表人类与自然身体之间的互动关系。简单来讲，肉身具有情动力，与所处环境链接、转换，处于一种去影响和被影响的关系之中。身体是主体与环境互动的节点（Node）、中介（Transit）和介面（Interface）（蔡振兴，23）。

工具，探究导致河流干枯、水源污染、海豚骤减等环境现象的深层原因，控诉现代萃取式资本主义发展模式导致的具有累积性、渐进性特征的慢性暴力现象。

本土共同体设想是一种嵌合式、多元存异的想象世界。它批评收编他者的掌权行为，抵制排除异己的殖民思维。对内，本土共同体是对人类正义伦理的分析，剖析社会伦理视角下的男人/女人、白人/少数族裔、富人/穷人的权益，批判特权阶级消费主义导致的环境不公现象。对外，本土共同体设想引导人文研究者关注基因工程、数字化生命体等先进科学产品引发的伦理及政治危机，促使我们借鉴女性主义、生物学、社会学、哲学、考古学、后现代主义及其他环境人文理论，思考吊诡的人的存在意义。

本土共同体设想打破客观屏障，跨越客观存在的国别、文化界限含义，属去疆界化(deterritorialization)的概念。①本土共同体将世界设想为一个有序拼接的整体。形象地说，中国国界之内，中国江南有勾栏的画舫、摇曳的光影和温柔的软语，相应地，西北大漠有飞扬的黄沙，粗犷的骏马和豪迈的英姿，这些截然不同的本土风情，却可以嵌合成为一副多元的、整体的中国版图。中美国界之间，大西洋西岸有歌舞激昂的好莱坞，大西洋东岸有袅袅笛音的秦淮河畔。全球环境想象也是去疆界化的、拼贴式的(Heise, 2008:21)，从本土共同体视角，我们可以想象将大陆板块移到一起，那么，中美两国大西洋东西岸风情的混搭，便可以调和成一斟别有风味的鸡尾酒。

本土共同体设想传达了一种主张去疆界和拼贴式的整体观，不止关注自然景观的相似性，也关注“人”的异化现象。②本土共同体设想

① 关于去疆界化(Deterritorialization)概念地域与恋地情结紧密关联。从心理视域来讲，去疆界化是有意识地去除对某一地方的依恋的活动，目的是为了树立一种生态整体观念，跨越国别和文化的藩篱。

② 此处的“人”超脱于人类中心主义的“人类”，是指多元自然主义观中的多元的物质主体。

有利于从跨文化视角审视第三世界国家正在经历的“慢暴力”事件，揭露富国话语支配下的环境不公正现象，以及系列与种族、阶级、性别、殖民主义和非人世界密切相关的环境种族主义问题。关于本土智慧的研究和总结，有利于个体了解不同地区的风俗民情、自然状况，也有利于本土居民因地制宜地制定政策法规，开展环境人文实践。在《环境正义，世界政治和气候变化》(2014)中，亚当森阐述了洪堡思想对亚马逊地区和安第斯山地区环境正义活动的影响：洪堡等人对亚马逊自然和人文风情研究影响了他的学生达尔文，以及包括爱默生和梭罗在内的环境主义者，特别是来自亚马逊地区的学者和政治家西蒙·玻利瓦尔(Simon Bolivar)。在洪堡的影响下，玻利瓦尔重视当地原住民的本土智慧，主张自由观，废除奴隶制，影响了整个南半球的环境正义运动，为《有关地球母亲权力世界议会》《地球母亲法令》等法规的制定和实施铺平了道路(Adamson，2014：175)。

法有可采，何论东西？思想是没有国界的，而正义是贯通南北东西的道德准绳。中国学人尤其要保持清醒，以一种包容多样性、整合古今中西的生态精神去建构一种真正的绿色批评(韦清琦，2003)。而所谓的真正绿色批评，首先应批判地接受西方理论和实践方法，对当代生态批评理论进行系统性、整体性、综合性的研究。真正的绿色批评，应该是聚焦于环境正义和社会正义问题，汲取东西传统生态精神，致力于建构基于本土传统思想的本土共同体。

第三节　跨文化生态批评的基本特征

多元文化和全球化时代背景下，中国生态批评与国际生态批评平等对话交流趋势蓄势待发，各国生态批评理论“契合”而不“融合”①，

① “契合”强调文化间的相触，并非“消融”各自的特点后像合金那样融为一体，而是创造各自新的发展契机(乐黛云，2016)。

国际生态批评理论研究界开始形成一张因陀罗网。生态批评开始走出自然中心主义、人类中心主义、西方中心主义等中心—边缘说怪圈，转而走向一种为万物请命的去疆界化的行动主义。从词源学上来讲，生态批评是一个偏正词组，“生态的”决定了其根性和基本特征：生态批评借鉴的并非生态科学的语言，更不是对生态科学的模仿，而是它引领的方向（王诺，2013：3），它扭转了文学研究日益学院化、晦涩化和脱离社会现实的倾向（王诺，2013：53），呈现出一种具有阈限性、正义性、美美与共特征的跨文化转向。

一、 跨文化生态批评的阈限特征

生态批评理论研究在经历爆发式增长之后，并不会直接走向成熟。实际上，在爆发式增长期和成熟期之间，需要有足够的时间来完成过渡工作，这个时期，我们可以称之为生态批评的阈限阶段。阈限即非此即彼、横跨之间，处于不断的跨界和变化阶段。这个阶段最显著的特点在于研究主题处于模糊、空白、居于之间的状态，是事物发生质变的转折点，连接过去、现在与未来。阈限既是指霍米·巴巴论述文化交流过程的第三空间，也是沃夫冈·伊瑟尔阐释理论中的阈限空间。在生态批评领域，阈限是亚当森在《美国印第安文学，环境正义和生态批评：中间地带》（2001）中多元文化的“中间地带”。不论是伊瑟尔的阈限空间、霍米·巴巴的第三空间、亚当森的中间地带，甚至是范·盖内普、特纳在人类学仪式研究中对“阈限”的本体论界定，都旨在描述一种填补空白、连接空缺、建立新世界的阈限阶段。

跨文化生态批评的阈限性旨在沉淀、调试、修正本土经验。随着美国地缘和生态话语中心地位的消解，国际生态批评界需要一种能够在形态上填补空白的视角和范式。跨文化生态批评并非在原有以美国为地缘中心的理论范式基础上炮制出的新理念，而是基于地方，放眼全球，从一种相近伦理走向一种全球伦理的新的客观标准，旨在消解矛盾、化解危机。随着全球化态势，西方有着了解他国的迫切需求，许多有识之士开始踏着“门槛”想一窥东方生态之究竟。[①]斯洛维克的地方全球(localglobal)概念、尼克劳斯(Malone Nicholas)的自然文化(natureculture)概念、海瑟的生态世界主义概念都在唤起学界对地方与全球关系间空缺点的好奇心。同时,东方学者在学习西方生态批评理念的基础上,已经“知其所以异,也知其所以同”,具备了与国际学术界面对面对话的能力和条件,开始形成具有东方风格的生态流派。这意味着,东西方生态话语开始进入稳定对话期,切磋琢磨,契合而不融合。国内生态美学研究在对西方环境人文理念引介的基础上,开始进入与世界生态话语接轨的阶段。进入这一阶段后,生态批评研究者不再简单地以二元对立的眼光看待问题,而是开始从种族正义、种际正义、性别正义、代际正义等向度,对全球危机问题进行思考并提供反馈,国际生态批评界开始展开对话。这意味着,学界开始抛弃相对机械的思维方式,将自诩为地缘和理论中心的北美地区与亚太、南美等边缘地带并置起来,使边缘游向中心,由美国中心圆式向谷歌世界地图式的网状结构转换。

概言之,新时期的生态批评从一种生态全球主义的视角,审视全球结构(global configurations)组成部分的地方性。跨文化生态批评开始从学科内部进行思辨,以动态、开放、多元、转换的视角,形成能够使界内人和界外人都信服的新洞见(Dana Phillips, 2004:41)。也即,“跨界”开始成为生态批评理论研究的基本走向(Oppermann, 2010)。随着人们的地方意识和全球意识隔阂的消解,静态、单一、固定的自然或生态观已经无法满足生态学者的渴求(蔡振兴,21)。从理论构建到文本分析,生态批评理论研究范式开始变得更加多元,在分析问题时,将更加关注现实环境问题。同时,对于理论研究者而言,我们也开始能够运用更强的同理心去包容异己的观点和价值观念。亚当森、欧普

---

① 此处的“门槛”有一语双关之意。阈限的英文“Liminal”字面意义有门槛“Thredshold”之意。具体参见:https://en.wikipedia.org›wiki›Liminality。

曼、伊欧维诺等人多用跨国别概括当下生态批评理论研究趋势。①不论是跨国别还是跨文化，以问题为导向，国际生态批评研究者在心理和思维上的如是进步，也将促使生态批评消弭地域、国族、认知、学科边界，促使生态批评表现出一种更为开放、多元、动态、模糊的阶段性阈限特征。

回顾过往，生态批评曾被指责有以管窥天之嫌，也曾处于其他学科不欲置喙的边缘地带。晚近的生态批评理论研究正在这边缘之处，慢条斯理地筹备了一场盛筵，邀请各学科加入环境人文学建构中来。早期文论研究界不乏质疑生态批评学科性的声音，但是，任何学科都是从无到有的，学科演化的实质是研究范式和知识生产的方式的演化。一个学科实际上意味着一种学术研究范式，一种知识生产机制或者说生产方式。衡量一个学科存在依据的，最终是该学科的学术史意义：它为我们的学术史增添了什么有价值的东西；质言之，它为人类生产了什么有价值的知识？（程相占，2012：109）。综观生态批评的发展史，生态批评已经具备了一个学科该有的面貌和形象：它具有自己的理论研究对象和范围，具有了独特的理论范式和研究方法。同时，随着经济和文化全球化趋势，生态批评开始关注富国话语支配下的环境可持续性问题及与种族、阶级、性别、殖民主义和非人世界密切相关的环境种族主义问题。

数十年前，以亚当森为代表的环境正义修正论者强调生态批评的多元视角与汇通性，发展了一种螺旋上升式的良性学术思路，为北美生态批评界从中心向边缘寻到了自救良方。他们以环境正义思想为主线，倡导多元文化生态批评，使边缘群体从边缘走向中心，解构传统经典之神话，消解白人中心论。法有可采，不论东西。文艺美学由外

① 关于跨国别（Transnational）的说法，可以从国族（Nation）的词源学意义上稍作定义：在北美，由于印第安部落的自治权，部落往往分管而治，自称国族（nation）。因此，一些关于美国本土文化、文学对研究对象也自称跨国别研究，例如美国著名本土研究学者艾伦就曾说过，美国研究需要一个跨国别的视角，为什么不直接称之为跨本土研究？（Allan，2012）。

到内—由内向外—由外到内—由内到外的良性阐释循环，或许是中国文艺美学走向世界的契机（程相占，2012：164），也是西方了解东方的途径的方法。走入中间地带，重视本土生态，跨文化的生态批评由内向外地以理论指导环境人文实践。转而也由外到内，关注文化/文学自身的审美特性。综上，跨文化生态批评必将承继这种反单一视角的研究方法，从全球视角进行体系建构，把握文化交流的尺度，规避文化帝国主义入侵的风险。

二、 跨文化生态批评的正义伦理

第一波生态批评为以自然写作为研究取向的研究，第二波为以环境正义为指导思想的生态批评社会化（程相占，2012：162），以此类推，未来生态批评是对之前理论研究的羊皮纸重写本，关注人与非人、人与自然、本土与全球的边界①。国际生态批评理论研究历经西学东渐、中体为用、本土生发阶段，开始由自西向东、自东向西的螺旋往复旅行，走向一种跨文化生态批评。这一领域逐渐挑战地方与全球、传统与现代的边界，体现出一种新型正义伦理。

第一，从研究视野来看，该新型正义伦理的“新”首先体现在从跨文化视角审视地方与全球的关系。如上文所述，生态批评的发展阶段并没有分明的界限，例如以“亚当森为代表的环境正义修正论者的相关研究既指出先前环境批评实践的问题，又是在其基础上进行的研究”（Buell，2005：138）。如今，鉴于全球化语境下的贫困人口和人权定义与种族问题同等重要，美国生态批评界不再拘于将环境正义运动视为美国范围内的种族运动，开展转向关注全球范围内穷人和政治弱势群体的诉求，跨文化的正义诉求成为生态批评的旨归。这种正义伦理建立在政治人类学（国家、民族、语言、肤色等）对立和概念对立的基

① 在政治人类学层面，边界是指不同国家、不同文化、不同种族间的界限。在学科话语层面，边界是指物理与历史之间的界限。在概念层面，边界是指自由与不自由、民主与专制等术语内涵。

础上，以处所想象、全球行动（thinking local, acting global）为策略，突破白人与有色人种的边界、英语与汉语的边界、资本主义与社会主义的边界，盟友与他者的边界，将“个体和社区以寓言及拼贴法形式，打造出全新的全球想象模式”（Heise, 2008:21）。如此一来，谷歌地图式的全球想象模式直逼地方传统认知，传统与现代、荒野与社会、地方与全球间、科学与人文间的边界开始模糊。伴随之，生态批评界也需要一种跨种族、多层次的研究方法，审视地方与全球、共性与特性、全球想象与地方意识的关系，关注环境种族主义、内殖民现象，以一种在地化的态度，揭穿西方的进步性和普世性假面，帮助底层民众和少数族（裔）的主体性表达自己的正义诉求。

第二，从研究内容来看，跨文化生态批评关注穷人的环境正义，以处所意识作为情感准绳，探寻使不同主体产生伦理共情的途径和方法。处所本质是一种历时性概念：在婴儿时代，（处所）是起居室和花园（路翠江，2014），随着个体阅历的递增，处所的界限外延。因此，跨文化的阅历常使人获得一种跨文化的共情能力。一个社会的文明程度，可以看是否能够正视边缘人类群体环境权益和义务不对等现象。一个时代的文明程度，可以看是否正视跨文化的弱势群体“污染逆承受”现象。[①]而扩大处所意识的外延，有利于重塑共情力（affection），实现跨文化生态批评的诉求：探寻人类影响环境活动的行为动因，探求重塑共情力的途径和方法。人类共情力的缺失是导致生态危机的主要原因。试问，谁能在外部信仰坍塌的情况下保持内心的岿然不动？无论居于何种文化区间的主体，包括富人与穷人、第一世界与第三世界、资本家和社会主义劳动者在内，都面临着物与欲的考验，都是环境危机的制造者和受害者。换句话说，生态危机本质上是一种信仰危机，是物与欲的博弈。探寻解决环境危机的方法，只能是回到人类自

① 顾名思义，污染逆承受是指弱势群体承担不相应的污染负担，由于经济能力或其他原因，他们对这种上层社会超环境负荷消费模式产生的垃圾只能是“逆来顺受”，无力反抗。例如，第三世界及落后地区的“洋垃圾”和“垃圾山”现象。

身，注重心与身的融合，这也是寻求解决时代生态危机良方的正确航向之一。

跨文化生态批评的正义伦理建构在多元自然主义理念基础之上：不同主体的需求，尊重动物的生命权，关心弱势群体的生存权，重塑共情力。亚当森曾以阿莱诺的诗集《亚马逊》(2009)中描述的原住民屠戮海豚事件为例，强调亚马逊当地人既是现代工业污染的受害者，也是导致海豚数量骤减的刽子手。从多元自然主义视角来看，海豚和人类均是自然的有机组成部分。但是，亚马逊口述传统具有对海豚的生殖力的崇拜传统，正是由于当地人对这种“物”与“人”共通性的盲目崇拜，导致大量海豚被猎杀。于是，当地政府不得不针对这种现象推出反猎杀海豚的法案。无独有偶，中国电影《可可西里》(2004)讲述了一个反盗猎藏羚羊巡逻队与盗猎分子斡旋决斗的故事。在这个故事中，除了穷凶极恶的盗猎头目外，参与偷猎活动的有许多当地的农民。电影中农民与记者的对话说明他们的生活困境和道德上的挣扎：不偷猎就得饿死。电影播出后，我们中国政府在可可西里设立了藏羚羊保护区，有的放矢、因地制宜，扶持当地服务业和旅游业，刺激当地经济发展，改善当地民生。

若正义伦理消声，“缺乏传统性的现代性不仅容易驱散自然中的神灵，也驱散了人心中的神灵”(田松，2009)。抛开传统性的现代文化结构如无根之槁木，会最终导致信仰危机。回归传统，追求共情，以处所意识作为情感准绳，才能将主体带回历史现场。传统与现代只是历史发展纵坐标轴上的不同刻度：传统是现代的基础，现代是传统的承继。而从历时层面来讲，当下的现代，也是未来的传统。亚当森在《古老未来：美洲土著和太平洋南岛作品中的流散生活与食物知识体系》(2015)中对比中国台湾南岛族部落(Taiwan’s Austronesian Tribal Groups)和北美本土文学作品，借鉴对美洲社会正义环境联盟形成历程的分析，说明口述传统、民族纪事对解决信仰虚无问题的积极作用。以处所意识为情感准绳，凿井取水，可以为我们打开一片新天地，引领我们走向古老的未来:那些古老部族传统对人类历史的预言为我们审视当下困境提供了别样的视角,甚至具有环境启示录意义。以霍皮族第四世界预言以及玛雅人的《农耕历书》为例,这些古老而神秘的部族寓言,系统呈现了古老部落乃至世界文化的发展史。从跨文化视角审视这些灵动的历史事件,能够使来自不同文化的主体产生伦理共情。亚马逊原住民认为砍伐森林、攫取资源的行为侵犯了"亚格妈妈"的权益,在中国纳西族东巴神话中,水灾是得罪"署族"的后果。可见,朴素的传统自然观不分国界、民族,生态危机实则是信仰危机,环境非正义实则是万恶之源。

第三,从研究目的来看,跨文化生态批评重新定义本土共同体概念,以实现正义伦理为旨归,要求不同主体将心比心,换位思考,站位于中心地带。根据耶鲁大学的民意调查,只有 12%的美国人关心气候变暖问题。这一结果仿佛暗示了全球北方(global north)对环境问题素有一种事不关己意识(Adamson, 2014:178)。的确,由于历史发展阶段、意识形态、传统文化、生活习惯的差异,全球北方和全球南方之间具有明显的认知差异,间接导致了严重的有毒废物处置问题。[①]正是环境正义伦理的缺失,才使得全球北方的"晋惠帝们"常提出"何不食肉糜"的幼稚论断。

跨文化视角有利于以本土共同体代替世界同心圆模式,递给自以为是的"中心人"一面因陀罗透镜,以期让他们看到"边缘人"生存状态,打破其"行尽破坏之事,妄图独善其身"的美梦。2019 年,美国"文学与环境研究会年会"将主题定为"天堂浴火",会议承办院校加州大学戴维斯分校所在地萨克拉门托市常被译为"沙加缅度",素被视为人间天堂。众所周知,晚近加州山火频发,昔日沙加缅度,今日

① 亚当斯(Adams Carlo)的"男人爱吃肉,女人想吃素"(2010)从人类饮食习惯入手分析美国社会的性别、阶级思维固式。以此推理,民众并未注意到在美墨边境、拉美、东亚地区建造进出口工厂是不公正现象,甚至未意识到运往非洲、亚太地区的有毒垃圾及废物正是源自他们日常生活。

浴火天堂。①人类活动是这片天堂的缔造者，也是使天堂化为灰烬的始作俑者。烈火狂舞实际是人类活动达到了环境承载力的阈限值的表现，是忽略了自然、社会发展的平衡性、正义性、可持续性的后果。然而，诸如此类的危机发生之后，富人可以换个场地依旧推杯换盏，只留弱势群体在灾区忍痛前行。在《往好的方向转变》(1992)中，奥提斯曾一针见血地指出美国沙加缅度山火痼疾的根源：如果我们不考虑所有贫困和边缘人群的环境权益，那么，任何人的生活都将失去保障。环境危机不仅关乎印第安阿科马人的存亡，也关乎这个国家(美国)所有人的存亡(Ortiz，1992：360)。

我们可以设问，生态危机是否事关人类存亡？如果是，它应该如何避免？答案无疑是肯定的，而生态批评正是以缓解和避免生态危机为根本旨归。正因为生态危机兼具本土性和全球性，跨文化的生态批评视角更有利于发挥本土世界政治观和多元自然主义思想的指导作用，遵循一种正义伦理，为不同文化背景的学者、生态批评家提供一个对话平台和中间地带，以负责任的态度致力于改变环境现状。跨文化生态批评立足本土、并置尺度，从比较视阈审视文艺与生态环境的关系，凸显出愈发明显的问题意识和美学意识。

三、 跨文化生态批评的美学意识

生态批评必须确保文学的审美特性，才能确保自身作为文学批评的身份(程相占，2012：164)。也即，我们需要将生态批评限定在“生态的”和“文学的”范围之内，探讨文学与自然的关系、人与自然的关系、生态思想(包括生态审美思想)。“生态的”这一限定语决定了生态批

---

① 萨克拉门托，加州州府和萨克拉门托县府所在地，也是美国横贯美洲大陆的第一条铁路的终点站所在地。19世纪，随着淘金热的兴起，萨克拉门托市曾是许多中国淘金劳工的落脚地，所以萨克拉门托当地的许多华人喜欢用更接近粤语的“沙加缅度”来代替汉语官方翻译萨克拉门托。白沙细浪、天堂国度是“沙加缅度”给世界的第一印象，然而，如今的“地狱火舞”成为这片土地的代名词。

评不是一般的文学批评（王诺，2013：54）。因此，什么是美？什么是人？如何做到美美与共？这些能够确保生态批评文学根性的问题，在未来也是值得深长思之的。

何谓美学意识？"美学"是个偏正词组，"美"修饰"学"。学，即学问、学说（周宪，1984：11）。康德认为，美是德性和善的象征（康德，2002：200），而美学则是"关于感性、美和艺术的研究"（陆正兰，2018）。以此观之，生态美学也可被视为一个偏正词组，"生态"修饰美学，生态美学就是关注人与自然关系的学问和学说，而德性和利他是生态美学的表征。生态批评的美学意识将其限定在"生态的"和"文学的"范围之内，成为生态文学研究的重要向度。可以说，生态文学是关于人与自然关系的文学书写，一边咏叹着"炊烟入云成雾霭，小桥流水过人家"；关注地方审美与全球经验间的关联，一边感慨着"东边日出西边雨，春来秋去总余情"。生态批评则是关注生态文学中的炊烟、人家、雾霭、小桥意象，思考人与自然万物的关系，聚焦能够使人共鸣的自然美感。生态批评的美学意识是与生俱来的，而这种与生俱来的美学意识不受地域、文化、肉身限制，逐渐走向一种跨文化的生态文艺美学研究。

的确，"生态的"一直是生态批评的根性所在，而关于其文学性和文化性的论争也一直伴随生态批评发展始终。林恩·怀特（Lynn White）在《我们生态危机的历史根源》（1967）中从人类对于自然的态度视角考察生态危机的思想文化根源，将生态批评视为一种生态文化批评（ecological cultural criticism），认为生态批评是超越疆界的跨文化研究。①亚当森、里德等环境正义修正论者将本土生态传统理论化，以环境正义为透镜，扩大了生态批评研究范围，立足本土，将人与自然、人与人之间的关系视为一种融入和回归，并基于此，开展了系列环

① 在格罗特菲尔蒂和布鲁姆主编的《生态批评读本：文学生态学里程碑》（1996）中，林恩·怀特（Lynn White）的《我们生态危机的历史根源》（1967）被选为开篇之作，为生态批评定下了基调：关注人类与自然的关系问题，历时地考察生态危机的思想文化根源。

境正义人文实践活动,契合和体现着生态批评的主要发展方向——跨文化生态批评。这一发展方向集中表现为对正义伦理和美学意识的把握。如上文所述,正义伦理突出大地母亲的伦理价值,是人文界、自然科学界和其他有着共同体信仰的人们建构理想未来的途径,是开展环境人文实践的基础(Adamson, 2018:71)。与之相应,跨文化生态批评的"美学意识"突出表现为三个基本诉求,即:平等诉求,实践诉求和共同体诉求。所谓平等诉求,是指尊重地方性的审美经验,承认不同个体彼此是自由且平等的诉求;意味着追求文化共生,最大限度地尊重文化独特性。所谓实践诉求,是指将多元文化背景下的个体纳入考量范畴,探究实现人类与栖居地和谐共存的路径;意味着生态批评的方向永远不是照本宣科,而是以理论指导实践。所谓共同体诉求,是在对科学性的逻辑及社会文化的基本价值追求把握的基础上,回答"如何在一起和谐友善地生活"这一问题;意味着个体对自身社会结构基本知识的清楚认知,遵循人与自然和谐相生这一基本规则。

关于平等诉求。全球化导致了各类不平等的政治和经济现象,唯发展主义使世界陷入一种癫狂的错乱。资源采掘和环境负担的不对等分配现象使人联想到电影《饥饿站台》(2019):升降电梯为一个封闭世界300余层电梯的囚徒送去食物,处于第一层的人可以随意食用山珍海味,至中间层尚有残羹冷炙饱腹,到最下层的囚徒甚至会自相残杀,食人肉果腹。这一叙事空间结构映射了跨文化的生态现状:自然为位处不同区间的主体提供了给养资源,但由于人类的贪婪,导致资源的严重分配不公。处于第一梯度的人们理所当然地认为资源会用之不竭,竭泽而渔式地大肆挥霍,例如美国的富裕文化和消费文化。然而,是否能够做到不污染、不攫取资源,是检验文明与否的真正标准。人们需要一种多元、包容和开放的姿态,普及教育、丰富精神,以实现人与人、人与自然平等和谐为旨归:维护地方文化和生物多样性,重视对美的感知,兼顾感性与理性。

生态批评的跨文化视角为作家、学者、教师、学生、活动家和社区成员穿梭于传统景观与本土话语、宇宙与地方、学院与叙事、理论和社会实践搭建中间平台。跨文化视角帮助人们把眼光扩大到整个地球、整个人类，扩大到人的全面发展，践行生态整体主义观。跨文化视角下，平等诉求不仅是保证人类精神、物质、审美和人格的完整，还包括自然的可存续和生态的整体平衡，认识到生态系统的承载力和资源的有限性，意识到世界上大多数人不可能达到发达国家的富裕文化和消费文化指引下的物质水平。在此背景下，跨文化生态批评关注文学审美与社会公正、个人和全球责任的关系，强调“发展”和“更好生活”，更重视“美好”和“和谐生活”。和谐生活更接近人类真正的需要：人类能够在自然可承载范围内改善生活质量，在获得基本的生存条件后，保证人与人、人与自然的和谐和自由。在跨文化视角下，所谓的环境公正和社会公平便具有了新的意义：破坏生态平衡并非人类发展的初衷，遏制贪欲，实现平等，回到与自然的合作状态，是实现生态文明的必经之路。不论是发达国家，还是发展中国家，除非我们宁愿接受“要死一起死”的结局，不然我们就需要限制发展，将自然的存续和生态整体观放置在首位，保证人类和自然物的基本生存权。

也就是说，跨文化生态批评视角下的平等诉求并非一味地强调发展权，更接近一种生态的可承受发展整体观。平等诉求并非一味地要求以牙还牙、同归于尽，而是遵循和谐生活观。无论是穷人还是富人，隶属发达国家还是发展中国家，所有的文化主体应将生态平衡放置在首位，不应损害任何主体的环境权益。的确，早期荒野保护主义者曾忽视印第安人权益，跨国公司、富裕白人曾肆无忌惮地消费环境资源。而且，所谓的荒野保护运动也是在为资本主义精英阶层保护后院，将荒野野蛮化，将边缘人的家园变成主流社会的游乐场。然而，从跨文化视角理解主体的平等诉求，以己度人、将心比心，重申生态整体观的内涵，致力于避免如法炮制的此类事件频繁发生。从跨文化的视角来看，除非我们可以接受地球生态系统崩溃、全球生物大灭绝的惨景，不然，我们就需要接受生态整体观，合理地表达我们的平等诉求，争取在地球可承受范围内的平等发展权，而非坚持付我以血泪，报之以獠牙。

关于实践诉求。随着西方同心圆思想的解体，以欧洲、美洲、亚洲某一国家为圆心的世界同心圆认知模式被多元文化嵌合的“因陀罗网”模式所替代。跨文化的视角、并置的尺度，有利于加强不同文化背景的主体协同合作，降低工具理性给全人类社会带来的伤害。诚然，尽管全球性的生态危机需要全人类共同面对，但鉴于现在的国际政治格局，我们不可能通过全人类公投的形式来解决危机。也就是说，对外，各国会为了维护本国既得利益参与博弈；对内，除非发生毁灭性的生态灾难，进行公投的公民也不能保证遵从着生态中心主义而非个人利益至上原则。于是，许多悲观主义者认为所谓的生态整体观不过是理想主义者的口号，或许只有当遭受威胁物种生存的大灾难时，才能真正激起人们通力合作的欲望。但是，环境正义修正论者们显然不在这些悲观者之列，他们听到了卡森的口号，直面生态危机带来的挑战，探寻缓解生态危机的方法，朝着力所不逮的正义目标奋进。

亚当森在《药食》(2011)和《我们都是印第安人》(*Todos Somos Indios*, 2012)研究世界文学中的原住民饮食文化，关注食物主权问题。在她看来，缓解当下的生态危机，一定不能忽视非白人文化的特殊性，以及欠发达地区贫穷问题。她与黄新雅一道，从种族、阶级、殖民主义、人与非人关系的角度，以问题为导向，对比印第安本土文化与中国台湾地方性审美经验，审视现实世界的食物主权问题①。她们得出的结论是，当下生态危机是想象匮乏导致的后果，如果我们能够预先了解物种灭绝的原因，知晓攫取自然资源是一种透支子孙生存权的行为，或许就会有意识地偿还环境欠债，正视种族主义助长环境不公

① 食物主权问题是近年来环境人文学研究的热点话题，主要指国家和社会控制自身食物供应的能力。1996 年，世界粮食首脑会议上首次提出“食物主权”概念，当时便受到了国际政策领域广泛的关注和讨论。《联合国人权宣言》(Rights and the United Nations Declaration, RUND)和《联合国土著人民权利宣言》(United Nations Declaration on the Rights of Indigenous Peoples, UNRIP)，均提出保护人民享有“食物主权”。

现实,并参与到世界环境人文项目中来。亚当森的环境正义思想对之前环境正义概念内涵进行了修正,主要表现在两个方面:其一,她的出发点和主要关注点虽仍在人类社会的公正诉求,例如城乡正义、种族正义、国家正义和代际正义问题,但是并未局限在人间正义范畴,而是以多元自然主义为核心,坚持人与自然的平衡关系,维护物种多样性,主张在自然可承载的范畴之内开展环境人文实践。

关于共同体诉求。尽管本土共同体尚是一种未竟的理想,却是未来生态批评研究的题中应有之义。未来的人类社会可能面临比以往都更严重的生态危机和伦理问题,需要主体超越私人性的意志和意愿,上升到对整体"美"的遵从和信奉。在美国及世界范围内,跨文化、跨种族的环境非正义现象限制着人类在保护自然上的合作,是实现共同体诉求的最大障碍之一。穷人和有色人种承受着不成比例的环境危机和环境灾害,里德曾针对环境种族主义现象提出过如下诘问:在美国及国际范围内,种族主义是如何助长环境非正义现象的嚣张气焰?美国及世界范围内的穷人和有色人种叙事中的本土自然传统有何不同?(Reed, 2002:149)。针对这一现象,我们可以发挥文学想象的力量,重视地方性审美经验,共同建构一种自由和正义的本土共同体。我们可以将学理性建构在本土现实的体验之上,发掘人们的生态无意识。

未来社会,人工智能、大数据、云计算、基因编辑等新的科技将带来系列问题。人工智能和科学技术的运用,更是改变了人们的生活方式,例如,语言的巴别塔会被轻而易举地跨越,使用不同语言的人们能够依靠软件而轻松交流。伴随之,人类可能走向过于依赖科技而遭到科技反噬,人类自身成长和进步甚至会受控于科技的发展,例如,人类能够改造生物基因的能力,不免令人想到玛丽·雪莱笔下中不受控制的弗兰肯斯坦。在不同文化背景下成长起来的个体,可能面临同一个事关生死存亡的生态危机,伴随之,位处不同文化区间的个体所担负的责任亦不再是零和博弈关系,相反却需要将传统的利他思想上升到

"利生态整体主义"的高度。尽管这种共同体意识常被批判具有一种浓重的理想主义色彩。但是,众多生态主义者并未在悲观绝望中裹足不前,而是将解决环境危机作为未竟之事业,竭尽所能地推动生态主义变革,唤醒人们的生态共同体意识。我们的确需要这样一种理论:它能够在普世和本土之间浮出,它能够对文化进行饶有意义的应用,它能够给我们提供解释性的批判和替代性的变革,它能够成为我们创建一个更为公正的社会和环境的工具(Adamson, 2001:99)。

跨文化生态批评正是对这种诉求的响应:它不再局限于地区或单民族生态,具有开放理论视野。它突破时间、地域、语言、文化局限,超越单个文化体系。它基于文学本土研究,以探求各民族生态文学共通的诗心和文心为旨归。跨文化生态批评构想既是对原有生态批评理论研究的解构历程,亦是对新理论的建构过程。悟以往,知来者。生态批评正以一种开放的姿态,迎接环境人文学时代到来。

小结与反思

继承是创新的基础,新的文学理论和批评方法的产生往往是在继承、补充或修正前辈理论的基础上形成。了解西方生态批评理论发展现状,是为了更客观地把握国际生态批评理论发展的基本规律,是为了更好地把控国际本领域最前沿的问题:追求人与人的和解、人与自然的融合。由多元文化生态批评走向跨文化生态批评的内在逻辑可以总结为:不同文化区间的主体以缓解生态危机为共同的目标,将人类社会系统视为受地球生态系统规约的组成部分,以共同应对生态危机为最高准则,不同文化的博弈重心就可以转移到实现生态整体利益、消除生态危机上来。依照这一逻辑,跨文化生态批评仍以本土世界政治思想为根基,重视地方性的审美研究,肯定个体之外的社会价值、民族之外的他民族价值、本土文化之外世界政治格局价值,是未来生态批评理论建构的题中应有之义。

然而,我们需要警醒地意识到:当下生态批评的崛起和风光,主要是因为人类面临日趋严重的经济危机因此而愿意接受生态思想,而非生态批评已经取得的什么了不起的成就(王诺,2013:57)。目前,生态批评常因两个问题为人诟病,其一,如何保证其文学性,如何与其他文学研究进行区分?其二,鉴于生态批评的块茎性特征,如何做到既重视实践性,又保持其审美性?针对这两个问题,我们需要首先澄明:生态批评不会试图取代其他的文学批评,它严格地将自己的研究领域限定在人与自然关系研究这一界限之内,希望向文学领域和非文学领域的人证明:生态问题在当今极其重要,重要到关乎人类和整个地球的存亡和命运。而关于对生态批评实践性和审美性的质疑,实质是提出了一个关于生态批评的边界界定的问题。

实际上,跨文化生态批评并非是在扩大生态批评的理论范畴,而是试图为生态批评设定一个边界。跨文化、多元文化可以被视为偏正词组的前缀,强调克服唯发展至上的生态自私主义,超越自身利益,走入中间地带。跨文化、多元文化强调克服语言和文化差异,以生态为本,推进本土文化与异族文化的对话。多元文化生态批评与中国本土的生生美学的对话,虽尚不足以建构完整的跨文化生态批评体系,但却有利于结合西方生态批评的实践性和中国美学的审美性,促进中西生态批评学者摆脱先在立场和前理解,尊重本土文化处境和文化场域,构建跨文化的想象共同体世界。

合抱之木生于毫末,跨文化生态批评虽仍处于发展的基础阶段,却已经展现出良好的发展态势。随着世界范围内越来越多的研究者开始关注这一课题,并齐心协力积极解决其中的一个个相关问题,集思广益,积少成多,总有一天,跨文化生态批评会水到渠成。

参考文献

[1] Abbey Edward. Desert Solitaire: A Season in the Wilderness. New York: Ballantine Books, 1968:6.

[2] Alexis Krausse. China in Decay. London: Chapman & Hall, LD. 1900:379.

[3] Adamson, Joni. Why Bears are Good to Think and Theory Doesn't Have to be Murder: Transformation and Oral Tradition in Louise Erdrich's Tracks. Studies in American Indian Literatures, Vol.4(1), 1992:28—48.

[4] ——. "Towards an Ecology of Justice: Transformative Literary Theory and Practice." Reading the Earth: New Directions in the Study of Literature and the Environment. Ed. Branch M. Idaho: U of Idaho P, 1998:9—17.

[5] ——., Stein, Rachel. Environmental Justice: A Roundtable Discussion. Oxford: ISLE Interdisciplinary Studies in Literature and Environment. 2000, Vol.7(2):155—170.

[6] ——. American Indian Literature, Environmental Justice, and Ecocriticism: The Middle Place. Tucson: The U of Arizona P, 2001.

[7] ——. Evans, Mei Mei. Stein, Rachel. The Environmental Justice Reader: Politics, Poetics, and Pedagogy. Tucson: The U of Arizona P, 2002:9.

[8] ——. "The Challenge of Speaking First: A Tribute to Si-

mon Ortiz". Nebraska: Studies in American Indian Literatures. 2004, Vol.16(4):57—60.

[9] ——. What Winning Looks Like: Critical Environmental Justice Studies and the Future of a Movement. American Quarterly, Volume 59(4), 2007:1257—1267.

[10] ——. "For the Sake of the Land and All People: Teaching American Indian Literature." Modern Language of America's Options for Teaching Series: Teaching North American Environmental Literature. Ed. Frederick, W. O., Laird C. New York: MLA Press, 2008:194—202.

[11] ——. Slovic, Scott. "The Shoulders We Stand On: An Introduction to Ethnicity and Ecocriticism." Oxford: MELUS Multi-Ethnic Literatures of the US, 2009, Vol.34(2):5—24.

[12] ——. "Coming Home to Eat: Re-imagining Place in the Age of Global Climate Change." New Taipei City: Tamkang Review, 2009, Vol.39:23—26.

[13] ——. "Medicine Food: Critical Environmental Justice Studies, Native North American Literature, and the Movement for Food Sovereignty." Environmental Justice, 2011, Vol.4(4):213—219.

[14] ——. Todos Somos Indios. "Revolutionary Imagination, Alternative Modernity, and Transnational Organizing in the Work of Silko, Tamez and Anzaldúa." The Journal of Transnational American Studies 2012(5):1—26.

[15] ——. "Seeking the Corn Mother: Transnational Indigenous Organizing and Food Soverity in Native North American Literature." We the Peoples: Indigenous Rights in the Age of the Declaration. Ed. Elvira Pulitano. New York: Cambridge University Press,

2012：228—249.

[16] ——. Indigenous Literatures，Multinaturalism，and Avatar：The Emergence of Indigenous Cosmopolitics. Oxford：American Literary History，2012：143—167.

[17] ——. "Spiky Green Life：Environmental，Food and Sexual Justice Themes in Sapphire's PUSH." Sapphire's Literary Breakthrough：Feminist Pedagogies，Erotic Literacies，Environmental Justice Perspectives. Ed. McNeil，E. Lester，N，London：Palgrave Macmillan，2012：69—88.

[18] ——. Ruffin，Kimberly，N. American Studies，Ecocriticism，and Citizenship：Thinking and Acting in the Local and Global Commons. London and New York：Routledge，2013.

[19] ——. "Environmental Justice，Cosmopolitics and Climate Change." The Cambridge Companion to Literature and the Environment edited by Louise Westling. Ed. Louise Westling，Cambridge UP，2013.

[20] ——. "Almanac of the Dead." Encyclopedia of Environment in American Literature. Ed. Brian Jones. McFarland Company，Inc.，2013：279—280.

[21] ——. "Source of Life：Avatar，Amazonia，and an Ecology of Selves." Material Ecocriticism. Ed. Iovino，S.，Oppermann，S，Bloomington：Indiana UP，2014：258.

[22] ——.，Pellow David Nauib. "Engaged Scholarship in Vanacular Landscape：A Conversation." Resilience：A Journal of the Environmental Humanities，2014，Vol.1(1).

[23] ——. "Cosmovisions：Environmental Justice，Transnational American Studies，and Indigenous Literature." The Oxford Handbook of Ecocriticism. Ed. Gerrard G. Oxford：Oxford Universi-

ty Press, 2014:172—187.

[24] ——. "Working Wilderness: Ranching, Proprietary Rights to Nature, Environmental Justice and Climate Change." Working on Earth: The Intersection of Working-Class Studies and Environmental Justice. Ed. Robertson, Christine., Westerman, Jennifer. Reno: U of Nevada P, 2014.

[25] ——. "Indigenous Cosmopolitics and the Re-Emergence of the Pluriverse." Howling for Justice: Critical Perspectives on Leslie Marmon Silko's Almanac of the Dead. Ed. Rebecca Tillett. Tucson: U of Arizona P, 2014:169—183.

[26] ——. Pellow David Naui., Gleason William. Keywords for Environmental Studies. New York: New York UP, 2015:4.

[27] ——. "The Ancient Future: Diasporic Residency and Food-based Knowledges in the Work of American Indigenous and Pacific Austronesian Writer." Canadian Review of Comparative Literature, 2015:5—17.

[28] ——. Michael Davis. Humanities for the Environment: Integrating Knowledge, Forging New Constellations of Practice. London and New York: Routledge, 2016.

[29] ——. "Roots and Trajectories in the Environmental Humanities: From Environmental Justice to Intergenerational Justice." English Language Notes, 2017.

[30] ——. "Collected Things With Names Like Mother Corn: Native North American Speculative Fiction and Film." The Routledge Companion to the Environmental Humanities. Ed. Heise Ursula, Christensen London: Routledge, 2017.

[31] ——. Situating New Constellations of Practice in the Humanities: Towards a Just and Sustainable Future. Sustainability.

Ed. Sze Julie, New York: New York UP, 2018.

[32] ——. "The HfE Project and Beyond: New Constellations of Practice in the Environmental and Digital Humanities." Resilience: A Journal of the Environmental Humanities, 2018, Vol.5(2): 1—20.

[33] ——. "Foreword." Chinese Environmental Humanities: Practices of Environing at the Margins. Ed. Chia-ju Chang, 2019.

[34] Ashcroft Bill. Post-colonial Studies the Key Concepts. London and New York: Routledge, 2000.

[35] Alaimo, Stacy, Hekman, Susan J. Material Feminisms. Bloomington: Indiana UP, 2008:121.

[36] ——. Bodily Natures Science, Environment, and the Material Self. Bloomington: Indiana UP, 2010.

[37] ——. States of Suspension: Trans-corporeality at Sea. Oxford: ISLE. Interdisciplinary Studies in Literature and Environment. 2012:476—93.

[38] Allen Chadwick. "A Transnational Native American Studies? Why Not Studies That Are Trans-Indigenous?" Journal of Transnational American Studies, 2012, Vol.4(1).

[39] Aretoulakis Emmanouil. Towards a Posthumanist Ecology: Nature without humanity in Wordsworth and Shelley. European Journal of English Studies, 2014, Vol.18(2):172—190.

[40] Barbara, Babcock-Abrahams. "Why Frogs are Good to Think and Dirt is Good to Reflect On." Soundings, 1975:167—181.

[41] ——. "A Tolerated Margin of Mess: The Trickster and his Tales Reconsidered." Barbara, and Babcock-Abrahams. "A Tolerated Margin of Mess: The Trickster and His Tales Reconsidered." Journal of the Folklore Institute, 1975, Vol.11(3):147—86.

[42] Bruner J. The Narrative Construction of Reality. Chicago: Critical Inquiry, vol,18, 1991:2.

[43] Bate Jonathan. Romantic Ecology: Wordsworth and the Environmental Tradition. London and New York: Routledge, 1991.

[44] ——. The Dream of the Earth. Cambridge: Harvard UP, 2000.

[45] ——. The Song of the Earth. Cambridge: Harvard UP, 2002.

[46] Beck, Ulrich. Risk Society. Trans. Mark Ritter. London: Sage, 1992.

[47] Bruno Latour. We Have Never Been Modern. New York: Harvester Wheatsheaf, 1993.

[48] ——. Pandora's Hope: Essays on the Reality of Science Studies. Cambridge, Mass.: Harvard University Press, 1999.

[49] ——. Politics of Nature: How to Bring the Sciences into Democracy. Trans. Catherine Porter. Cambridge, Mass.: Harvard University Press, 2004.

[50] Buellard, Robert D. Unequal Protection: Environmental Justice and Communities of Color. San Francisco: Sierra Club Books, 1994.

[51] Bhabha Homi. The Location of Culture. London and New York: Routledge, 1994.

[52] ——. The Third Space. Identity, Community, Culture, Difference. Ed. Jonathan Rutherford. London: Lawrence and Wishard, 1990.

[53] Buell Lawrence. The Environmental Imagination: Thoreau, Nature Writing, and the Formation of American Culture. Cambridge, Massachusetts, and London: The Belknap Press of Harvard

UP, 1995.

[54] ——. Writing for the Endangered World. Cambridge: The Belknap Press of Harvard UP, 2001.

[55] ——. The Future of Environmental Criticism: Environmental Crisis and Literary Imagination. Oxford: Blackwell Publishing Ltd, 2005.

[56] ——. Ecocriticism: Some Emerging Trends. Qui Parle, 2011, Vol.19(2):87—115.

[57] Bennett, Michael, and David W. Teague. The Nature of Cities: Ecocriticism and Urban Environments. Tucson: U of Arizona P, 1999.

[58] Bennett Michael. "From Wide Open Spaces to Metropolitan Places: The Urban Challenge to Ecocriticism." The ISLE Reader: Ecocriticism 1993—2003. Ed. Branch M., Slovic Scott. Athens: U of Georgia P, 2003:296.

[59] Birte R. Gender and Poverty Reduction: New Conceptual Approaches in International Development Cooperation. German Development Institute, 2004:52.

[60] Bernheimer, Charles. The Comparative Literature in an Age of Multiculturalism. Baltimore: Johns Hopkins University Press, 2005:39—48.

[61] Bakker K. Eau Canada: The Future of Canada's Water. Vancouver: UBC Press, 2007:317.

[62] Berleant Arnold. The Aesthetics of Environment. Philadelphia: Temple University Press, 2010.

[63] Bennett Jane. Vibrant Matter: A political ecology of things. Durham: Duke University Press, 2010.

[64] Broughton Alan. "Land Grabbing: A New Colonialism."

Green Social Thought: A Magazine of Synthesis and Regeneration, 2013:25—28.

[65] Bennett Michael. Conservation Social Science: Understanding and Integrating Human Dimensions to Improve Conservation. Biological Conservation, 2017, vol.205(C):93—108.

[66] Carson, Rachel. Silent Spring. Boston: Houghton Mifflin, 1962.

[67] Coggins, George Cameron. William M. Native American Indians and Federal Wildlife Law. Stanford Law Review, 1979:379.

[68] Chavkin, A., Feyl-Chavkin, N. Conversations with Louise Erdrich and Michael Dorris. Jackson: UP of Mississippi, 1994.

[69] Cronon William. Uncommon Ground: Rethinking the Human Place in Nature. New York: W. W Norton Company, 1996:80.

[70] Carlson, Allen. Aesthetics and the Environment: The Appreciation of Nature, Art, and Architecture. London and New York: Routledge, 2000.

[71] ——. Nature, Aesthetics, and Environmentalism: From Beauty to Duty. New York: Columbia University Press, 2008.

[72] Curtin, D. Environmental Ethics for a Postcolonial World. Lanham. Md.: Rowman and Littlefield Publishers, 2005:145.

[73] Carducci, Vince. Ecocriticism, Eco mimesis, and the Romantic Roots of Modern Ethical Consumption. Literature Compass, 2009: 646.

[74] Deloria Vine. We Talk You Listen: New Tribes. New Turf. Lincoln: Bison Books, 1970:186.

[75] DeLoughrey, Elizabeth. Handley, G, B. Postcolonial Ecologies: Literatures of the Environment. Oxford: Oxford UP, 2011.

[76] Dillon Grace. Walking the Clouds: An Anthology of Indig-

enous Science Fiction. Tucson: U of Arizona P, 2012:3.7.47—53.

[77] Donna Phillips. The Truth of Ecology. Oxford: Oxford UP, 2003.

[78] Descola, Philippe, Janet Lloyd(Trans). Beyond Nature and Culture. Chicago: U of Chicago P, 2013:xix.

[79] Deleuze and Guattari. A Thousand Plateaus. Minneapolis: University of Minnesota Press, 1987, P.149.

[80] ——. Love Medicine. New York: Holt, Rinehart and Winston, 1984.

[81] Fishkin S. Deep Maps: A Brief for Digital Palimpsest Mapping Projects(DPMPs, or Deep Maps). Journal of Transnational American Studies, Vol.3, No.2, 2011.

[82] Fiskio, J. A Conversation with Shazia Rahman, Karen Salt, and Julie Sze. Resilience: A Journal of the Environmental Humanities, 2014, Vol.1.

[83] Edwards Nelta. Radiation, Tobacco, and Illness in Point Hope, Alaska: Approaches to the Facts in Conteminated Communities. The Environmental Justice Reader: Politics, Poetics and Pedagogy. Ed. Adamson Joni., Evans M. Stein R. Tuson: The U of Arizona P, 2002.

[84] Estok, Simon C., Won-Chung Kim. East Asian Ecocriticism: A Critical Reader. London: Palgrave Macmillan, 2013.

[85] Fitzsimmons, L. Asian American Literature and the Environment. London and New York: Routledge, 2014. ix—xvi.

[86] Greenwood, Davyd J., Stini William A. Nature, Culture, and Human History: A Bio-cultural Introduction to Anthropology. New York: Harper & Row, 1977:489.

[87] Glotfelty Cheryll., Fromm Harold. The Ecocriticism Read-

er: Landmarks in Literary Ecology. Athens and London: U of Georgia P, 1996.

[88] Galeano, Juan Carlos. Amazonia, Bogotá: Casa de Poesía Silva, 2003.

[89] ——. Amazonia: Bilingual Edition. Iquitos, Peru: CETA, 2012.

[90] Garrad Greg. Ecocriticism. London and New York: Routlege, 2004:116.

[91] Guha R. In The Future of Nature: Documents of Global Change. New Haven; London: Yale University Press, 2013:409.

[92] Gaard Greta. "Mindful New Materialism: Buddist Roots for Material Ecocriticism's Flourishing." Material Ecocriticism. Ed. Iovino, S. Oppermann, S. Bloomington: Indiana University Press, 2014:292.

[93] Hogan, Linda, Creations, Barbato J, Weinerman L. Heart of the Land: Essays on Last Great Places. New York: Pantheon Books, 1994:108.

[94] Hogan, Linda. Power, New York: Norton, 1998.

[95] Hart, John Fraser. "Reading the Landscape." Landscape in America. Austin: U of Texas P, 1995.

[96] Howarth, William. "Some Principles of Ecocriticism." The Ecocriticism Reader: Landmarks in Literary Ecology. Ed. Cheryll Glotefelty, Harold Fromm. Athens: The University of Georgia Press, 1996.

[97] ——. Ego or Eco criticism? Looking for Common Ground. Reading the Earth: New Directions in the Study of Literature and Environment. Ed. Michael P. Branch., Rochelle Johnson., Daniel Patterson., Scott Slovic. University of Idaho Press, 1998.

[98] Haraway Donna. “A Cyborg Manifesto: Science, Technology, and Socialist-Feminism in the Late 20th Century.” The International Handbook of Virtual Learning Environments. Ed. Weiss J., Nolan J., Hunsinger J., et al. Springer, Dordrecht, 2006:117.

[99] ——. “Anthropocene, Capitalocene, Plantationocene, Chthulucene: Making Kin.” Environmental Humanities, 2015:160.

[100] Huggan, Graham. Tiffin, Helen. Postcolonial Ecocriticism: Literature, Animals, Environment. London and New York: Routledge, 2015.

[101] ——. “Green Postcolonialism, Interventions.” The International Journal of Postcolonial Studies, 2007, Vol.9(1):1.

[102] Heise, Ursula K. Futures of Comparative Literature: ACLA State of the Discipline Report. London and New York: Routlege, 2017:293.

[103] Henry, Matthew. “Nonhuman Narrators and Multi natural Worlds.” Oxford: ISLE Interdisciplinary Studies in Literature and Environment, 2017.

[104] ——. “Extractive Fictions and Postextraction Futurisms: Energy and Environmental Injustice in Appalachia.” Durham: Environmental Humanities, 2019.

[105] Iser, Wolfgang. The Implied Reader: Patterns of Communication in Prose Fiction from Bunyan to Beckett. Baltimore and London: The Johns Hopkins UP, 1974.

[106] Iovino, Serenella., Oppermann, Serperil. Material Ecocriticism. Bloomington: Indiana University Press, 2014.

[107] Johnston, John. The Allure of Machinic Life: Cybernetics, Artificial Life, and the New AI. Massachusetts: The MIT P, 2008.

[108] Johnson L. "Greening the Library: The Fundamentals and Future of Ecocriticism." Bibliographic Essay, 2009.

[109] Kristiva Julia. Powers of Horror: An Essay An Adjection. New York: Columbia UP, 1982.

[110] Kohn, Eduardo. "How Dogs Dream: Amazonian Natures and the Politics of Transspecies Engagement." American Ethnologist. 2007:3—24.

[111] ——. How Forests Think: Toward an Anthropology Beyond the Human. Berkeley: U of California, 2013.

[112] ——. "Anthropology of Ontologies." Annual Review of Anthropology, 2015, Vol.44(1):211—227.

[113] Laduke, W, Churchil W. H. "Native America: The Political Economy of Radioactive Colonialism." The Journal of Ethnic Studies, 1985, Vol.13(3):107—132.

[114] Lefebvre H. Donald Nicholson-Smith(Translator). The Production of Space. Oxford: Blackwell, 1991:282.

[115] Leopold, Aldo. A Sand County Almanac: With Other Essays on Conservation from Round River. New York: Oxford UP, 2001.

[116] Latour Bruno. Pandora's Hope: Essays on the Reality of Science Studies. Cambridge: Harvard UP, 1999.

[117] LaDuke, W. Last Standing Woman. Voygeur P, 2000.

[118] Lundblad, M. "Book Review of American Indian Literature, Environmental Justice, and Ecocriticism: The Middle Place." Rocky Mountain Review of Language and Literature, Vol.56, No.2, 2002:116—118.

[119] Montaigne, Michel De. Apology for Raimond De Sebonde. Chicago: Henry Regnery for the Great Books Foundation, 1949.

[120] Mark, Joan T. A Stranger in Her Native Land: Alice Fletcher and the American Indians. Lincoln: U of Nebraska P, 1988: 266.

[121] Murphy Patrick D. Literature, Nature, and Other: Ecofeminism Critiques. New York: SUNY P, 1995.

[122] ——. Farther Afield in the Study of Nature-oriented Literature. Virginia: UP of Virginia, 2000.

[123] Marx, Leo. Earth, Air, Water, Fire: Humanities Studies of the Environment. Amherst: U of Massachusetts P, 2000.

[124] ——. The Machine in the Garden Technology and the Pastoral Ideal in America. Oxford: Oxford UP, 2000.

[125] Morton Timothy. Ecology Without Nature: Rethinking Environmental Aesthetics. Cambridge Mass and London: Harvard University Press, 2007.

[126] Malone Nicholas. Ovenden, K. Natureculture. The International Encyclopedia of Primatology, 2017.

[127] Marland, Pippa. Ecocriticism. Literature Compass, 2013: 855.

[128] Nixon, Rob. Slow Violence and the Environmentalism of the Poor. Cambridge: Harvard UP, 2011.

[129] Ortiz, Simon. "Towards a National Indian Literature: Cultural Authenticity in Nationalism." Oxford: MELUS Multi-Ethnic Literatures of the US. Vol.8, No.2, 1981:7—12.

[130] ——. Woven Stone. Tucson: U of Arizona P, 1992.

[131] Zepeda, O. Ocean Power. Tucson: U of Arizona P, 1995.

[132] Oppermann, Serpil. "Transnationalization of Ecocriticism." Anglia: Journal of English Philosophy, Vol.130, No.3, 2012:

401—419.

[133] ——. "Introducing Migrant Ecologies in an(Un)Bordered World." Oxford: ISLE Interdisciplinary Studies in Literature and Environment, 2017, Vol.24(2):243—256.

[134] Owens, L. Other Destinies: Understanding the American Indian Novel. Norman: U of Oklahoma P, 1994.

[135] ——. Wolfsong. Norman: University of Oklahoma Press. 1995.

[136] ——. Mixedblood Messages: Literature, Film, Family, Place. Norman: U of Oklahoma P, 2001.

[137] O'Gorman E. Teaching the Environmental Humanities. Environmental Humanities, 2019, Vol.11(2).

[138] Pepper, David. Eco-socialism: From Deep Ecology to Social Justice. London and New York: Routledge, 1993: 8.

[139] Powell, J. Appropriating American Indian Cultures and American Indian Literature. Folklore, 2004, vol.115(2): 237.

[140] Parkin, U., et al. Holistic Anthropology: Emergence and Convergence. Methodology and History in Anthropology. New York: Berghahn Books, 2007:206.

[141] Pellow, David Naguib. Garbage Wars: The Struggle for Environmental Justice in Chicago. Cambridge: MIT P, 2004.

[142] ——. "Brehm H. An Environmental Sociology for the 21st Century." Annual Review of Sociology. Vol.39, 2013:229.

[143] Rueckert William. "Literature and Ecology: An Experiment in Ecocriticism", The Ecocriticism Reader: Landmarks in Literary Ecology. Ed. Cheryll Glotefelty, Harold Fromm. Athens: The University of Georgia Press, 1996.

[144] RicherDavid H. The Critical Tradition. Clumbria: Bed-

ford Books, 1997:201.

[145] Rawls, John. A Theory of Justice. Harvard UP, 1999.

[146] Reed, T. V. "Towards an Environmental Justice Ecocriticism." Environmental Justice Reader: Politics, Poetics, Pedagogy. Ed. Adamson Joni. Tuson: The U of Arizona P, 2002:145—162.

[147] ——. "Toxic Colonialism, Environmental Justice, and Native Resistance in Silko's Almanac of the Dead." MELUS: Multiethnic Literature of the US. 2009:25—27.

[148] Rajender, K. "Home Is Where the Oracella Are: Toward a New Paradigm of Transcultural Eco-critical Engagement in Amitav Ghosh's The Hungry Tide." Oxford: ISLE Interdisciplinary Studies in Literature and Environment 2007, 14(1):125—141.

[149] Raglon, Rebecca, Marian Scholtmeijer. "Animals are not Believers of Ecology: Mapping Critical Differences Between Environmental and Animal Advocacy Literatures." Oxford: ISLE Interdisciplinary Studies in Literature and Environment, 2007.

[150] Silko, Leslie Marmon. Ceremony. New York: Penguin Books USA Inc., 1977.

[151] ——. Almanac of the Dead. New York: Penguin Books USA Inc., 1991.

[152] ——. Gardens in the Dunes: A Novel. New York: Simon & Schuster, 1999.

[153] Snyder, Gary. The Practice of the Wild. New York: North Point Press, 1990.

[154] ——. A Place in Space: Ethics, Aesthetics, and Watersheds. New York: Counter Point Press, 1995.

[155] Slovic Scott. Seeking Awareness in American Nature Writing: Henry Thoreau, Annie Dillard, Edward Abbey, Wendell

Berry, Barry Lopez. Salt Lake City: University of Utah Press, 1992.

[156] ——. "Giving Expression to Nature: Voices of Environmental Literature." Environment, 1999(3):28.

[157] ——. "The Third Wave of Ecocriticism: North American Reflections on the Current Phase of the Discipline." Ecozon, 2010: 4—10.

[158] Sebeok Thomas A. Biosemiotics. Berlin, New York: Mouton De Gruyter, 1992:5.

[159] Schweninger, Lee. "Writing Nature: Silko and Native Americans as Nature Writers." Oxford: MELUS Multi-Ethnic Literatures of the US. 1993, Vol.18(2):47—60.

[160] Smith, Jeanne Rosier. Writing Tricksters: Mythic Gambols in American Ethnic Literature. California: University of California Press, 1997.

[161] ——. Gardens in the Dunes. New York: Simon and Schuster, 1999:73.

[162] Schlosberg, David. "Environmental Justice and the New Pluralism: The Challenge of Difference for Environmentalism." Oxford: Oxford University Press, 1999.

[163] Simmons, R. "Book Review of American Indian Literature, Environmental Justice, and Ecocriticism: The Middle Place." Rocky Mountain Review of Language and Literature, Vol.56, No 2, 2002:114.

[164] Simpson A. Who Hears Their Cry? African American Women and the Fight for Environmental Justice in Memphis, Tennessee. The Environmental Justice Reader: Politics, Poetics and Pedagogy. Ed. Adamson Joni., Evans M. Stein R. Tuson: The U of Arizona P, 2002.

[165] Sze Julie. “From Environmental Justice Literature to the Literature of Environmental Justice.” The Environmental Justice Reader: Politics, Poetics and Pedagogy. Ed. Adamson Joni., Evans M. Stein R. Tuson:The U of Arizona P, 2002:163.

[166] ——. Environmental Justice Praxis: Implications for Interdisciplinary Urban Public Health. Sociology Compass, 2008.

[167] ——. Gerardo Gambirazzio. “Eco-Cities Without Ecology: Constructing Ideologies, Valuing Nature, Resilience”, Pickett S. T. A(Ed). Ecology and Urban Design, Future City. Springer, 2013:289—297.

[168] ——. “Scale.” Adamson J(Ed.). Keywords for Environmental Studies. New York: New York UP, 2015.

[169] Stein, Rachel. New Perspectives on Environmental Justice: Gender, Sexuality, and Activism. London: Rutgers University Press, 2004:185—187.

[170] Smith, Brady. “SF, Infrastructure, and the Anthropocene: Reading Moxyland and Zoo City.” The Cambridge Journal of Postcolonial Literary Inquiry, 2016(3).

[171] Sealey, Alison. Translation: A Biosemiotic/more-than-human Perspective. Target, 2019.

[172] Thoreau Henry David. Walden or Life in the Woods; and on Civil Disobedience. New York: The New American Library, 1960.

[173] Turner, Victor. Betwixt and Between: The Liminal Period in Rites de Passage. The Forest of Symbols: Aspects of Ndembu Ritual. Ithaca: Cornell University Press, 1967.

[174] Tuan Yi-Fu. Topophilia: A Study of Environmental Perceptions, Attitudes, and Values. New York: Columbia University

Press, 1994.

[175] Teresa Ebert. Ludic Feminism and After: Postmodernism, Desire, and Labor in Late Capitalism. Ann Arbor: U of Michigan P, 1996.

[176] Viveiros de Castro, Eduardo Batalha. Cosmological Deixis and Amerindian Perspectivism. Journal of the Royal Anthropological Institute, 1998, Vol.4:469.

[177] Vanderheiden, S. Environmental Justice. New York: Routledge, 2016.

[178] ——. Feminism and Ecology: Making Connections. Environmental Ethics Vol.9 No.1, 1987:3—44.

[179] Wenz, Peter S. Environmental Justice. New York: State University of New York Press, 1988.

[180] Warwick Fox. Toward a Transpersonal Ecology. Boston: Shambhala Publications Inc. 1990.

[181] Warren, Karen J. The Power and Promise of Ecological Feminism. Environmental Ethics. 1990, Vol.12(2):125—146.

[182] ——. Ecofeminist Philosophy: A Western Perspectives on What It Is and Why It Matters. Rowman & Little Field Publishers Inc., 2000.

[183] Weaver, Jace. Defending Mother Earth: Native American Perspectives on Environmental Justice. New York: Orbis Books, 1996.

[184] Westling Louise. The Green Breast of the New World: Landscape, Gender, and American Fiction. Athens: University of Georgia Press, 1996:52.

[185] Weaver, Jace. Defending Mother Earth: Native American Perspectives on Environmental Justice. New York: Orbis Books,

1996.

[186] Whitley David. The Idea of Nature in Disney Animation. Ashgate Publishing, 2012.

[187] Yuval N., Harari. Sapiens: A Brief History of Humankind. McClelland & Stewart, 2014.

[188] Ziser Micheal. Sze Julie. Climate Change, Environmental Aesthetics, and Global Environmental Justice Cultural Studies. Discourse, 2007, Vol.29:4.

[189] 爱德华·萨义德.东方学.王宇根译.北京:新知三联书店,2007:6—7.

[190] 本尼迪克特·安德森.想象的共同体:民族主义的起源与散布.吴叡人.上海:上海人民出版社,2005.

[191] 布鲁诺·拉图尔.我们从未现代过:对称性人类学论集.刘鹏,安涅思译.苏州大学出版社,2018.

[192] 程虹.回归荒野.北京:北京三联书店,2001.

[193] 程相占、劳伦斯·布伊尔.生态批评、城市环境与环境批评.江苏大学学报(社会科学版).2010(05).

[194] 程相占.生生美学论集——从文艺美学到生态美学.北京:人民出版社,2012.

[195] ——.生生美学的十年进程.鄱阳湖学刊,2012(06).

[196] ——.雾霾天气的生态美学思考——兼论"自然的自然化"命题与生生美学的要义.中州学刊,2015(01):158—164.

[197] ——.生态美学的八种立场及其生态实在论整合.社会科学辑刊,2019.

[198] ——.中国文论走向世界的先导.文汇报,2019.

[199] 陈红.民族志书写与环保实践:以年轻学者萧亮中为例.加的夫:思逸,2016:11.

[200] 蔡振兴.生态危机与文学.台北:书林出版有限公司,2019.

[201] 戴从容.从批判走向自由:后殖民之后的路.外国文学评论,2001(03):34—41.

[202] 党圣元.新世纪中国生态批评与生态美学的发展及其问题.中国社会科学院研究生院学报,2010.

[203] 段义孚.空间与地方:经验的视角.王志标译.北京:中国人民大学出版社,2017.

[204] 傅钱余.当代藏族作家的文化生态叙事研究——兼论当前国内生态批评的局限.中央民族大学学报(哲学社会科学版),2015.

[205] 弗朗西斯卡·法兰多.后人类主义、超人类主义、反人本主义、元人类主义和新物质主义:区别与联系.计海庆译.洛阳师范学院学报,2019,38(06):14—20.

[206] 格伦·A.洛夫.实用生态批评:文学、生物学及环境.北京大学出版社,2010:139—151.

[207] 格里塔·戈德,耿娟娟.生态女性主义的新方向:走向更深层的女性主义生态批评.江苏大学学报(社会科学版),2011(03):33—40.

[208] 耿纪永.论斯奈德的生态区域主义与佛禅.同济大学学报(社会科学版),2012(04):82—87+104.

[209] 海德格尔.存在与时间.生活·读书·新知三联书社,1988:56.

[210] 胡志红.文学生态中心主义对人类中心主义的挑战——生态批评对生态文学中"放弃的美学"的探讨.四川大学学报(哲学社会科学版),2006(03):94—99.

[211] ——,周姗.试论生态批评的学术转型及其意义:从生态中心主义走向环境正义——兼评格伦·A.洛夫的《实用生态批评》.社会科学战线,2013:144—152.

[212] ——,曾雪梅.从主流白人文学生态批评走向少数族裔文学生态批评.中外文化与文论,2015(02):38—46.

[213] [德]康德.判断力批判.邓晓芒译.北京:人民出版社,2002.

[214] 克洛德·列维斯特劳斯.种族与历史,种族与文化.于秀英译.北京:中国人民大学出版社,2007.

[215] (汉)刘向.新序·说苑.上海:上海古籍出版社,1990.

[216] 刘辛民.人类居住形态与道德救赎:也谈存在主义和生态批评之渊源.加迪夫:思逸,2016:96.

[217] 雷毅.深层生态学:阐释与整合.上海:上海交通大学出版社,2012

[218] 刘蓓.生态批评的话语建构.山东师范大学博士学位论文,2005.

[219] 劳伦斯·布伊尔.美国文学研究的新走势.王玉括译,当代外国文学,2009(1):20—31.

[220] ——.环境批评的未来:环境危机与文学想象.刘蓓译.北京大学出版社,2010:33—36, 69—76.

[221] ——.为濒危的世界写作.岳友熙译.北京:人民出版社,2015.

[222] 鲁枢元.生态文艺学.西安:陕西人民教育出版社,2000.

[223] 刘娜,程相占.生态批评中的环境正义视角.东岳论丛,2018,39(11):160—168.

[224] 刘晓培.玛莎·努斯鲍姆诗性正义思想研究.华中科技大学硕士论文,2014.

[225] 利奥·马克斯.花园里的机器美国的技术与田园理想.马海良译.北京:北京大学出版社,2011.

[226] 李庆本.强制阐释与跨文化阐释.社会科学辑刊,2018.

[227] 陆正兰,赵毅衡."美学"与"艺术哲学"的纠缠带给中国学术的难题.中国比较文学,2018:41—51.

[228] 梅真.诗学的方向与归属:生态诗学:中国当代生态诗学建构之我见.当代文坛,2018(06):143—151.

［229］苗福光.后殖民生态批评：后殖民研究的绿色.文艺理论研究，2015.

［230］——.文学生态学：为了濒危的星球.上海：复旦大学出版社，2015.

［231］麦永雄.奇卡娜诗学与《黄色女人》的文学阐释.北京第二外国语学院学报，2016，38(01)：96—107＋137.

［232］乔尼・亚当森.西蒙・奥提斯的《反击》：环境正义、变革的生态批评及中间地带.张玮玮译，江苏大学学报，2013.

［233］——，司各特・斯洛维克.前人的肩膀：种族性和生态批评简介.叶玮玮译，大连大学学报，2017.

［234］斯宾诺莎.简论神、人及其幸福简论.北京：商务印书馆，1999.

［235］生安锋.霍米・巴巴的后殖民理论研究.北京语言大学博士学位论文，2004.

［236］孙周兴.后哲学的哲学问题.北京：商务印书馆，2009：109，120.

［237］石平萍.美国少数族裔生态批评在中国.解放军外国语学院学报，2009(03).

［238］斯科特・斯洛维克.走出去思考：入世、出世及生态批评的职责.韦清琦译.北京大学出版社，2010：116—118.

［239］苏冰.温暖的生态海洋：自然・环境艺术・生态批评——斯科特・斯洛维克教授访谈.鄱阳湖学刊，2013，(03)：102—108.

［240］斯坦纳・乔治.语言与沉默：论语言、文学与非人道.上海：上海人民出版社，2013.

［241］田松.同父异母的兄弟——传统纳西族的署自然观及其现代意义.我们的科学文化：科学的算计，上海：华东师范大学出版社，2009：3—39.

［242］唐建南.物质生态批评——生态批评的物质转向［J］.南京：

当代外国文学，2016(02).

[243] ——，郭棲庆.环境正义与地方伦理——解析金索尔弗的小说《动物之梦》.外国文学，2013(01)：136—142＋160.

[244] 唐・德里罗.白噪音.朱叶译.南京：译林出版社，2013：140.

[245] 王先霈.中国古代文学中的绿色观念.文学评论，1999(6).

[246] ——.陶渊明的人文生态观.文艺研究，2002(05)：24—27.

[247] 韦清琦.走向一种绿色经典：新时期文学的生态学研究.北京语言大学博士学位论文，2004.

[248] ——.生态批评：完成对逻各斯中心主义的最后合围.外国文学研究，2003(04)：117—122＋175.

[249] ——.生态批评家的职责——与斯科特・斯洛维克关于《走出去思考》的访谈.鄱阳湖学刊，2010.

[250] ——.从生态批评走向生态女性主义批评.苏州大学学报(哲学社会科学版)，2012.

[251] ——.知雄守雌：生态女性主义于跨文化语境里的再阐释.外国文学研究，2014(2)：152.

[252] 王诺.欧美生态批评：生态文学研究概论.上海：学林出版社，2008.

[253] ——.生态批评与生态思想.北京：人民出版社，2013.

[254] 汪涛.中西诗学本体论比较研究.江西社会科学，2008(04)：113—116.

[255] 王丹.生态文化与国民生态意识塑造研究.北京交通大学硕士学位论文，2014.

[256] 吴景明.生态文学视野中国的20世纪中国文学.北京：中国社会科学出版社，2014.

[257] 吴承笃.自然的复魅之维与生态审美.山东师范大学学报(人文社会科学版)，2015(6)：231—239.

[258] 王萌.生态批评视阈下的女性视角和地域意识——以李娟

的纪实散文为例.中国中外文艺理论研究,2015.

[259] 王微.《自由之魔法师:一个荒野贵族的部落后裔》中的文学阈限性.外国文学研究,2017.

[260] 王晓华.身体意识、环境想象与生态文学——以西方话语为例.河北学刊,2018.

[261] 王海飞.生态文明建设框架下少数民族社会发展相关问题思考——基于河西走廊各民族移民定居后的发展实践.兰州大学学报,2019.

[262] 吴哲.生态批评理论的环境正义转向研究.兰州大学硕士学位论文,2019:5.

[263] 徐碧辉.自由的形式与情感的镜像:后现代语境下美的本质的再探索.学术月刊,2019.

[264] 郁振华.从表达问题看默会知识.哲学研究,2003.

[265] 杨剑龙,周旭峰.论中国当代生态文学创作.上海师范大学学报,2005.

[266] 英德拉·辛哈.据说:我曾经是人类.黄政渊译.漫游者文化,2008.

[267] 杨建玫.超越人类中心主义的藩篱.中央民族大学博士学位论文,2010.

[268] 姚本标.当代美国跨太平洋诗学研究概述.当代外国文学,2011.

[269] 杨金才.劳伦斯·布伊尔学术的中国观照.外国文学研究,2012, 34(4):53—58.

[270] 杨欣.环境正义视域下的环境法基本原则解读.重庆大学学报(社会科学版),2015, 21(06):159—166.

[271] 乐黛云.王佐良教授与中国早期比较文学的发展.外国文学,2016.

[272] 尤金·奥德姆.生态学:科学与社会之间的桥梁.何文珊译,

北京:高等教育出版社,2017.

[273] 周宪.美学是什么.北京:北京大学出版社,1984.

[274] 赵白生.生态主义:人文主义的终结?.文艺研究,2002(05):17—23.

[275] 曾繁仁.当代生态美学研究中的几个重要问题.江苏社会科学,2004(2):204—206.

[276] ——.改革开放进一步深化背景下中国传统生生美学的提出与内涵,社会科学辑刊,2019(02).

[277] 朱振武,张秀丽.生态批评的愿景和文学想象的未来.外国文学,2009,(02):102—107+128.

[278] 张纯厚.环境正义与生态帝国主义:基于美国利益集团政治和全球南北对立的分析.当代亚太,2011:58—78.

[279] 朱利华.生态大我与生态批评的构建.北京大学博士论文,2013.

[280] 郑少雄.2010 年以来国外人类学研究动向.中国社会科学报,2013.

[281] 邹惠玲.哥伦布神话的改写与第三空间生存——评维兹诺的《哥伦布后裔》.外国文学研究,2013, 35(05):84—92.

[282] 张嘉如.全球环境想象:中西生态批评实践.镇江:江苏大学出版社,2013.

[283] 张隆溪.引介西方文论,提倡独立思考.文艺研究,2014(03):5—9.

[284] 朱新福.美国经典作家的生态视域和自然思想.上海外语教育出版社.2015:34—36.

[285] 张慧荣.后殖民生态批评视角下的当代美国印第安英语小说研究.苏州大学出版社,2017.

[286] 赵毅衡.实践意义世界是如何从物世界生成的.南京社会科学,2017(06):15—21.

[287] ——.21 世纪生态批评理论的多元互补[J].湖南科技大学学报(社会科学版),2019(01):44—49.

[288] 张进,许栋梁.幽暗生态学与后人文主义生态诗学.中南民族大学学报(人文社会科学版),2018, 38(04):95—99.

[289] 张涛.生态批评中的族裔维度研究.兰州大学硕士论文,2018.

[290] 赵岚.污染流向何处?——美国环境正义问题中的种族和阶层因素.南京林业大学学报(人文社会科学版),2018,Vol.18(1):58—73.

附　录

附录 1　世界电子环境人文项目(HfE)主要整合平台简介

世界电子环境人文项目(HfE),由安德鲁·梅隆基金会支持,由乔尼·亚当森主持,在世界范围内设立了八大环境人文整合平台,利用现代化电子传媒技术,致力于绘制世界生态全景图,网址为:https://hfe-observatories.org/。该项目成果汇编《环境人文:合成知识推进新实践》(2017)已由劳特利奇出版社出版。

一、南非环境人文整合平台

南非环境人文整合平台(Consortium of Humanities Centres and Institutes,简称 CHCI)主要负责人是詹姆斯·奥贵德(James Ogude)教授。该平台记录非洲原住民的生态形式,包括固土、节水等因素,以及这些因素保护环境、促进更健康平衡的生态系统的过程。设置这一整合平台的出发点是非洲本土传统精神观念:人类是地球环境的守护者,而不是地球的剥削者,谴责导致非洲环境退化的全球资本主义攫取式发展模式。

在一些南非社区中,人们与祖先和超自然现象之间纷繁复杂的关系决定了他们对土地及整个环境的态度,这种本土观对解构人类中心主义具有重要价值。非洲的恢复土地、疗愈或滋养的仪式,是南非本土世界观的精髓:上帝创造万物,女人、男人、动物、野兽、鸟类和植被等都是地球的公民。任何不顾及自然保护与生态环境的行为,都会直接导致自我主体性的消失。从广义上讲,南非环境人文整合平台旨在反映以下问题:在全球共同体概念下,谁会是保护地球的行动者?我们能否想象或绘制一幅我们所栖居着的地球全貌?基于以上问题,南非环境人文整合平台有以下几个研究主题:第一,南非文学与环境人文实践介入研究。关注口头文学、殖民地移民文学和非洲文学之间的关系,聚焦于非洲口述传统和文学想象,探究文学想象与环境决策的关联。第二,南非生态史研究。关注非洲大陆生态系统的原住民的传统观念和现实环境,审视现代技术对南非本土生态环境的影响。第三,绘制南非动植物、人类与环境的全景图。第四,关注全球资本冲击下环境正义问题,以及南非中产阶级崛起现象,南非主流意识形态的变更。第五,关注数字技术对人类经验的影响。关注电子图像及即时通讯设备在现代环境问题管理方面的影响。第六,关注公共治理和环境关系,探究公共治理于自然资源的可持续性管理的关联。第七,关注农业和食品危机。

二、亚太环境人文整合平台

亚太环境人文整合平台成员有凯伦·萨恩波(Karen Thornber)、程相占(Xiangzhan Cheng)、曾繁仁(Fanren Zeng)、琳达·霍根(Linda Hogan)、伊丽莎白·德龙格雷(Elizabeth DeLoughrey)、艾瑞克·克拉克(Eric Clark)、西蒙·艾斯图克(Simon Estok)、琳达·霍根(Linda Hogan)、黄新雅(Hsinya Huang)、蔡振兴(Robin Chen-hsing Tsai)和罗伯·威尔逊(Rob Wilson)等,以"太平洋区域"为观测对象。

这一平台力图更接近一种具有学术专长和研究兴趣的学术联盟,符合人文学科对环境保护的愿景和宗旨,以台湾中山大学(National Sun Yat-sen University)为阵营,检测亚太地区大陆和海洋的生态动态关系。值得一提的是,2018 年 11 月 8 日至 11 日,世界生态批评研究专家将齐聚台湾中山大学,就世界生态批评第三波生态实践活动的内容和未来发展进行会谈。

三、澳大利亚-太平洋环境人文整合平台

澳大利亚-太平洋环境人文整合平台以海洋想象(Ocean Imaginaries)为主旨,代表学者包括玛格瑞特·蔻恩(Margaret Cohen)、格瑞特尔·埃里克(Gretel Ehrlich)、埃里森·巴斯福德(Alison Bashford)、盖伊·霍肯斯(Gay Hawkins)、凯特·瑞戈比(Kate Rigby)、琳达·威廉姆斯(Linda Williams)、乔什·邬达克(Josh Wodack)和玛丽·凯瑟琳·贝特森(Mary Catherine Bateson)等。

该平台以海洋想象为主旨,探寻澳大利亚这一独特生态区域的原住民和岛民几百年生态实践和传统文化。它以珊瑚礁为观察工具,将海洋问题"从海底世界带到水面";通过立足于澳大利亚区域生态研究,运用跨学科和环境人文的研究方法,研究大堡礁地区珊瑚白化、物种灭绝、鱼种绝迹,亚健康水质、海水化学成分改变、原住民和文化流散现象,记述西方海洋和澳大利亚原住民关系的故事、理论和其他文艺代表形式。

四、东亚环境人文整合平台

东亚环境人文整合平台主要负责人有周序樺(Hiuhhauh Serena Chou)和雷蒙德·阿瑟尼(Raymond Anthony)等,以台湾大学人文社会高等研究院为中心。

东亚环境人文整合平台关注东亚农业和食物伦理研究,联合学术单位、政府机构、民间团体、企业和宗教组织等相关单位,致力环境改善。例如关注台北万华东部的排水道和淡水河流区域治理现象。同时,该平台关注乡土文学、年度纪事,结合台湾现实生态状况,绘制台湾环境变化的人文图像:关注原住民生活状况,整合文学、历史、哲学和语言学资讯,刊发与台湾本土环境相关的生态影片、照片等资讯。

五、北美环境人文整合平台

北美环境人文整合平台以亚利桑那州立大学为中心，主要负责人即世界电子环境人文项目的发起者——乔尼·亚当森。

北美环境人文整合平台与全球其他地区间展开合作，进行跨学科整合，应对全球环境问题，在社会、经济和科学政策制定、解决环境正义问题等领域扮演着举足轻重的作用。其中，2040 未来食物正义项目以亚利桑那当地的椰枣为观察工具，探究本土与全球的食物主权问题。值得一提的是，北美环境人文整合平台对“食物主权”议题的关切，与乔尼·亚当森在美国国家人文中心的在研项目“理想未来：世界、经典和环境人文实践”（2019—）和主持的台湾中山大学与美国亚利桑那州立大学合作在研项目“从北美菲尼克斯到亚太中国食物圈研究”（2019—2021）关联密切。

六、拉丁美洲环境人文整合平台

拉丁美洲环境人文整合平台以亚马逊大学为中心，与哥伦比亚和世界各地的机构和学者形成学术交流网络，关注拉丁美洲地区的水正义议题。

七、欧洲环境人文整合平台

欧洲环境人文整合平台旨在寻求关于人类处境的新见解，以了解人类的生存状况，关注欧洲气候变化的原因。

八、极地环境人文整合平台

极地环境人文整合平台以阿克雷里斯蒂芬森北极冰岛研究所（Stefansson Arctic Institute in Akureyri，Iceland）为中心，研究对象是北极和亚北极地区的生态危机现象。该整合平台依托跨学科北欧环境研究所（NIES）和北大西洋生物多样性组织（NABO）等组织。

综上，亚当森主持的世界电子环境人文项目（HfE）是人文学者主动承担地球保护和代际正义的责任的全球性项目实践。立足本土和过去，着眼于现在和未来，以地方和原住民的知识结构和传统思想为文学观察工具，基于环境正义概念，旨在加强人类与其他物种之间联系，促进地球生态健康和谐。艺术和人文学科与自然科学研究者的合作，在一定程度上促进了环境人文学方法、内容、结构的完善。

附录 2 Interview with Joni Adamson: Turn the City into Humanities' Lab

Introduction: This interview was done on September 10st, 2017, at Pheonix, Arizona. It starts with the talks about the definition of ecocriticism and Environmental humanities. Adamson connects literary study with environemntal humanity practices, forging constellations of practices in the urban lab, a new tern she coined to describe the work she had done from phonix to the world. This interview starts with her definition of ecocriticism, to elaborate these strategies that Adamson has developed in connecting the literary study and environmental humanity practices.

Keywords: Ecocriticism, Environmental Justice, Environmental Humanities; Seeing Instrument

Author: What's your opinion about the Coherences between Social Justice and Environmental Justice? What's your definition of ecocriticism?

Joni Adamson: The two are inextricably linked. We cannot achieve social justice without environmental justice and vice versa. People always say that Adamson is the first Ecocritic to write about literature and environmental justice. For me, Environmental Justice is a concept or a keyword, that defines the environment as the places we live, work, and play. In other words, it does not define environment as only pristine forest or wilderness area. Rather, those who work for environmental justice believe that we should be creating livable, desirable environments in cities and the places we work. If we cannot learn to live sustainably in the cities, then we will not be able to save nature. We should learn to live responsibly in the places we dwell, including cities, if we hope to share environmental benefits equitably with all humans and nonhuman creatures.

In my first book, I wrote about how indigenous writers defined environment from an environmental justice perspective, and thus *American Indian Literature, Environmental Justice, and Ecocriticism*(2001) shifted the field of ecocriticism in the direction of environmental justice. The idea of environmental justice was very quickly embraced by ecocriticism and recognized as a significant new direction in the field. Today, almost all Ecocritics take the concept of environmental justice into account when they are doing their work in the field.

Author: you once said that ecological ethics and environmental literary criticism will shift in the direction of "intergenerational justice". From your perspective, what is intergenerational justice? Why do you think this will be an important new direction in Eco-criticism and ecological ethics?

Joni Adamson: The idea of intergenerational justice builds on the notion of environmental justice to suggest that "justice" for the environment must include future generations of humans and nonhumans. This concept is ethical because it suggests that we must be thinking not only about ourselves and our children, but about our children's' children, and the future offspring of animals and plants. It suggests that we should live more sustainably so that we ensure that all creatures will be able to have well-being and a healthy environment in which to survive not only today, but into the future. Many novelists, such a Linda Hogan, write about the health of present and future generations. The concept of "intergenerational justice" helps us better understand her ethical stance in her novels.

Author: As a professor of literature and environment, would you please depict the future development of ecocriticism?

Joni Adamson: At the turn of the 21st century, many Ecocritics began allying themselves with environmental historians, environmental philosophers, and cultural geographers to pilot the larger field of the "environmental humanities". Since that time, this has been the major future direction of environmental literary studies. I have been a part of an international network called "Humanities for the Environment" or HfE, which links eight international Observatories. We study what humanists have always studies, which is human motivations, behaviors and desires. We ask, can humans change their behaviors to meet the global challenges presented by large-scale environmental change? Can humanists work with scientists and social scientists to raise awareness of the reasons that humans must rethink their relationship to planetary ecosystems for the health and well-being of future generations?

The environmental humanities is now a recognized field among scientists working on global environmental change since it is now acknowledged that sciences alone cannot change human behaviors, but rather, it is stories and narrative that can help humans see and feel why they should care about the Earth and its life-giving ecosystems.

Author: What's the new direction in the field of environmental humanities? In *Gathering the desert in an urban lab*, *Designing the citizen humanities*, you tells us that you are teaching urban humanities in urban lab at desert cities like Phoenix. Why urban humanity is so important?

Joni Adamson: Urban humanities is the new direction of environmental humanities. Ecocritics such as myself are paying attention to novels about human relationship to ecosystems in the city, Like *Water Knife*, "A Future we Want" will depend on all the humans in cities understanding how their activities impact the whole planet. That is why urban humanities are so important. So that why I call my work at ASU as "teaching in an urban lab".

Author: You mentioned that HfE researchers' goal is to create humanities "laboratories" or "research spaces". Could you please offer some specific examples? What's the main research methodologies of Humanities for the Environment(HfE) program?

Joni Adamson: Environmental Humanities aims at to do the interdisciplinary research on the environment. We can get a lot of examples at the website. It intends to draw humanities disciplines into conversation with each other, as well as with the natural and social sciences.

The humanities have traditionally been a reflective set of disciplines, philosophy, literature, and art. Environmental humanists wish to step out into their communities as well, and work with community members to improve their environmental, in the cities, and outside the city. Projects such as Life Overlooked build on the literary criticism and philosophy to teach students to bring the best of the literary world together with the best of scientific world, to think about how to work in truly interdisciplinary ways not just to produce amazing stories, videos, and narratives, but to turn those stories, videos and narratives into methods that educate community members about how to "see" what is around them in new ways. In a sense, we are creating seeing instruments to teach humans how to see their ecological relationship to the world, which has often been forgotten since most people now live in cities. So, the environmental humanities have one foot in the academy, and one foot in the world, so that we bring the best of our scholarship to wider public in order to good in the world. It is very easy to understand that the Almanac can be regarded as seeing instrument since it predicts the weather for the year based on past weather patterns and the lunar calendar. So, in a sense, the writers of the almanac "foretell" the future.

Author: That is what you mean by "seeing instrument". However, in your new book, you also mentions that the creosote is also a seeing instrument because it helps make the connections between biogeochemical processes and the well-being of all species on the planet more visible'(Adamson, 2017:136). Creosote is a common, and typical desert scrub plant in Arizona. The O'odham people who have lived in the Sonoran Desert for thousands of years use this plant as medicine and tea. You say that the creosote should be regarded as a Seeing Instrument. Why do you say that and how do you see this common plant as the bridge between natural and social sciences?

Joni Adamson: What I mean by saying that the creosote is a Seeing Instrument that the plant has been used by the local O'odham people who have lived in the desert for thousands of years as a medicine, but also as a sentient god. They see the plant as a creator god.

They say that the resin that comes from the branches was used to create the world. So, they see this common plant as both a resource, a medicine, and a creator being. In a sense, the stories they tell about the plant, help them "see" the world differently that most modern urban people. So, I like to tell the story about creosote as a creator being to invite my students to think differently about "life overlooked" or the common plants and animals they see every day. Rather than overlooking these common animals, I invite them to see each life form as a charismatic animal, like the panda. I invite them to see the creosote or other common species as just as important as a panda, so that they can start thinking about their own relationship not just other humans, but to all species. This is an invitation to "see" the world, just as the Almanac invited farmers to see their relationship to the moon, the sun, and the earth.

Author: In *Gathering the desert in an Urban lab*: *Designing the Citizen Humanities* (2017), you mentioned Compelling Narratives, a strategy can be used to reach the communities, government officials and policymakers interested in forging a future we want. Would you please offer some examples to illustrate the definition of compelling narratives? What kind of future do we want?

Joni Adamson: After years of producing scientific facts that prove that the earth's climate is changing, scientists now admit that these facts have not seemed to persuade the public to change their minds about how they view the climate. So, scientists are now teaming up with humanists and storytellers and artists to think about how facts might be presented in compelling stories, stories that engage human emotions in ways that will persuade humans to change the behaviors that are leading to serious and destructive impacts on the earth. This is really what artists and storytellers have always done. Use their words and narratives to teach their communities, but since the rise of science since the 1950s, we have seen less emphasis on stories and art and more emphasis on facts and science. The environmental humanities want to be facts and science together with art and stories and to bring emotions and feelings back into stories about how the earth works. This is a way to bring culture and sciences back together again, as they were in the past, so that we understand facts in both philosophical and ethical ways that take into account the future of humans and the future of our planet.

Author: What's your opinion about the environmental literary criticism's function on the field of the environmental humanity studies? What's the relations between the two?

Joni Adamson: Environmental literary criticism, which was forges in the early 1990s, merged together with environmental history and environmental philosophy at the turn of the 21st century. Scholars in each of these field began to understand that in the Anthropocene, or age of the human, all scholars interested in helping to improve human relationship to the environment would need to collaborate and work together for change. There is strength in numbers, and this is the reason why environmental literary critics now work in collaboration with their colleagues in history and philosophy to pilot the environmental humanitists.

Author: Anthropocene is a prominent keyword in *Keywords for Environmental Studies*(2016), it can be summarized as the "age of man", an era that nature and geological characteristics are affected by human being's activities, while the later one is. Humans' activities will change the physical sedimentation(地质沉积率), carbon cycle perturbation and temperature(碳循环的波动和气温变化), Biotic Change(生物变化), Ocean Changes(海洋的变化) etc. In the introduction to *Humanities for the Environment: Integrating Knowledge, Forging New Constellations of Practice*(2017), you said that the indigenous people in North American and Aboriginal people in Australia should be brought into the conversation about the Anthropocene. Why do you think ancient concepts and modern Keywords should be discussed together?

Joni Adamson: If we only study modern concepts, we may be missing out on the wisdom of ancient peoples. So, by bringing ancient concepts into discussions with modern keywords, we can learn from the past and the present. This is important for planning for a better future. If we hope to have a desirable future, instead of an apocalyptic nightmare, we should be gathering up all the knowledge that might help us, past, present and future. So, we bring it all together so that we have the best information on which to make decisions about the future.

Author: I found some interesting affinities between your ecological vision and psychoanalytical concepts. There have unexpected affinities between your illustration about Almanac and Carl Gustav Jung's archetype. From my perspective, Jung's archetypal theory and your Almanac both regard the ancestor's heritage as seeing instrument. What's your opinion?

Joni Adamson: Yes, I believe you are right. It is important to understand archetypes. The archetype the hero in most ancient mythologies is important because he or she leads the way, gathering up the best of ancient knowledges with the best of present-day knowledge. The hero leads the people by making wise choices and can only make wise choices if he or she understands ancient wisdom and philosophy and modern science and information.

Author: According to Andrew Griffin's report 15 000 scientists give catastrophic warning about the fate of the world in new "letter to humanity"①: Humankind is facing the existential threat of runaway consumption of limited resources by a rapidly growing population, what should we humanists, scientists, media influencers and lay citizens do to fight against this phenomenon?

Joni Adamson: One of the documents I continually cite is a document named *The Future We want*, the 2012 outcome document of the Sustainability Conference in Rio de Janeiro. It questions us that what is the future we want? Do we want a desirable future or an apocalyptic future? If we want a desirable future, then we all need to think and plan for that future and set milestones for achieving that future. If we fail to plan, then we will surely be doomed to an apocalyptic future. Therefore, these scientists are also inviting the world to thoughtfully plan how we might limit our consumption and plan instead to ensure that all the creatures on this planet, not just humans, have the right to survive. Only if we ensure the survival of plants, animals, to protect the air and water, can we survive. So it is

① http://www.independent.co.uk/environment/letter-to-humanity-warning-climate-change-global-warming-scientists-union-concerned-a8052481.html.

in our best interest to rethink our overconsumption of resources which are taxing the biogeochemical processes that undergird all life. As a humanist, I would say, as I did above, that we should tell stories, laden with facts. In other words, if we hope to explain why and how to ensure a livable future. The stories that engage human emotions will definitely play an important role.

附录 3　将城市视为人文实验室：乔尼·亚当森访谈译文

简介：本访谈进行于 2017 年 9 月 10 日，地点在美国亚利桑那州菲尼克斯。亚当森曾开展系列城市环境人文实践，强调文学研究和人文实践的关联。她将在菲尼克斯乃至全球范围内开展的环境人文实践活动称为城市实验室中的环境人文。该访谈从亚当森对生态批评的重新定义切入，探究文学研究与环境人文学的关联，说明生态批评家参与环境人文学实践的途径和方法。

关键词：生态批评；环境正义；环境人文；观察工具

作者：您对社会正义(Social Justice)、环境正义(Environmental Justice)二者间的关系有何看法？您对生态批评的定义与其他学者比有何不同？

亚当森：社会正义(Social Justice)和环境正义(Environmental Justice)二者之间有千丝万缕联系。人们常说，亚当森是第一个将环境正义理念用到生态批评中去的批评家，可以说，环境正义就是我对生态批评定义特殊性的落脚点。于我而言，"环境正义"是一个概念或关键词，以此为关照，我将"环境"定义为"我们生活，工作，玩耍的地方"。也即，环境并非指纯粹森林或荒野地区，而是包含我们所生活的城市在内的日常景观，我们所应该做的，是在我们工作、生活的地方创造宜居的环境。人类是自然的一部分。我们若不能在居住的城市中享受美好的生活，还何谈"拯救自然"？我们应学会在赖以生存的居住地，包括城市，乡野等栖居之处，以负责任、可持续的方式与自然和平共处，与非人类他者共享环境。

在我的第一本书《美国印第安文学，环境正义和生态批评：中间地带》(2001)将生态批评的研究视域转移到环境正义层面。若是将来有机会再版,我会建议将该著作的副标题“中间地带”作为标题。只有这样,我们才能更明确看出:环境正义是生态批评研究、美国印第安文学本土裔文学研究的切入点,是生态批评不可或缺的部分,是文化与自然的中间地带。如今,环境正义生态思想日益成为生态批评界公认的航向,几乎所有生态批评研究者都会考虑环境正义概念。可以说,已经达到了一种“无正义不生态”的效果。

作者:您曾在文章中说过,代际正义问题会在环境文学研究中占有重要地位。从您的视角来看,什么是代际正义?您为何将代际正义视为未来生态批评和生态伦理研究的主要关切点?

亚当森:人类不仅应该注重子孙后代的利益,还应该关注自然他者的可持续繁衍。人类和动植物在生物学概念层面并不存在优劣前言后置关系,代际正义和种际概念是不可割裂看待的。代际正义概念是合乎伦理要求的,也即,它要求我们不仅应该关注人类现世需求,也应该为子孙后代的可持续发展做长远打算。而且,在我们人类确保自身及后代可持续发展的前提下,也保证其他生物他者拥有健康栖居环境。代际正义思想一直是生态文学作品的重要主题之一。印第安作家琳达·霍根(Linda Hogan)就关注代际正义问题;“代际正义”概念为我们批评家理解霍根的伦理立场提供了重要向度。

作者:作为文学与环境教授,您对生态批评未来发展趋势有何看法?

亚当森:20—21 世纪之交,许多生态学者开始结合环境历史学家、哲学家和文化、地理环境研究,尝试将生态批评纳入“环境人文学”研究。自此近 20 年来,环境人文学便成为众多生态批评学者孜孜不倦的研究主题,这也将是生态文学批评的长久发展方向。我是“世界环境人文研究”(简称 HfE)的倡导者和组织者之一,这项研究是国际环境人文研究的重要组成部分。我主编的《环境人文:合成知识推进新实践》(2017)报告了我们的全球项目八个研究观测站的项目成果，收录多位国际知名环境人文学者的论述。我们从环境人文角度，探讨人类进行影响环境活动的动机、行为和欲望，并提出了一些问题：人类该如何改变自我认知及行为能力？我们该抱有何种态度来应对环境变化带来的全球性挑战？我们人文学者能否与自然科学研究者通力合作，重新思考事关后代健康、和谐发展的问题，重新考量人与全球生态系统的关系？

答案无疑是肯定的。我们环境人文学者从人文社会科学角度，审视人类行为心理，对人类影响自然环境的内在动机、社会发展背景。我们日渐意识到，科学不可能单枪匹马地改善人们的行为，相反，叙事能唤醒人类与地球生态系统休戚与共的认知。

作者：您在《集荒漠于城市实验室：规划城市环境人文》(2017)中提及在菲尼克斯建构的城市人文实验室的经验。您认为环境人文领域未来研究的方向是什么？为何城市人文如此重要？

亚当森：目前环境人文学前沿是城市人文。生态批评家关注城市小说，例如我最近在分析《水剑》(2015)中对未来城市的描述。在文件《我们想要的未来：联合国可持续发展声明》(2012)中，我们所描述的理想未来与城市息息相关。所以，城市人文在新时期相当重要。我将自己在亚利桑那州立大学的教学和实践工作视为在城市实验室中开展的实验活动。

作者：您提到过，世界环境人文项目(HfE)的研究目标是“创造人文实验室”或“观察空间”，考察人类对相关社会和环境变化的影响。您能否举一些具体实例说明？另外，此类环境人文项目的开展可以具体采用哪些研究方法？

亚当森：环境人文是围绕环境的跨学科研究。首先可以参照我们创立的环境人文全球网站。该项目尝试将环境人文学者的研究整合起来，包括整合自然科学研究与社会科学研究。

环境人文本身就是各学科的整合，包括哲学，文学和艺术。环境人文学者希望走进社区，与社区成员一起改善城市内部和外部环境。“未来生活”项目结合文学批评和哲学教育，让学生感受到文学世界和现实科技世界的联系，以跨学科方式将文学素材及哲思化为故事、视频等叙述形式，教育并改变社区成员对周围环境的看法。从某种意义上来讲，鉴于我们当下很多生活在城市中的人，开始忽略甚至遗忘自己与生态世界的关联。我们开展这些项目是在创造观察工具，教导人们观察他们与世界的生态关联。因此，环境人文学科在学术上是两只脚走路，一边立足于学术，一边深入生活，将学术研究所得应用到现实世界。我们可以很好理解玛雅农耕历书的观察工具作用，农耕历书中的节气和农历计时方法，既是对过去经验的总结，也是对未来世界的预测，从一定程度上来讲，农耕历书的创作者也在预测世界。

作者：您曾提到，山毛榉可以作为一种文学观察工具，人们可以通过这个工具看到地球万物之间的联系（亚当森，136）。山毛榉是亚利桑那州典型的沙漠灌木植物。您为何选取这种常见的植物作为“文学观察工具”来解释自然科学和社会科学之间的关系？

亚当森：山毛榉是一种沙漠中常见的植物。奥德哈姆人将它作为药物使用了几千年，现如今，它还是会被作为一种独特材料被广泛使用。对于奥德哈姆人来说，山毛榉就像赋予他们生命的“神”一样，是造物主的化身。之所以如此，是因为他们山毛榉曾是人们常用的资源、药物、工具的来源。在奥德哈姆人口中，关于山毛榉的故事与生活在现代城市中眼中的事物属性截然不同。这种文化和认知落差，激发了我介绍“山毛榉”的冲动：我想通过这一植物来引导读者思考关于生命的意义；不局限于人类自己的生命，而是与世间万物之间的联系。在生态研究中，我习惯借助于这些普通动植物作为文学观察工具；在阅读文学作品的过程中，我会特别注意哪些属于某一地区的特有物种。这些生命形态往往承载着令人耳目一新的民族故事和传说。随着光阴流转，经过人们世代口口相传，关于这些有生命的特有物种的传说会最终融入特定族群人们的骨血之中。在中国，属于某一地区的特有物种应该也会被看作是一种文化和精神代表吧？一提到中国，我会想到熊猫和中华豚。而我很有兴趣去看一些关于中国的作品中其他特有物种的介绍；这种以特定地区动植物可以作为“观察工具”，可以帮我们理解特定种族的历史和文化根源。在西尔科的作品中，她将“历书”看作是反映殖民和后殖民关系的特别存在。这种表面只是记载农耕时令的作品，实际上蕴含着深刻的文化历史意义。简言之，通过介绍山毛榉这一植物，我意在使读者思考人与自然的关系；这种关系并不只限于人类与山毛榉这一物种之间的关系，而是可以看到整个世界之间的层出不穷的关系。正如玛雅人的农耕历书中，农民通过太阳、月亮、星空的变化关照人与地球的关系一样。这种现象并不局限于玛雅文明之中，而是一种普遍存在的现象。这种现象也可以从侧面证明世界主义应用到文学批评的科学性。

作者：您在《集荒漠于城市实验室：规划城市环境人文》(2017)中，提到了“强迫叙述策略”。您可否举例说明下“强迫叙述”这一概念？你认为“我们想要的未来”大致是什么样子的？

亚当森：近些年来地球气候发生着急剧变化。科学界承认，这些日益严重的环境问题急切需要公众关注气候变化。由此，科学界旨在与人文学者合作，通过各种令人信服的形式，促使人类改变对外部环境的看法；人文学者研究开始以实际行动记录反映那些严重破坏地球生态的活动，研究这些活动对人类情感行为产生的影响。艺术家们用他们的语言和故事引导公众意识。自 20 世纪 50 年代科学崛起以来，人类不再强调故事和艺术的重要性，而是更加强调事实和科学。由此，我们主张完善环境人文学，将事实、科学与故事、艺术结合起来，使得情感参与到地球保护的实践之中。环境人文是从哲学和伦理的角度来理解现实问题的学科和方法，表达对人类和地球未来的人文关切。人类未来需要我们共同打造。所谓强迫叙事,以人文科学研究方法引导大众行为的科学方法。而环境文学批评是在 20 世纪 90 年代初形成的,在 21 世纪初与环境史和环境哲学融为一体。学者在改善人类与环境的关系层面需通力合作,即生态文学评论家跨专业与诸如历史、哲学甚至是与理工科专业学者合作的初衷。

作者:环境文学批评对环境人文研究有何影响?二者有何关联?

亚当森:环境文学批评勃发于 20 世纪 90 年代,在 21 世纪初开始与环境史和环境哲学研究汇流。环境文学界的学者开始关注人类世的人们生存状态,贴近现实,探寻解决危机的途径。这类研究及研究者与日俱增。环境文学研究者、环境史、环境哲学等学科研究者统称为环境人文学者。

作者:您在《生态批评关键词》(2016)中曾收录人类世(Anthropocene)这一关键词,并提倡重视人类世时代的原住民文学研究。“人类世”最初是指与人类有关的自然和地质活动,包括人类活动甚至开始改变物理沉积(地质沉积率)、碳循环、气温变化、生物繁衍、海洋陆地变迁。您在《环境人文:合成知识推进新实践》(2017)的前言部分曾指出,我们需要将北美本土居民和澳大利亚的非本土居民的叙事都纳入人类世叙事中考量。人类世这一概念为何会被作为环境人文主要概念加以讨论?

亚当森:当代人文研究不能只研究现代概念,忽略古人智慧。在对环境人文的介绍中,我曾将北美和澳大利亚原住民文学研究纳入研究范畴。统观古今,融贯学科,才能贯通中西。以历史这一学科为例,历史教科书中的主题是与各学科背景密切相关的;历史中有对物理、经济学家的介绍和记录;学科分野并不是自古就有、与生俱来的概念。人类世并不单纯是一个地理概念;以海洋作为领海的分界为例:我们是应该从海洋的概念层面来区分特定领海呢?还是该遵从历史渊源?环境人文可以将各位学者联系到一起,但是只是苦于找不到融入途径;学习古人思想对未来规划具有重要作用,跨学科综合考量应该成为未来环境人文研究的指南。

作者:您对农耕历书的理解和卡尔·古斯塔夫·荣格原型概念有相似之处。在某种程度上,荣格原型理论和农耕历书均可被看作是文化/文学观察工具,对吗?

亚当森:是的。原型理论认为,在最古老的神话英雄故事和人物是理解当代文化话语的参照物,作为原型的古老智慧与当代知识存在镜像折射关系。农耕历书可以被看作是玛雅古文化的智慧结晶。在某种程度上,古代智慧和当代精神存在密切联系。古代智慧为我们理解当代问题提供了透镜。

作者:安德鲁·格里芬关于环境的报告中提到,15 000 年的生态危机现象就像给当今人文学者的信笺。对着人口的增长以及资源的过度消耗问题,我们人文学者,科学家和媒介工作者该如何调动居民的积极性,共同应对这种危机呢?

亚当森:我们上文也提到了文件《我们想要的未来:联合国可持续发展声明》(2012)。这份文件给我们抛出了一系列问题,例如,我们想要怎样的生活?我们是否想要那种启示录中的世界?如果我们想要的一个比较理解的未来,那我们就需要从现在开始行动起来,朝着那个目标去努力。不然的话,启示录中的末世实际上离我们并不遥远。因此,科学界实际上也在期待各界研究者参与政策制定,综合考虑资源消耗,物种平等生存权等问题。我们只有确保动物和植物的平等生存权,合理利用水源、空气等资源,我们才可能可持续地生存下去。所以,我们必须重新考量资源消耗和生物化学技术等问题。正如我上文中所提到的那样,作为环境人文学者,我们应该发挥故事的力量,将故事结合现实,致力于探索适宜栖居的未来。在探索的过程中,饱含人类情感的故事,必将扮演起重要角色。

附录 4 Interview with Joni Adamson and Julie Sze: Taking Environmental Justice as Lens for Envisioning New Humanities Studies and Practices (Selected)

Introduction: This interview was conducted on Nov 8th, 2018, the second day of American Studies Association's Annual Meeting at Atlanta, USA. In *The Environmental Justice Reader*: *Politics*, *Poetics and Pedagogy* (2002), co-edited by Adamson, Mei Mei Evans., and Rachel Stein, Julie Sze writes about the role of cultural production in achieving environmental justice: cultural texts, such as novels, broaden the emerging academic field of environmental justice studies ... connecting environmental justice with other intellectual and activist fields (163). This idea, now perceived globally as the essence of environmental justice studies, has brought in the welcome effect of revitalizing the ongoing environmental humanities practices. Thus, the argument of this interview is simple: Rather than just fixating on the literary criticism or any specific literary texts, we are trying to figure out the interrelationship between environmental justice studies and environmental humanities by following up trajectories of Julie Sze's academic research, which, by using the environmental justice as the lens of environmental studies and practices, holds the fundamental view that the aim of environmental justice movements or literature studies is to construct a new Earth, or to cultivate a new life style and attitude. This talk also challenges conventional conceptions of geopolitical and geophysical anxieties, cultural production, greenwashing consumption.

Keywords: Environmental Justice; Narratives; Environemntal Humanities

Section 1. Cultural Production and Geopolitical Anxieties

Author: Professor Sze, you mention the concept of Cultural Production in The Environmental Justice Reader(2002) and emphasize the intertextuality of the aesthetic value of canons and cultural practice. How can the study of literary and artistic works help us better understand environmental justice activities?

Julie Sze: In 2002, I was an English major under-graduate student and also an environmental justice organizer. I was feeling like that there has a lot of gaps within the environmental literature studies, cultural studies, and environmental humanities practices that I've done before. To think about the relations between the cultural studies or environmental humanities studies, what I was interested back then and what is still true now is that part of the environmental justice movement aims to create an environment that is different with the traditional view that in which environment is just about the wilderness and nature. Environmental justice is the start point that we are going to rename the environmental studies. It is obvious that the concept of environmental justice can be regarded as a start point of what we've been talking these days at ASA these years.

Author: Prof. Adamson, why did you ask Prof. Sze to contribute to EJ Reader? Also, how can we create the "Middle Place" with no more "Sacrifice Zones"?

Joni Adamson: When we put The Environmental Justice Reader together. We were trying to make it not just literary but also to connect it to the activists. Environmental Justice connect the academics with the activists. I asked ASLE to pay for Julie Sze to come to the conference while she was still a graduate student, and we were very excited to have Julie to come to the ASLE conference since she was an academic as well as an activist. She embodies the two, to achieve the environmental justice goals and environmental literature goals.

Author: You mentioned the term "Geopolitical Anxieties" In Climate Changes, Environmental Aesthetics, and Global Environmental Justice Cultural Studies(2014), Prof. Sze, what's your idea about the relations between these transnational ecocultural narratives which doesn't "pit nation against nation, race against race, or species against species", and people's geopolitical anxieties?

Julie Sze: To me, the Geopolitical anxieties is about our reaction to globalization. Geopolitical anxieties are kind of reactions towards the influence of neoliberalism and globalization or acclimatization. It is like a theory and kind of scrolling reactions. What environmental humanities do really well nowadays is to understand how these story lines, ideologies saturated policies, and sciences are connecting to the self-aware ideologies.

Section 2. Narratives and Neologism

Author: Prof. Sze, you mention asthma in Gender, Asthma Politics, and Urban Environmental Justice Activism(2004) and Noxious New York(2006), Similarly, the miners in my hometown are confronting an even more severe chest disease named Pneumoconiosis, a chronic respiratory disease caused by inhaling metallic or mineral particles.

What can environmental justice scholars do to help communities deal with diseases like Asthma and Pneumoconiosis, in other words, what can humanities do to help the communities, or the common people foresee these challenges?

Julie Sze: Asthma is a very strong public health issue at the New York central valley. Air quality or water problems are always the first things that people can feel about it, then all the theories develop around, like Stacy Alaimo's trans-corporality. Theories derive from practice, in terms of this, I never use the words like the intersectionality. Though this is just like an umbrella term for the activities and studies that the humanists conduct. My point is, environmental justice studies are about the boundaries on the internal environment. I emphasized this point at my new work *Under the Dome*: *China's Pollution Documentary*(2018), this is an article about Scale issues. I quote Chai Jing and Zhang Yue's stories in this article. For me, literature and environmental studies had shown that how these narratives get contrasted in detail. It tells us how they get received from the scale issues like the child diseases, lung diseases and family illness and then the body itself. Rachel Carson's *Silent Spring*(1962) create a sensibility of what is happening in real life. I compared the eco-desires of the billionaire Zhang Yue and Chai Jing to figure out the deep connections between the bodies and boundary and argued that the air pollution and the water pollution reveal the boundaries between the private and public. In short, Humanities can do a lot of things about narratives. I am not saying that new terms like transcorporality is useless for narratives. What I am trying to say is that we should care more about what we can do and should do without the neologism.

Section 3. Middle Place for Literature and Environmental Humanities Practice

Author: In Environmental Justice Reader and *Noxious New York*(2006) and *Fantasy Islands: Chinese Dreams and Ecological Fears in an Age of Climate Crisis*(2015), Sze delves even more deeply into issues surrounding green washing at Dongtan eco-city in Shanghai, in which she regards the ecological buildings of Shen Long Ecological Park and Dongtan eco-city are utopian, meaning they promote the place as environmentally-friendly. In the 2018 National People's Congress(NPC), Chinese President Xi Jinping made the development of ecological civilization(Shengtai Wenming) a priority. From my perspective, Dongtan Eco-city was a good attempt to practice a policy of sustainability. What's the typical characteristics of green washing? And how can we avoid the green washing?

Julie Sze: It is very interesting that I just reviewed for a journal on Dongtan Eco-city. My orientation is more about the social justice and my preference is always on the process, so my point of view is that it depends on how you define success. You can do the environmental development with less nature damage. You can mediate it, which means that you can do the economic development with less environmental destruction. You should read Patel Raj and Jason W. Moore's *A History of the World in Seven Cheap Things* to get some information about the green washing activities.

Author: Most Chinese literary critics prefer to use the term of eco-literature over environmental literature, for the connotation meaning of the prefix "eco-" includes the social and historical perspectives of aesthetic study, while the word "environmental" in Chinese *huanjing*(环境) usually connects to the nature studies. The same trend applies to the term "environmental justice". Ecojustice is preferred in China. Chinese literary works are also addressing ecojustice phenomena, but in different ways than in the US. what is the conceptual meaning of environmental justice literature?

Julie Sze: The environmental justice literature is not defined by race, class, gender, etc. It is a movable term and that's why it is so powerful. If it can be explained as the environmental justice literature in your perspective, then it can be called the environmental justice literature. I wrote a piece for the social science conference recently, naming "the meaning of the problem". Environmental justices are always connecting to the environmental races and being a thread that can always helped us to put things together.

Joni Adamson: In 1990s, we didn't have that kind of term, but now, we have these kinds of terms like the Infrastructure and Anthropocene and also the field we called environmental humanities.

Author: Prof. Adamson, In *What Winning Looks Like*(2007), you emphasized the importance of creating community-academic alliances throughout your career by stating that "solving interlinked environmental and social justice challenges will require the creation of transformative alliances". I know that PLuS Alliance(Phoenix-London-Sydney) brings three large universities together to solve global challenges is a typical one. How can we invite more people to see the bigger picture and begin "fighting the big fights" as you say in "What Winning Looks Like"?

Joni Adamson: Humanists often work alone on books and articles, which have been the respected cultural productions of their fields. Knowledge has been well-advanced by these books and articles. We know more about humans and their cultures as a result of anthropology, literary studies, history, and philosophy for example. What environmental justice critical scholars assert is that most academic knowledge is only accessible to those with the highest levels of education. So, if we want to solve the world's problems, humanists must take what they know and face outward to the public and enter into collaborations with the communities that surround their universities, to listen to the "knowledge-keepers" in those communities, who often possess sophisticated understandings of what communities need to solve their own problems. So, by bringing both community knowledges and academic knowledges into a Middle Place, as I have termed it, we can come to a better understanding of the challenges we face nowadays and the forthcoming future. The PLuS Alliance acknowledges that instead of simply competing, universities must also collaborate and bring their best faculty and students together to solve problems together. Only in collaboration and alliance, I am suggesting, will we begin to see *What Winning Looks Like*① in terms of solving interlinked social justice and environmental challenges.

Author: Humanists are now playing a significant role in interpreting the narratives of communities and constructing a just and eq-

① See more in Joni Adamson. *What Winning Looks Like: Critical Environmental Justice Studies and the Future of a Movement*, American Quaterly, 2007.

uitable policies and governance. Why is narrative currently being more and more emphasized in international fora? Why should humanists, and not just policy experts, be involved in foregrounding these narratives?

Julie Sze: A lot of argument that Joni had made in *Situating New Constellations in the Humanities: Towards a Just and Sustainable Future* (2018) is about why the environmental humanities matter, in a global context. Narratives is about understanding the system of the world, like the postcolonial historians who are trying to study the climate from the historical perspective. Narrative is the explanatory of the historical moment that we are in, being the creation of the different analytical frames, and the understandings about what is happening.

Author: Prof. Adamson, you recently wrote about the environmental justice movement by referencing Chinese Shanshui paintings. Can you explain why you see the Shanshui paintings as a better environmental narrative than wilderness?

Joni Adamson: I discuss this in Chia-ju Chang's *Chinese Environmental Humanities: Practices of the Margins* (2019). I note *Xishan wujin tu* paintings represent humans as small figures against the grand backdrop of nature, which represents the cosmos. They pass along routes that take them through majestic mountains, beautiful valleys, and dense forests, or along winding rivers or over placid lakes, but also through villages with houses, towers, pavilions, and bridges where people are building, making and doing. These paintings celebrate a harmonious fusion of human and nature. As the traveler walks through the mountains and along the streams, s/he experiences ziran.

The environmental justice movement and environmental justice critical scholars put people at the center of their concern for the environment, never forgetting that humans have been co-shaping the environment with the natural process of the planet for tens of thousands of years. Almost every food that humans eat, today, for example, is the result of this co-shaping by humans and nature. Whether it is the domestication of wild grass seeds into the crop we know today as rice, or the selection and hybridization of certain varieties of fruits to make them sweeter and sweeter, like the orange, we see humans and nature working together. The middle place, as I define it, is an ancient concept based on indigenous North American peoples' philosophy that the earth, if not some separate "natural" realm, is "home". Indeed, among indigenous North America peoples, there was no concept of a "pristine wilderness" where humans do not live. Rather, they conceived of themselves as living in a middle place, or home, in which nature is sacred and respected but also the source of all life and well-being. Thus, human well-being is dependent upon understanding the animals, plants, and the patterns of the natural world and co-shaping our coexistence and well-being. There was a notable focus on the concepts of Pristine Nature or Wilderness in the early years of Ecocritical studies. However, concept of Wilderness has been explained both in a geographical and spatial way, and it seems like only exists in a time before human history in which ecosystems functioned in balanced, harmonious ways. In the 21st century, or so-called the age of Anthropocene, we are coming to understand that it is nearly impossible to find a place on the Earth untouched by humans in either beneficial or detrimental ways. Most ecosystems have developed in relationship to human activities. Also, the political and economic forces that draw lines of protection around some areas of wilderness are the same forces which designate other places for mining, logging, or dam development. After the mines go in, the forests logged, and the dams built, these places often become perceived as "fallen" or "corrupt", and no longer worthy of protection. In the United States, during the presidential administration of Richard Nixon in the 1970s, lands that were being mined or logged were even legally designated as "sacrifice zones" where resources were extracted for the good of the nation. People who inhabited those regions, despite long claims to ownership, were designated "sacrifice peoples" and removed. Thus, wilderness and sacrifice zones, as antithetical as they might at first appear, are really mirror images of each other. Both are enclosed by economic and political processes that draw lines of protection around one while designating the other as disposable.

The real power of narratives about overly simplified concepts, including wilderness and sacrifice zone, is their very abstraction. Narratives are then created about how some enclosures benefit the market or the nation while others benefit tourism and protect endangered species. They give humans permission to behave as if they have no relationship to the processes that protect one area and sacrifice the other. People living in cities, or in developed nations, come to think of themselves as separated from wilderness and often fail to acknowledge their well-being as connected to the activities occurring in "sacrifice zones". The concept of the "middle place", therefore, calls upon environmental humanists to become as aware of the connections between social and environmental injustices in sacrifice zones as they are of the need to protect and sustain ecological processes in wilderness areas. In the Anthropocene, it is critical for humanists to understand not only literary, historical and philosophical texts, but documents such as those outlining the Belt and Road Initiative (BRI) which propose a "massive infrastructure and trade project that will link countries across Asia, Europe, and Africa". If the BRI is juxtaposed with images from "Mountains and Streams without End", why humanists must be at the table with politicians and economists in discussions about what the road ahead? such a juxtaposition calls for both humanists and their colleagues in other disciplines and in government to work for a future that ensures the well-being of humans, nonhumans, and natural and social systems.

Author: In the early 1990s, there was a sense of hope for the future of the environmental justice movement. The Clinton administration put the EPA's environmental justice announcement Executive Order 12898—Federal Actions to Address Environmental Justice in Minority Populations and Low-Income Populations (1994) into place. However, it was cancelled by George W. Bush in 2005, a disheartening development which you have written about and which happened right before Hurricane Katrina hit New Orleans. On September 11th, 2012, *The Future We Want* was signed by all UN member states, "there is growing consensus that 'sustainability' must address not only economics, but justice and equity, and emphasize the importance of human values, attitudes, imagination and both cultural and biological diversity" (Adamson, 2016: 4) . Prof. Adamson, how can documents like *The Future We Want* help us to achieve a better future and how can "new constellations of humanities practices" contribute to the design of more hopeful futures?

Joni Adamson: *The Future We Want* reframes sustainable development as an issue that must focus on more than economics. It insists that "sustainability" must be concerned with justice and equity and must emphasize human values, attitudes, imagination and diversity among all human groups and nations. Signed by all UN member states, *The Future We Want* confirms a broad general agreement that global society should strive for a high quality of life that is equitably shared and sustainable for all species, especially now, we live in an age of rapidly accelerating social disparities being exacerbated by environmental factor. It critiques the efficacy of science-oriented explanations of environmental change and calls for change in the ways that research is done in international-level research programs such as the United Nations Intergovernmental Panel on Climate Change(IPCC) and Future Earth. So, like the people represented in shanshui paintings, it sees humans working collaboratively and in alliances for linked social and environmental goods or justice. Like the PLuS Alliance, it sees large universities and communities working at both small and large scales to tackle local challenges, and in turn, the big global challenges we are facing in the immediate future as we see our climate changing in terms of the extreme weather and biodiversity collapses we are currently witnessing around the globe. The humanities, like the social sciences and the natural sciences are responding in ways that seek to shape new forms of leadership and response to these challenges. As I hope my collection *Humanities for the Environment*: *Integrating Knowledge and Forging New Constellations of Practice*(2016) illustrates humanists are not only writing books and articles about a "future we want", but working with artists and communities, and in their own pedagogical or research practices, responding to warming oceans, bleaching coral, disappearing islands, collapsing fisheries, melting glaciers, evaporating reservoirs of water, dying deserts, exploding bushfires, spreading radioactive contamination, migrating populations of people, plants, and animals, and accelerating extinction rates. They are seeking to transform social values that drive pollution or extinctions, for example, while recalibrating understanding of foundational principles of justice and sustainability, rewriting inaccurate narratives about human relationships to ecosystems and nonhuman species, and innovating the strategies humans will need to adapt to changing conditions on a continually changing planet.

Section 4. Resilience and Sustainability

Author: In Sustainability: Approaches to Environmental Justice and Social Power(2018), Julie answered the question about how sustainability function in multiple dimensions, including material, pragmatic, ideological and discursive dimensions. What's the dimension of "material" in particular?

Juie Sze: When I say material, it means that there are ideologies and there are power dimensions that are tight with it. Material sustainability is about the historical material.

Author: Prof. Adamson, in *Situating New Constellations of Practice in the Humanities: Toward a Just and Sustainable Future*, the second chapter of Prof Sze's collection, you discuss the *North America Observatory* and *The Archive of Hope and Cautionary Tales* for which Julie Sze was a consultant. Can you speak to the ways in which this open access Archive illustrates concepts of sustainability and resilience?

Joni Adamson: *The Archive of Hope and Cautionary Tales* is a digital collection of stories about communities organizing to advocate for the right to meaningful participation in environmental decision making. Each story describes an environmental justice community project and narrates the story of how that community is working with imagination and creativity to address complex local sustainability challenges. *The archive* includes one story about an indigenous community of Klamath people working in Oregon to restore their watershed, one about ranchers working in Arizona to restore eroded and desertified grasslands, one about a community in Nepal working to restore a threatened watershed, one about United Farm Workers in the San Joaquin Valley in California, and one about residents in eastern Tennessee carving out a space for public participation in decision making about local waste and pollution. New stories continue to be added. Professor Sze was a consultant for the project and has observed that implicit question of *The Archive* is how do the humanities contribute uniquely to the promotion of environmental, social and intergenerational justice through storytelling? *The Archive* outlines what storytelling techniques work well on digital platforms and asserts that the search for sustainability is best served by foregrounding the voices of those most affected by social and environmental inequities.

Julie Sze: Yes, resilience is closely related to sustainability. In the Introduction to the *Sustainability* (2018), I talked about resilience, and ideological contexts for how that term get popularized. *The Archive* explores how the term "resilience" is guiding the communities that are telling their own stories and offering models of what works for them to other communities.

Joni Adamson: Resilience is just like any word, like the sustainability and people going to critique it for a while.

Julie Sze: yes, environmental justice is like my lens of what I see. But when the term Environmental Justice and Climate Change just came up, there are a group of activists and academics stayed together and talked about these terms in 1997.

Joni Adamson: When we talked about the constellation of practice, I am not thinking that what we are doing is new, but we are trying to do new things together. Maybe this is a good question that can be answered from what we are started, that Julie come into the ASLE, and she was both an activist and academic. So, she was thinking about storytelling and narratives and ideologies, but she is also doing the on-the-ground practice. So maybe that is kind of what we are started the way, American studies meeting is the space where we can do this, because even ASLE has really been the space that we could be activating so much. American Studies and ethnical studies are the space and the ground that we walk on, thinking through the politics and why certain people have power, and why certain people not. Nothing new, just trying to make underground practice and theory that merge together.

Julie Sze: I am really against the mass narratives by the way, grand narratives or like a single theoretical background. I just think that the world is just too interesting, like too many different histories and too many different places, to just share one approach. That's why capitalism cannot be the answer. So, for me, it is not like a common grand narrative. For me, it is more important to tell people in a local context and let them know how other people live.

附录 5　与施朱莉、亚当森会谈：以环境正义为透镜看环境人文研究及实践(节选)

简介：该访谈进行于 2018 年 11 月 8 日，于美国亚特兰大，美国研究会年会现场。作者与施朱莉(Julie Sze)、乔尼·亚当森(Joni Adamson)教授就环境正义相关问题进行了探讨。在亚当森主编的《环境正义读本：政治、诗学和教育学》(2002)的章节中，施朱莉将小说、诗歌类的文化文本视为文化生产，以拓展了环境正义生态批评研究范畴。学界逐渐开始意识到环境正义在环境人文实践复兴层面扮演的重要角色。本访谈以施朱莉关于环境正义的研究为主线，探寻环境正义研究与环境人文科学之间的关联。施朱莉、乔尼·亚当森将环境正义作为环境研究和实践的标尺，探讨了地缘政治、地缘焦虑，文化生产，绿化消费等概念，说明环境正义运动或生态批评的目的是推进形成一种新的生活方式和态度。

关键词：环境正义；叙事；复苏；环境人文

一、文化生产、地缘政治焦虑

作者：这个问题是关于《环境正义读本：政治、诗学和教育学》(2002)一书的，在该书中，朱莉提到了“文化生产”概念，并强调了经典的美学价值与文化实践之间的互文性。两位教授可否解释一下文化生产活动与环境正义的关联？

施朱莉：在 2002 年，那时的我还是一名英语专业的本科生，同时也是一名环境正义组织者。我感到自己之前所从事的环境文学研究，文化研究和环境人文学科实践之间有很多鸿沟。思考下文化研究或环境人文研究之间的关系，那时我感兴趣的观点今日仍是正确的：环境正义运动的一部分意义旨在创造一种环境。该环境比传统观念更具竞争性。传统观念认为环境只与荒野与自然有关。环境正义是我们重命名环境研究的新起点。显而易见的是,环境正义概念可以视为这些年来我们在 ASA 所讨论问题的出发点。

亚当森:当我们编著《环境正义读者:政治、诗学和教育学》时,我们一直尝试使其不仅具有文学性,且将其与实践相联系。这就是说环境正义试图将学术研究与实践活动相联系。我记得,在朱莉还是研究生的时候,我曾要求 ASLE 资助她参加会议。对于她的到来,我们都十分兴奋,因为朱莉既是生态学者,也是位实践者。她将二者结合,来实现环境正义和环境文学目标。

作者:施教授,在《气候变化,环境美学和全球环境正义文化研究》(2014 年)一书中您提到了"地缘政治焦虑"一词。当跨国生态文化叙事并不聚焦于民族、种族以及生物间对抗时,您是如何看待这些叙事之间的关系以及人们的地缘政治焦虑的?

施朱莉:对我来说,地缘政治焦虑是关于我们对新自由主义和全球化及人类环境适应的思考。就像由全球化导致的一系列联动反应一样。环境人文学者能够做好的,是理解好这些叙事边界,并对与自我意识形态紧密相关的科技和政治决策保持警醒。

二、叙事和新词

作者:施教授,您在《性别,哮喘政治和城市环境正义行动》(2004 年)和《纽约毒害》(2006 年)一书中提到了哮喘病。尘肺病作为一种严重慢性呼吸道疾病,致病原因与哮喘病相似,都是由吸入性金属或矿物质颗粒引起的。人文学者具体做了哪些活动来帮助社区老百姓应对这些疾病呢?

施朱莉:哮喘是纽约中部山谷地区的一种非常严重的公共卫生疾病。通常情况下,空气、水污染问题都很容易被感知,伴随之,学界出现了一系列反映此类问题的新造词,例如学者阿莱默的跨肉身性概念。我认为，理论来自实践，因此我从未使用过诸如交互性一类的新造词，尽管这个词似乎能够涵盖人文主义者开始的人文活动。环境正义研究是一种关于环境内部边界的研究。在《穹顶之下：中国的污染纪录片》(2018年)中，我再次重申了这一观点。这篇文章是一篇与“规模/度”概念相关的文章。我引述了柴静的纪录片和一个关于张跃的故事。对我而言，文学和环境研究与类似的环境叙事具有可比性，儿童疾病，肺部疾病和家庭疾病以及身体本身都是与“范围/度”紧密相关的问题。雷切尔·卡森(Rachel Carson)的《寂静的春天》(Silent Spring, 1962)曾直言现实中的环境危机现象。基于对现实环境危机的考量，我比较了亿万富翁张跃和柴静的生态愿景，尝试分析“身体与度”的关联，尝试找出空气、水污染问题背后的个体与公众的界限。简而言之，人文学者通过研究叙事可以完成许多事情。诸如跨肉身性一类的新造词，自然也有它存在的意义，但是我们也可以在不造新词的情况下，做许多有益的实践。

三、文学批评和环境人文实践的中间地带

作者：在《环境正义读本：政治、诗学和教育学》(2002)、《有害纽约》(2006)、《幻想岛：气候危机时代的中国梦与生态恐惧》(2015)中，施教授提及上海东滩生态城。2018年，习近平主席也一直强调重视生态文明。绿色消费有哪些基本特征？我们应该怎么避免？

施朱莉：我刚读了一本关于东滩生态城的报导。我关注社会正义现象，也关注实现社会正义的途径。关于生态城，我认为首先得看如何定义成功。我们应该在环境开发、经济发展和保护环境之间找到一种平衡。帕特尔·拉吉和杰森·W.摩尔的《七种廉价事物的世界史》或许可以给我们理解“绿色消费”提供一种新的视角。

作者：大多数中国文学评论家更喜欢使用生态文学而不是环境文学，因为前缀Eco的涵义包括美学研究的社会和历史观点，而中文“环

境”一词则通常与自然研究相关。同样,这种关于 Eco 的分歧也延伸到了“环境正义”和“生态正义”的使用上。那么,您具体是怎么定义环境正义文学的?

施朱莉:很简单,环境正义文学并不依靠种族,阶级,性别等来定义;或者说,这是一个可变的术语,有着广阔的理论内涵。你认为什么是环境正义文学,那么它就是什么。我最近写了一篇文章命名为《问题的含义》。环境正义始终与环境种族问题相关,可以帮助我们整合许多认知。

作者:在《胜利的样子》(2007)一文中,亚当森强调在应对环境正义尤其是社会正义挑战之时社区和学术联盟的重要性。我们已经看到 PLuS 联盟(凤凰城亚利桑那州立大学-伦敦国王学院-悉尼大学)开展的活动所取得的成效。我们应如何着手推进类似的活动,以迎接《胜利的样子》中所提到的“巨大的挑战”?

亚当森:通常来讲,人类学、文学、历史、哲学等人文研究成果主要表现形式为一些独立著述,这些书籍和文章就是相关领域的典型文化产物。知识通过这些书籍和文章传播开来。环境正义学者也承认大多数知识只能通过受教育来获得。但是,若要解决环境问题,人文主义者应该走入公众生活中获取信息,利用所学,走入社区。这些社区中的民间知识往往通常对解决问题具有意想不到的效果。所以,走入社区和学术的“中间地带”,我们可以更好地应对环境挑战。PLuS 联盟所取得的成效,使我们更坚定地认识到,大学应该是协作而非竞争关系。我们应该将最优秀的教师和学生聚集在一起,共同解决问题。只有通过合作与联盟,我们才能开始看到在解决相互关联的社会正义与环境挑战方面的“胜利”。

作者:人文主义者在阐释社区叙事以及构建公正、公平的政策和治理方面发挥着重要作用。为什么现在国际论坛上越来越强调叙事?

施朱莉:亚当森在《可持续发展:环境正义与社会力量的方法》(2018)的第二章《聚焦系列环境人文:走向公正和可持续的未来》中提出了很多论据。叙事与理解世界体系密切相关,就像后殖民历史学家试图从历史角度研究气候一样。叙事是对我们所处历史时刻的阐发,为我们理解正在发生的事情提供框架。

作者:亚当森教授,您最近关于环境正义文章中曾引用中国山水画意象说明人与自然关系。为什么中国山水画中的自然意象比荒野意象能够更好地表达环境叙事?

亚当森:我在张嘉如最近出版的《中国环境人文:边缘地带的人文实践》(2019)中讨论过这个话题:中国山水画《溪山无尽图》在自然大背景下以小见大,呈现出整个宇宙全景。画中雄伟的山脉,美丽的山谷,茂密的森林,蜿蜒的河流,平静的湖泊,以及人们在这里建造的房屋,塔楼,凉亭和桥梁的村庄,是那么的和谐。当旅行者穿过山脉和溪流时,他/她会体验到自然。

环境正义活动和环境正义批评学者关注人类在环境中的地位,不抹杀人类在形塑自然过程中的地位。现如今,人类食用的每种食物,都是人类与自然交互作用的结果。无论是将野草种子改造为今天我们称为大米的农作物,还是将某些种类的水果进行选择和杂交,使它们变得更加甜美的果蔬(如橙子),我们都可以看到人与自然的共同作用。正如我所定义的,中间位置是一个古老的概念,它基于北美土著人民的哲学,它将地球并非割裂为"自然"的领地,而是将地球称为"家"。实际上,就北美土著人民看来,不存在脱离人类生活的"纯粹荒野"概念。相反,他们认为自己生活在中间地带或家中,那里的自然是神圣而受人尊敬的,也是所有生命和幸福的源泉。因此,人类的福祉取决于对动物,植物和自然世界模式的理解,以及共同塑造我们的共存和福祉。在美国和英国的早期生态批评工作中,人们特别关注"原始自然"或"荒野"的概念。的确,人们曾从空间和时间维度解读"荒野”概念，但是这种关于纯粹地球生态系统的幻想似乎只存在于史前时期。在21世纪的今天，或者说人类世时代，我们需要承认，地球上几乎不可能存在这种纯粹的荒野，因为几乎每寸土地曾受到人类没有益或有害的方式触及的地方。大多数生态系统都与人类活动有关。同时，正如一些政治和经济力量在荒野的某些地区划定保护区的政治和经济力量与指定其他地点进行采矿活动，伐木或大坝开发的都来自同样的力量。采矿，森林砍伐，建成水坝，这些地方常常被认为是“遗弃”或“破败”的，不再值得保护。在美国，1970年代，理查德·尼克松(Richard Nixon)总统执政期间，被开采或砍伐的土地甚至被合法地指定为“牺牲区域”，在这里为国家的利益而开采资源。尽管长期以来居住在这些地区的人一直拥有这片土地的所有权，但却被指定为“牺牲民族”并被遣散。因此，荒野和“牺牲区域”，顾名思义，就是关于人与自然关系的两种极端理念，彼此互为镜像。因此，荒野和“牺牲区”，虽然最初看起来可能是对立的，但实际上是彼此的镜像。两者都涉及经济和政治进程，这些进程在指定区域内，一个将自然化为保护区，另一个将自然作为牺牲区域毁弃掉。

荒野和牺牲区域都是过于简单化的叙事。他们圈定区域搞旅游业或美其名曰保护濒危物种，从中牟利，给人决定保护哪片区域牺牲哪片区域的特权。生活在城市或发达国家中的人开始与荒野分离，且选择无视这些“牺牲区域”中正在发生的惨剧。中间地带概念以唤醒环境人文主义者保护和维持荒野地区生态平衡意识为旨归，关注环境不公现象。在人类世中，人文学者不仅要理解文学、历史和哲学，也要理解“一带一路”(BRI)之类的倡议，这是十分关键的。这些倡议与在亚洲、欧洲、非洲等国的大量的基础设施建设和贸易关联密切。或许，“山河溪流绵延不绝”的意象，与我们人类的基础设施建设和贸易活动并列，我们可以更好地理解为何当代人文研究者需要参与到政治、经济活动中来，与各界人士一道共同为保护人类、非人类以及自然和社会系统的福祉而努力。

作者:在 20 世纪 90 年代初期,人们对环境正义运动的未来充满了希望。克林顿政府制定了 EPA 的环境正义公告行政命令 12898——《解决少数民族和低收入人群环境正义的联邦行动》(1994)。但它在 2005 年被乔治·W.布什(George W. Bush)取缔了。巧合的是,这一现象就发生在卡特里娜飓风袭击新奥尔良前不久,您还评价这种决定是最令人沮丧的事情之一。庆幸的是,2012 年 9 月 11 日,联合国所有会员国签署了《我们想要的未来》:可持续发展不仅必须解决经济学问题,我们还必须解决正义与公平问题,并强调人类价值观,态度,想象力以及文化和生物多样性。亚当森教授,《我们想要的未来》之类的文件如何帮助我们实现更美好的未来?您提及的"人文实践体系"又将如何影响我们想要的未来?

亚当森:《我们想要的未来》不只关注经济,它关注所有与可持续发展主题相关的实践。"可持续"关乎正义和公平,强调人类价值观、态度、想象力和任何物质的多样性。联合国会员国签署的《我们想要的未来》是一项全球社会为追求公正和可持续生活而制定的协议。它主张地球上包括人类和非人类在内的所有生物都有平等、可持续生存的能力。然而,如今,我们生活在一个由环境危机引发巨大差距的时代。于是,《我们想要的未来》呼吁改变研究方式,批判了以科学为导向的单一模式,例如联合国气候变化委员会的讨论组(IPCC)和未来地球(Future Earth)等项目作出的努力。如中国山水画绵延不绝、你中有我、我中有你的状态一样,《我们想要的未来》旨在推进形成全球性的协同合作关系,诸如 PLuS 联盟。不同地区的大学和社区,可以开展基于本土社区的小规模挑战。由点及面,我们就可以形成一片燎原之势应对全球性的挑战,诸如威胁生物多样性的全球气候变化问题。人文和其他社会科学、自然科学都在为应对这些挑战付诸行动。正如我在《环境的人文:集合知识并推进系列实践》(2016)中所写的那样,艺术、人文学者不仅在写关于《我们想要的未来》的故事,还应走入社区,将教学或研究与现实的海洋变暖、珊瑚褪色、岛屿消失、渔业崩溃、冰川融化、水库干涸、土壤沙化、丛林山火、放射性污染扩散等问题结合起来。他们重新定义正义、可持续性等概念原则，重述人类与非人类物种至整个生态系统的关系，为适应地球正在发生的环境变化而寻求新的策略。

四、复苏和可持续

作者：施朱莉在编著《可持续发展：实现环境正义和社会力量的方法》(2018)中曾提出以下问题提到了可持续发展着的“物质”。那么，物质与可持续发展有何关系？

施朱莉：于我而言，物质关乎意识形态，关乎权力维度。此处的“物质”的可持续性与历史的物质性有关。

作者：亚当森教授，您在施朱莉编著的《可持续发展：实现环境正义和社会力量的方法》(2018)中，在题为“人文科学实践的新境界：走向公正和可持续的未来”这一章节中，讨论了施朱莉参与的“北美天文台、希望档案与警示寓言”档案库项目。那么，这个开放性的档案库与可持续发展有何关系？

亚当森：《北美天文台、希望档案与警示寓言》是有关社区组织以倡导积极参与环境决策权利故事的数字合集。每个环境正义社区项目都讲述了一个故事，说明该社区如何发挥想象力和创造力来应对复杂的本地环境危机的挑战。有俄勒冈州克拉马斯土著社区应对环境危机的故事，有亚利桑那州牧场主拯救荒漠化草原的故事，有尼泊尔保护河流的故事，有加利福尼亚州圣华金河谷农场工人的故事，有田纳西州东部居民开辟空间参与地方废物和污染决策的故事。新故事还在不断增加。施教授是该项目的顾问。那么，我们如何通过讲故事，促进环境保护，为社会正义和代际正义能做出贡献呢？答案是，通过设立这些电子平台，让遭受不公的人群为自我发声。

施朱莉：复苏与可持续性息息相关。在《可持续发展》(2018 年)导言中，我论及复苏和该术语出现的意识形态背景。“档案”项目探讨了本土社区的复苏过程，为其他社区的复苏提供了有用的模板。

亚当森：复苏就像任何词一样，例如可持续性，人们还是会为它争辩上一段时间的。

施朱莉：环境正义是我观察现象的透镜。1997 年，在“环境正义”“气候变化”这类主题萌发之时，作为所谓的激进主义者，我们就常聚在一起讨论环境正义。

亚当森：这就是所有新词发展的规律。然而，在我们讨论“实践”时，我们所谈及的并非某个新出现的事物，而是在整合某个已经存在的过程。从朱莉加入文学与环境研究会（ASLE）的现象就是文学与实践关系的很好诠释，我们知道，朱莉既是环境正义实践者，也是文学研究学者。她一直在考虑故事、叙事和意识形态的关系，并围绕之开展系列环境人文实践。理论指导实践一直是美国学术会议的关切点，例如 ASLE 一直在积极地行动着。美国研究和种族研究为我们提供了进一步思考的空间和基础，从政治视角思考为何某些人享有某些特权。

施朱莉：我反对宏大叙事。宏大叙事或像一个单一的理论背景。我认为世界应该是多元的，历史和地方具有特殊性，这正是十分有趣的地方。我们可能无法共享一种方法，这就是为什么资本主义不能成为缓解生态危机所需的答案。相应地，关注地方叙事，了解本土居民的生活方式，才是实现环境正义的有效途径。

结论：理解叙事是实现环境正义的重要途径

在政治学中，叙事（Narrative）并非是对事实的简单叙述，而是通过话语塑造事实，从而影响受众对现实的理解。政治叙事不是单纯为了说明真相，而是为了强化特定的价值观；也就是说，理解叙事是了解正义或非正义现象的重要途径。如施朱莉所言，环境正义是观察生态现象的透镜，能够让我们看透“事物”本质。可以说，气候变化危机的本质是想象力的危机；叙述或故事，可被作为争取公平、可持续未来的有力武器。在人类世时代，新造词热的时代终究会被环境人类实践所替代，而叙事内容源自现实，是理论和实践的基础，必将引起持续关注。

附录 6 常用关键词英/中对照

English Terms	中文译名	English Terms	中文译名
Authenticity	本真性	Pastoral Ecology	园地生态
Cosmovision	全球视角	Shengsheng Aesthetics	生生美学
Displacement	去地方化	Nostalgias	乡痛症
Dark Ecology	幽暗生态学	Storied Matter	故事物质
Ecoambiguity	生态含混	Sacrifice Zone	牺牲区域
Eco-community	生态共同体	Slow Violence	慢性暴力
Egalitarian	平等主义者	Seeing Instrument	观察工具
Environmental Unconsciousness	生态无意识	Transformative Beings	变革主体
Environmental Racialism	环境种族主义	The Third Space	第三空间
Indigenous Community	本土共同体	Trickster Aesthetics	恶作剧美学
Liminal Eco-aesthetics	阈限生态美学	Transcoporality	跨肉身性
Material Agency	物质能动性	Official Landscapes	官方景观
Material Semiotics	物质符号	Vernacular Cosmopolitics	本土世界政治
Material Nature	物质自然	Vernacular landscape	本土景观
Nature Reenchantment	自然复魅		
Natureculture	自然文化		
Toxic Matter	有毒物质		

后　记

21 世纪以来，美国生态批评以环境正义思想为透镜，观察我们时代的症结，即什么原因导致了环境危机？什么样的方式才能让个体实现诗意地栖居？这两大问题也是生态批评研究的初衷和旨归。环境正义生态批评将族裔文学纳入生态批评研究，超越白人精英主义藩篱，变革生态批评研究内容和方法。《美国印第安文学、环境正义、生态批评：中间地带》(2001)首开先河地系统地从环境正义视角论证了印第安文学的生态性，奠定了亚当森环境正义修正论代表人物的地位。学界普遍认为，《环境正义读本：政治学，诗学和教育学》(亚当森与伊万斯、斯坦合编，2002)是继《生态批评读本：文学生态学的里程碑》(格罗特菲尔蒂与弗洛姆合编，1996)之后另外一本具有里程碑意义的著作：前者在生态批评正式成型之后不久，就推进了生态批评的环境正义和社会文化转向。

环境正义生态批评与多元文化生态批评是国际生态批评理论建构最成功的案例之一，其生成历程、经验与教训，可为中国生态批评理论建构和未来的环境人文学理论建构提供有益的启迪和借鉴。本研究从落笔到成文，严格遵循着 21 世纪美国生态批评发展规律，并分三阶段概括之：环境正义思想生发阶段，多元文化生态批评构建阶段，美美与共的本土共同体阶段。

早期，乔尼・亚当森、司各特・斯洛维克等人结合对族裔文学，特别是印第安文学的研究，将多元文学纳入生态批评范畴，丰富了生态批评的族裔维度。如果我们能够理解孔子所言，“勿意，勿必，勿固，勿我”，我们就可以理解以亚当森为代表的环境正义修正论者们的心志所在。他们从环境正义视角,倡导多元主体站位于中间地带,克服人类中心主义的局限。他们以具有地域象征意义的民族叙事为观察工具,考量自我与他者、本土与世界的辩证联系。亚当森的环境正义思想涵盖了中间地带、观察工具、变革主体、牺牲区域等一系列概念。基于环境正义思想,她在研究印第安文学时,总是怀着一种敬重、欣赏、同情和缅怀的复杂感情。从老奥提斯让儿子抚摸犁地时挖出的小鼠,从纳瓦霍印第安人嗅到沙漠空气中雨水的味道的联想,从四角区印第安学生对于"盖伊"山神的崇拜说,从西尔科队印第安圣地沦为牺牲区域的控诉,亚当森始终致力于唤醒人类对环境责任,论述不同族群对于家园的多元理解,引导生态批评从纯粹自然走向与社会交汇的中间地带。

21世纪初,是美国生态批评范式形成的关键节点。美国环境正义生态批评家开始聚焦美国的环境不公正现象,维护边缘群体的环境权益,以问题为导向,科学规划,深耕细作。他们的研究开始超越个体视域藩篱,探寻我者和他者、社会与自然、北学和南学的差别,推动了环境正义生态批评范式建构。在环境正义思想的指导下,美国的生态批评研究开始关注美国弱人类群体承担更重环境负担的非正义现象,思考社会、文化和环境危机的关联。可以说,环境正义视角的介入,使美国的生态批评的研究视角实现了大逆转。环境正义生态批评范式的建构成为国家生态批评界的一道风景。若我们打开视界,就可以发现,不仅是亚当森、里德,以及所有环境正义修正者有着超越纯粹自然的思想,就是已被国内学界熟知的布伊尔、格罗特菲尔蒂等生态批评家也肯定环境正义对生态批评视角、内容和思想的突破。美国生态批评的视角已从纯粹地自然审美转向人与自然的交界地带,内容转至结合社会环境正义谈生态危机,思想上以探寻解决环境危机的途径为落脚点。他们以本土生态传统为中心,以多元自然主义为经纬线,在环境正义思想指导下绘图立线,加砖添瓦。种族与环境、文学与环境、理论与环境等问题,本身即是研究对象,它们彼此交差、重合、支撑、补充，立体构成环境正义生态批评的椽梁。

事实证明，由于环境危机具有全球性和跨文化性；21 世纪的生态批评作为对环境危机现象的反思，秉承着超越二元对立的视角，接受来自不同文化的真理，聆听不同主体的声音，日益成为缓解环境危机的题中应有之义。从 21 世纪初期环境正义修正论者从环境正义视角对环境和社会危机的根源的质问，到十余年后多元文化视野下的生态批评研究，21 世纪的生态批评研究日益超脱白人中心主义，开始建构一种能够使多元文化各自为圆心的交叉同心圆结构：每一种文化，既是本土，也是世界；既是自我，也是他者；既有纵向的先后承继关系，又有横向的彼此交差关系，环环相扣。

如此看来，环境正义已成为 21 世纪国际生态批评研究的关键词之一，是时代使命的大势所趋。整体看来，21 世纪初的美国环境正义生态批评范式对于国际生态批评理论研究的意义，首先体现在其主张本土世界政治和多元自然主义立场，坚持自然环境与社会文化具有天然联系，主张站位于中间地带，不以个体尺度来判断其他主体的价值。环境正义生态批评超越狭隘民族主义理念，倡导多元、尊重、互惠、共生的交流策略，反对单一、强制、灌输、说教式的文化霸权；倾向于将以印第安本土裔口述传统为代表的本土叙事纳入"理论"范畴，以此为观察工具，链接本土生态与环境人文实践，引导文学批评走向一种正义生态学。环境正义生态批评批判将本土文明荒野化现象，警惕对西部荒野的"去文明化"，关注多元文化对话，以及自然的复魅力和民族志研究，堪称生态批评社会转向的里程碑和环境正义文化研究的导航仪，规划了生态共同体的蓝图。在亚当森看来，实现多元文化主义、多元自然主义，走出去思考进行出世实践，解构了一元论话语，彻底实现自然性到人性的回归是生态批评社会性转向的旨归，也是环境正义生态批评必将走向多元文化生态批评的内在逻辑。印第安本土景观与官方话语的对峙，恶作剧者的狡谲与超脱，都从种族、物种维度扩展着生态批评向度。的确，只有走出文化舒适区，与受压迫者共鸣，才能真正实现和谐的栖居。

当下，环境危机具有世界性和普遍性，但也有特殊性。不同文化的不同特点，在处理危机也提供了各不相同的反应策略。在这种趋势下，21世纪的生态批评多了一份对白人主导式的生态批评研究方法和视角的反思，超越各文化间环境正义研究的碎片化，倡导站位于不同文化之间堑壕对望的中间地带。通过分析关注尼克森口中的“慢性暴力”事件会造成的代际不公正现象，我们可以看出，环境正义生态批评范式也适用于批判印度学者古哈为代表的第三世界学者对环境种族主义现象的描写。源自对生态共同体命运的关切，环境正义生态批评开始延展到对跨文化、跨国界、跨物种的认知层面，开始形成网格状的生态批评体系。

概言之，21世纪美国生态批评先后迎来社会转向、物质转向、情感转向、环境人文学转向密切相关。早期的生态批评从“荒野”的迷雾中走出，追寻与自然和谐地栖居。种族和阶级视角催化了生态批评的方向流变，结合正义、可持续发展等问题，生态批评逐渐发出去疆界的跨文化视角。对21世纪美国生态批评范式的梳理，不仅能对其思想有更全面的把握，更利于将之与中国生态批评理论研究比照，为探究中国特色的生态批评理论体系开拓新视域。诞生于21世纪环境正义生态批评范式虽然建立在对生态文学的研究之上，却未局限于对自然书写的细读，其研究意义表现在扩展了生态批评范畴，重申了生态审美价值，推进了环境人文实践，三位一体地贯通生态批评、文化研究、人文实践，经世济民，以缓解现实生态危机作为生态批评旨归。

在研究范畴层面，环境正义生态批评生发于对发掘生态危机根源的社会文学书写的分析基础之上，将多元文化作家列入生态文学范畴。在重申生态审美价值层面，这一范式是将对人与自然的关系总结为一种本真性的回归，倡导一种人与自然平等共处的多元自然主义观。在推进环境人文实践层面，这一范式秉承跨文化的利他整体主义视角，站位于中间地带，重视本土传统与世界视野的关联，倡导一种本族文化与异族文化、个体价值与社会价值、人类价值与自然价值和谐共生的本土世界政治观。

随着生态批评呈现出全球化态势，未来国际生态批评理论建构将在很长时间内维持百花齐放的局面。的确，欧美生态批评研究起步较早，对其评介和借鉴，能够促进我国生态批评的发展。但是，在我们准备进军国际学术研究主流的过程中，不能唯外是从，仅仅停留在评介、借鉴其生态思想的层面，而应将理论研究与现实危机紧密结合起来，这也是中国生态批评研究的根性和目标所在。系统梳理特定理论范式及流变历程，有利于我们走出狭隘的民族中心主义，探寻多元文化理解和对话的有效途径，以共同面对人类生存的挑战。目前，中华文化走出去已成为我们的国策，全球危机也需要我们寻求多边对话的有效途径，环境正义思想和多元文化生态批评倡导的本土性回归和多元的普遍主义，恰好可以为此提供重要的学理性支持。然而，由于中美在语言、审美和伦理方面的差异，决定了其理论在中国语境中运用的局限性。立足民族性，找寻适用于我们本土生态的理论基点，将是未来生态批评理论建构的方向；跨文化生态批评也将面临前所未有的机遇和挑战。

本书尚属西方生态思想评价范畴，在此基础上提出的跨文化生态批评构想，尚有待后续研究进一步充实。但是不论是多元文化视角下的生态批评，还是跨文化视角下的生态批评，二者都以实现环境正义、缓解生态危机这一核心命题作为起点和终点。未来研究应继续以问题为导向，增强对生态批评的中国特色研究论证，参与到构建中国特色的生态批评体系研究中去。

图书在版编目(CIP)数据

21世纪美国生态批评范式及流变/叶玮玮著.—上海:上海三联书店,2023.11
ISBN 978-7-5426-8276-5

Ⅰ.①2… Ⅱ.①叶… Ⅲ.①环境科学-伦理学-研究-美国-21世纪 Ⅳ.①B82-058

中国国家版本馆CIP数据核字(2023)第199039号

21世纪美国生态批评范式及流变

著　　者 / 叶玮玮

责任编辑 / 殷亚平
装帧设计 / 徐　徐
监　　制 / 姚　军
责任校对 / 王凌霄

出版发行 / 上海三联书店
(200030)中国上海市漕溪北路331号A座6楼
邮　　箱 / sdxsanlian@sina.com
邮购电话 / 021-22895540
印　　刷 / 上海普顺印刷包装有限公司

版　　次 / 2023年11月第1版
印　　次 / 2023年11月第1次印刷
开　　本 / 640 mm×960 mm　1/16
字　　数 / 250千字
印　　张 / 18.75
书　　号 / ISBN 978-7-5426-8276-5/B·869
定　　价 / 78.00元

敬启读者,如发现本书有印装质量问题,请与印刷厂联系 021-36522998